景观研究丛书 | 杜顺宝 · 主编

消费文化与城市景观

CONSUMER CULTURE AND URBAN LANDSCAPE

郭苏明 · 著

东南大学出版社 · 南京

内容提要

从公园到住区，从街区到城市，城市景观反映出经济、社会、文化转型的影响。由于消费文化的全球性与移植性，中国经济、社会和文化发展的不平衡性，城市景观易呈现出多元与片断的图景。大众、媒介、视觉刺激着消费文化的扩张和繁荣，城市景观表现出活力与短暂、开放与多元的特征。但消费文化具有两面性与局限性。伴随着文化模式的转变，城市景观的发展呈现出平面化、全球同质化和局部破碎化的趋势，这些影响虽然潜隐与间接，但如缺乏有效控制与约束，则会在意义、认同、审美方面掩盖并加剧人们的精神危机。本书在对现有城市景观发展趋势进行反思后，有针对性地提出价值认知、异质性、连续性设计原则，对消费文化下的城市景观进行再构建。

图书在版编目(CIP)数据

消费文化与城市景观 / 郭苏明著 . —南京：东南大学出版社，2019.12

(景观研究丛书 / 杜顺宝主编)

ISBN 978-7-5641-8170-3

Ⅰ. ①消… Ⅱ. ①郭… Ⅲ. ①消费文化－关系－城市景观－景观设计－研究 Ⅳ. ① TU984.1

中国版本图书馆 CIP 数据核字(2018)第 282465 号

消费文化与城市景观

Xiaofei Wenhua Yu Chengshi Jingguan

著　　者：郭苏明
出版发行：东南大学出版社
社　　址：南京市四牌楼 2 号　邮编：210096
网　　址：http://www.seupress.com
出 版 人：江建中
责任编辑：丁　丁
排　　版：南京凯建图文制作有限公司
印　　刷：徐州绪权印刷有限公司
开　　本：787mm × 1092mm　1/16　　印张：13　　字数：325 千字
版 印 次：2019 年 12 月第 1 版　　2019 年 12 月第 1 次印刷
书　　号：ISBN 978-7-5641-8170-3
定　　价：78.00 元
经　　销：全国各地新华书店
发行热线：025-83790519

---

* 本社图书若有印装质量问题，请直接与营销部联系。电话（传真）：025—83791830

总　序

景观学相对于建筑学而言是一门新兴的学科。说它新是就研究对象采用科学的方法建立起比较完整、系统的体系要远远晚于建筑学。最早建立这一学科的是美国，称为 Landscape Architecture。它与 Architecture（建筑学）、UrbanPlanning（城市规划）是构成大建筑学学科的三个分支专业。我国高校早在 20 世纪 20 年代就已开设建筑学专业，理工类院校到 70 年代才设景观学专业，当时学科的名称被译为风景园林。中国台湾的大学则译为景观建筑学或景园建筑学。东南大学于 80 年代中叶开设风景园林专业，但生不逢辰，80 年代末恰逢教育部提倡大口径培养人才，在随即进行的院校专业调整中取消了这个专业，只保留它作为城市规划专业的一个研究方向。在这样艰难的条件下，我们坚持在研究生教育中培养风景园林研究方向的专门人才。21 世纪初，随着我国城市化进程的迅猛发展，城市环境和风景资源保护的问题日益突出，经过多方努力，终于重新恢复了这个专业。恢复后的专业，由于新形势下学科的内涵和外延都有了新的突破，在采用什么名称上曾有过争论。多数理工类院校采用景观学名称，以使与学科的研究内容和范围相适应，大多数农林类院校仍称为风景园林，两者并行不悖。

我从 20 世纪 90 年代开始招收风景园林博士生，到 21 世纪初，前后大约十多年。这段时期，本学科正处在迅速发展的阶段，国内外新的理论与观念不断涌现，研究方法与技术也日新月异，与景观生态学、城市生态学、城市社会学与文化人类学等相关学科的交叉融合，使学科的内涵与外延仍在继续拓展之中。在这样的学术氛围里，从多维度去认识对象的本质，探索学科的内在规律，拓展学科的研究领域，对富有朝气的年青博士生而言，无疑具有极大的吸引力。他们带着好奇、凭着勇气，去追求学术的真谛。他们选题的研究方向有从关注和尊重土地自然演进规律的角度去探索城市如何科学有序发展，有运用生态博物馆理念研究传统乡土聚落景观的保护利用，有从生态美学角度探索和理解符合生态美的景观，有从管理形制角度研究如何才能对风景资源的保护利用实现有实效的管理。他们对城市景观的关注度更高，有从人文因素探讨城市景观格局和景观形态的，有多维度研究城市开放空间形态以及城市空间本质与景观价值的，等等。学科研究的一个重要方面是发现问题、提出问题，这需要研究者有敏锐的洞察力。当然，他们探索的成果可能还是粗糙的、不系统或是不够完善的。真正解决问题需要更多力量的投入和长时间的积累。我相信他们的努力无论是成功还是失败，结论是真理还是谬误，对于后来者都会具有启发和借鉴作用。一个完善成熟的学科需要几代人的努力。学科也总是不断向纵深发展的，永不会止步。基于这样的认识，我支持从近几年尚未出版的博士论文中选出与景观研究有关的集为丛书，希望能在景观学的田园里留下他们在探索求真道路上走过的履痕。丛书中如有错误，也请读者批评指正。

东南大学建筑学院教授　杜顺宝
二〇一四年十二月十八日
于南京

序

当今景观学的研究已经大大拓展了风景园林学科的内涵与外延。消费文化与城市景观关系的研究即新的课题之一。城市景观一般可以理解为一个城市所有的自然与人工物质所呈现的形态。这种物质形态受到自然的、历史的和经济、文化以及社会多种因素的影响与制约，它的形成是一个复杂的、动态的演进过程。如何保持城市景观的演变有利于社会人文生态能保持合理、健康发展，对生活在城市里的人们非常重要。作者出于专业敏感，觉察到这个课题的意义和价值，选择它作为博士论文题目。本书即由博士论文修改而成。

作者在书中分析了消费文化对城市景观的有利影响，同时指出它带来的消极作用。如何把控城市景观的演变具有科学性与合理性，作者提出城市景观再构建的一些设想，局限于作者的专业阅历，这次设想不一定是全面和合理可行的，但可以引起城市主管部门和不同专业领域设计人员的思考，共同为城市景观的有序演进寻求行之有效的管控方法和解决问题的途径。

杜顺宝

二〇一九年十一月二十日

于东南大学四牌楼校区

前　言

本书根据我的博士论文《消费文化语境中的城市景观研究》修改而成。

从公园到住区，从街区到城市，中国当代城市景观主要反映的是经济、社会、文化转型的结果。由于消费文化的前置性和移植性，中国经济、社会和文化发展的不一致性，中国当代城市景观呈现出混杂、片断的图景。

本书将全球性的消费文化视作当代城市景观的发展背景，通过梳理“消费社会”“消费文化”和“消费主义”等基本概念，分析和归纳消费文化语境中纷繁复杂的城市景观现象，建立起消费文化与当代城市景观较为完整的关系。

消费文化在物质、制度、精神三个层面分别影响着城市景观的材料与技术、形式与结构、价值与意义。大众、媒介、视觉的三者合流，刺激着消费文化的扩张和繁荣。城市景观表现出活力与短暂、开放与多元的特征。

消费文化具有两面性与局限性。伴随文化模式的转变，城市景观的发展由深度转向平面、时间转向空间、整体转向碎片，呈现出平面化、全球同质化和局部破碎化的趋势，不利于全球人文生态系统的平衡与发展。这些影响虽然潜隐与间接，但是如果没有有效的控制与约束，则会在意义、认同、审美方面掩盖并加剧人们的精神危机。

在对现有城市景观发展趋势进行反思后，本书有针对性地提出价值认知、异质性、连续性三条设计原则，对消费文化下的城市景观进行再构建。

要强调的是，本书并不试图用单一的观念看待城市景观的整体设计。城市景观并非全然只受一种文化的影响。事实上，消费文化只是社会整体文化的一个方面，它既是促进城市景观不断创新和保持活力的源泉，也是造成当下城市景观危机的重要原因之一。对消费文化与城市景观关系的研究存在着广阔的空间，本书只能算是一个初步的框架。城市景观的发展是一个动态的开放过程，它必然会随着社会实践的发展不断深入、充实、提高，实践是它经受检验和发展的唯一途径。伴随着人文生态思想的普及与深入，世界各地的建设经验将会不断地推陈出新，这对理论的深度和广度都会起到促进提升作用。

书稿完成之际，首先感谢我的导师杜顺宝教授，先生谦逊豁达的为人、正义耿直的风范、渊博深厚的专业底蕴时常感染着我；而先生精益求精的治学态度更让我受益终身。我的点滴进步都得益于先生的教导与关怀，在此谨向先生表达我内心最诚挚的感谢。

感谢在此领域研究的前辈及相关学者，你们的成果给了我极大的启迪与帮助。

感谢我的同学与好友，有你们陪伴的日子是一段美好的回忆。

感谢我的家人，你们的无私奉献与默默关爱是我力量的源泉。

感谢我的爱人，你坚实的臂膀给了我永远的依靠，感谢你长久的理解与支持。

感谢我的宝贝，你天使般的笑容带给我永远的阳光灿烂。

语言有时就是这样直白：感谢你们！感谢你！

郭苏明
二〇一九年十一月
于南京

目录

0 绪　论

0.1 研究背景

消费文化作为发达的商业以及令人艳羡的生活方式代表，在全球化浪潮推动下席卷世界各地。即使今天置身于偏僻的角落，也能感受到它的庞大气息。

伴随着经济全球化过程，消费文化从经济领域蔓延到政治、社会和文化领域，并对城市景观领域产生了强有力的冲击。国内这十余年间涌现出一批城市景观，从形式到内容、从设计手法到发展态势，表现出对消费文化的积极回应。一方面，消费文化带来了丰富多彩的社会生活，城市景观呈现出生机勃勃、充满活力的新景象；另一方面，却因消费文化内在趋同性与异质性的矛盾、迎合大众与追求艺术深度的对立、能指与所指的分离，给城市景观的良性发展带来了系列问题，引发各界的诸多困惑。

消费文化是把双刃剑。消费文化给城市景观的发展带来了一些新的契机。如果对这一背景下城市景观与社会其他组织结构的互动与影响采取被动、漠然甚至全盘否定的态度，则会对一些新型城市景观现象产生出一种失语般的困惑。但消费文化的消极影响、负面作用也同样明显，如果城市景观对消费文化一味采取鼓励褒奖或听之任之的态度，那会激化消费文化背后潜在的人文生态危机。因此，客观地分析带有消费属性的城市景观价值，才能在当代社会的各种直接或间接的文化、经济与景观的话语实践中辨明方向。

当前城市景观设计对于消费文化大抵持两种态度：一种是抵抗的或说是忽视态度，更多地专注于地域文化；另一种是顺应这种文化趋向并且充分发掘创造的可能性，强调全球视野。面对复杂的设计语境，中国的城市景观如何面对消费文化的挑战？如何在新形势下得到发展与发扬？对于本土的景观设计师或建筑师来说，如何才能扬长避短，确定自己的责任与使命，是摆在他们面前的一个现实而迫切的问题。

随着消费文化逻辑在社会物质与文化生活方面的全面渗透，城市景观与实践呈现出前所未有的综合性与复杂性。布尔迪厄（Pierre Boudieu）说，“文化因素深深地渗透到社会生活的各个领域和各个部门，并在社会整体中占据优先权”；詹姆逊（Fredric Jameson）说“美感的创造、实验与翻新也必然受到诸多限制。在社会整体的生产关系中，美的生产也就愈来愈受到经济结构的种种规范而必须改变其基本的社会文化角色与功能”。消费文化的全球化现象是一个无法否认的客观存在，消费文化对城市景观的影响并不是简单的某某企业资助某某艺术的问题，而是以跨国资产阶级利益为主导的消费主义文化意识形态伴随经济力量一起进行全球性扩张的结果，这种文化带有霸权色彩，笼罩着世界上所有的文化。由于消费文化具有前置性和移植性，经济、社会和文化发展的不一致性，中国的城市景观呈现出更为混杂、片断和高度压缩的特点。今天，比过去任何时候都更为迫切的命题是，如何扩大城市景观的研究外缘，结合社会的政治、经济和文化因素来研究城市景观。

0.2 研究意义

源于西方的消费文化，究竟给全球，尤其是中国的城市景观带来了什么样的影响？强势的消费文化是如何把它的运作机制和价值观念推广到全世界的？这种无孔不入、无远弗届的消费文化对中国的本土文化构成了一种什么样的冲击？给城市景观带来了哪些机遇？又引发哪些危机？我们应当如何应对这种挑战？等等。对于这些问题，若要得到令人满意的答案，必须依赖包括中国景观研究者、设计者在内的众多学者的长期和共同的努力。对于中国的城市景观设计师来说，不仅要借“他山之石”，要有理论切入现实的勇气和能力，而且要在应答所面对的具体语境时表现出鲜明的立场，以积极的介入姿态和批判精神来抗争种种不义的、潜隐的霸权。

而本书的选题和研究工作也正是基于对以上问题的思考。本书通过借鉴西方消费文化相关理论，对消费社会、消费文化，以及消费文化影响下城市景观与消费的关系做出重新审视；对消费社会中的城市景观现象加以分析与梳理；并解读其表象背后的文化内涵；继而揭示消费文化的两面性与局限性，剖析消费文化影响下的城市景观面临的人文生态危机；并立足于人文生态视角，对城市景观的再构建提出合理的建议，力求城市景观与消费文化形成良性互动。论文具有明显的针对性和现实意义。

0.3 研究框架

本书在研究过程中，按照逻辑由浅入深地回答以下五个问题：

1）消费文化为什么会影响城市景观？

2）消费文化对城市景观产生哪些影响？

3）消费文化如何影响城市景观？

4）消费文化对城市景观产生哪些负面影响？

5）在城市景观设计中如何应对危机与挑战？

第1章：确定研究语境与研究对象。从消费文化的符号消费理论和城市景观的符号象征性出发，探讨城市景观的“消费”属性。

第2章：对消费文化影响下的城市景观的现象进行梳理与分析。消费文化既整合了现存的消费空间，又在城市景观的生产、中介以及消费三个阶段对不同的主体发生作用，致使城市景观从公园到住区、从街区到城市，产生与以往不同的新特征。

第3章：作为现象的城市景观与其背后的消费文化存在着对应关系，从具有典型代表性的大众性、媒介性、视觉性三个方面分别对城市景观进行诠释。

第4章：消费文化自身的两面性与局限性决定其对城市景观的负面影响。引入人文生态思想，从平面化、同质化、碎片化三个角度对消费文化影响下的城市景观进行理性的剖析。

第 5 章：在对现有城市景观发展趋势进行反思后，有针对性地提出价值认知、异质性、连续性三条原则，对消费文化下的城市景观进行再构建。

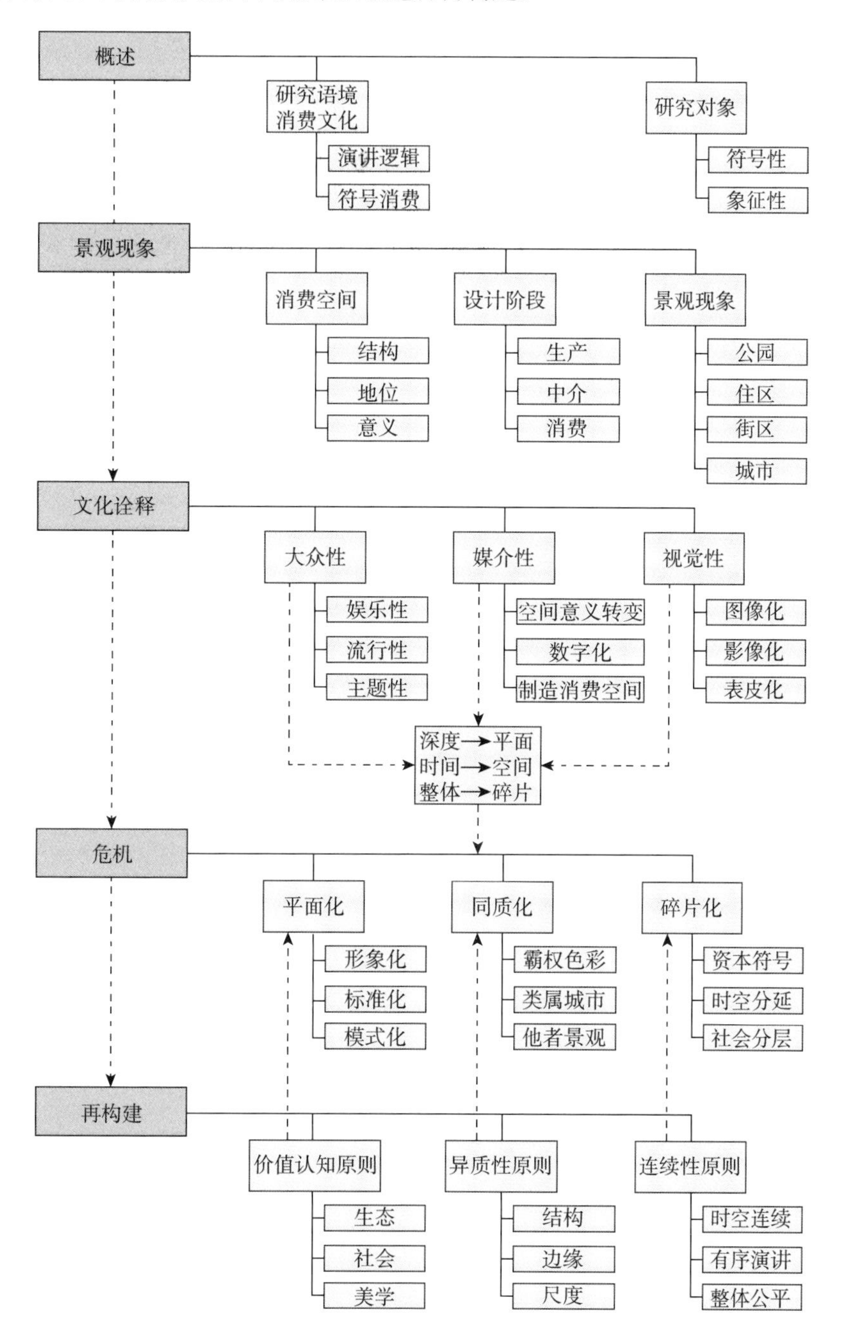

1 消费文化与城市景观概述

“今天，在我们的周围，存在着一种不断增长的物、服务和物质财富所构成的惊人的消费和丰盛现象。它构成了人类自然环境中的一种根本变化。恰当地说，富裕的人们不再像过去那样受到人的包围，而是受到物的包围。……我们生活在物的时代：我是说，我们根据它们的节奏和不断替代的现实而生活着。在以往所有文明中，能够在一代一代人之后存在下来的是物，是经久不衰的工具或建筑物，而今天，看到物的生产、完善与消亡的却是我们自己。”[①]

——让·鲍德里亚（Jean Baudrillard，1929—2007）

1.1 研究语境：消费文化

1.1.1 概念界定

1）消费（consumption）

“消费”，首先指微观经济学中与“生产”相对的概念，传统经济学奠定了对于消费的一个基本理解：人们所消费的并非物质本身，而是“物质的效用”[②]，“消费”即是“使用价值的消费”。消费是人的基本生命活动之一。马克思指出，一切历史的第一个前提是，“人们为了能够‘创造历史’，必须能够生活。但是为了生活，首先就需要吃喝住穿以及其他一些东西。因此，第一个历史活动就是生产满足这些需要的资料，即生产物质生活本身……”[③]，作为满足需要的活动，消费与物质产品的生产和供应有着天然联系，这也就决定了消费总是首先作为一个经济问题被考虑。从宏观上，经济资源的稀缺性决定了一个共同体只能生产有限数量和种类的产品供社会消费；微观上，一个家庭乃至个人所占有资源的有限性决定了他获得（自给自足或者交换购买）消费品的数量种类的有限性。因此，不论是共同体还是一个家庭或个人，必须要考虑消费需要与资源有限之间的基本矛盾，从而合理地规划资源、满足需要。

2）消费社会（consumer society）

“消费社会”这个概念是一个舶来品，并伴随出现一批近义词：大众高消费时代、发达工业社会、后工业社会、晚期资本主义、后现代社会、奇观社会、媒介社会、信息社会、数

---

① 让·鲍德里亚．消费社会［M］．刘成富，全志纲，译．南京：南京大学出版社，2001

② 马歇尔．经济学原理［M］．朱志泰，陈良璧，译．北京：商务印书馆，1981

③ 马克思恩格斯选集：第1卷［M］．北京：人民出版社，1972

字化社会等。消费社会是相对于生产社会、现代社会，或者工业社会而言的，判断是否进入“消费社会”需要从经济学和社会学两方面考虑。其中，经济学主要确定生产能力和生产方式；社会学主要确定消费的目的、意义及其对社会关系的影响。

就经济学方面而言，消费社会的主要特征是生产能力相对于适度与节俭的传统生活方式而过剩，为了生产方式自身的生产与再生产，社会就要不断地刺激消费，使大规模消费成为社会的基本生活方式。更进一步，还必须实现工业经济向知识经济与服务经济的转变，即主导产业由福特式、大规模、标准化的制造业转变为灵活的、知识型、技术型的金融、服务等行业，非物质形态的商品是其主要生产和消费对象（表 1.1）。

1970 年，法国著名社会学家让·鲍德里亚（Jean Baudrillard）出版了《消费社会》，从社会学方面对当时包括美国在内的西方社会进行了深刻的剖析。他认为，消费社会就是这样一个被物所包围，并以物（商品）的大规模消费为特征的社会，这种大规模的物（商品）的消费，不仅改变了人们的日常生活，改变了人们的衣食住行，而且改变了人们的社会关系和生活方式，改变了人们看待这个世界和自身的基本态度。

美国后现代理论家弗雷德里克·詹姆逊曾经描述消费社会在西方出现的历史状况。他认为，一种新型的社会开始出现于二次大战后的某个时期，它被冠以后工业社会、跨国资本主义、消费社会、媒体社会等种种名称。他指出：“新的消费类型，人为的商品废弃，时尚和风格的急速变化，广告、电视和媒体迄今为止无与伦比的方式对社会的全面渗透，城市与乡村、中央与地方的旧有的紧张关系被市郊和普遍的标准化所取代，超级公路庞大网络的发展和驾驶文化的来临……这些特征似乎都可以标志着一个与战前社会的根本断裂……”[①]

表 1.1 消费社会特征

<table>
<tr><td>时间（西方）</td><td>1400—1760 年</td><td>1760 年—19 世纪三四十年代</td><td>19 世纪三四十年代—19 世纪末 20 世纪初</td><td>19 世纪末 20 世纪初—20 世纪六七十年代</td><td>始于战后 20 世纪六七十年代</td></tr>
<tr><td rowspan="2">社会阶段</td><td colspan="4">生产社会</td><td rowspan="2">消费社会</td></tr>
<tr><td colspan="2">消费社会前期</td><td colspan="2">消费社会形成期</td></tr>
<tr><td>现代性</td><td colspan="2">前现代社会</td><td colspan="2">现代社会</td><td>后现代社会</td></tr>
<tr><td>工业化水平</td><td>前工业社会</td><td>局部工业社会</td><td>工业社会</td><td>先进工业社会</td><td>后工业社会</td></tr>
<tr><td>经济增长阶段</td><td>现代经济准备期</td><td>起飞期</td><td>成熟期</td><td>大众高消费时期</td><td>丰裕生活追求期</td></tr>
<tr><td>人均收入（美元）</td><td>50~100</td><td>100~600</td><td>600~1 500</td><td>1 500~4 000</td><td>4 000~20 000</td></tr>
<tr><td>标志事件</td><td>第一次工业革命 1781 年蒸汽机</td><td>18 世纪的消费革命</td><td>第二次工业革命 1850 年第二次消费革命</td><td>1913 年福特公司密西根德尔朋的流水线生产</td><td>计算机革命</td></tr>
</table>

① 弗雷德里克·詹姆逊 . 文化转向［M］. 胡亚敏，等译 . 北京：中国社会科学出版社，2000

续表 1.1

时间 （西方）	1400— 1760 年	1760 年—19 世 纪三四十年代	19 世纪三四十年 代—19 世纪末 20 世纪初	19 世纪末 20 世 纪初—20 世纪 六七十年代	始于战后 20 世纪 六七十年代
生产方式	生产力水平低 机械化程度低 自给自足的农业、手工业		大机器工业 取代以往的 农业、手工业	福特主义为代表 大规模工业 生产方式	后福特主义为代表 灵活积累的 新控制模式
经济模式	农业 手工经济		制造业 工业经济		服务业 知识经济
市场主导 力量	生产领域 生产者				消费领域 消费者
消费特征	对使用价值的高度关注		商品的附加价值受到重视 大规模商品消费		进一步扩大消费范围 符号消费
消费文化 特征	消费方式单一 有限的文化需要		消费文化开始出现		消费成为社会和文化 的主导形态

注：其中人均收入标准根据罗斯托（Rostow）的“经济增长的阶段”理论整理。

（1）从福特主义到后福特主义

20 世纪消费社会的兴起与以福特主义为代表的资本主义大规模工业生产方式有着密切的联系。关于福特主义的最重要的观点是：生产与消费的联接对于资本主义再生产来说是至关重要的，一旦联接的链条中断，就会爆发经济危机。但每一种联接方式都有自己的极限。一旦达到或超过这种极限，就会有新的联接方式取而代之。从消费的角度看，资本主义“不仅改造了劳动过程，也改造了劳动力再生产的过程”①。

1913 年，福特对“泰勒制”②加以改进和完善，使生产进入标准化、规模化的新阶段。大批量生产构成了福特主义的时代特征，而大规模的生产必然要求大规模的消费。标准化的住宅和汽车是现代家庭消费的两个最重要项目，作为同质化、齐一化的大众消费品，体现了福特主义的生产逻辑在消费领域的延伸。

福特主义是典型的资本主义大工业生产的组织方式，也是工业化时代资本积累的主要形式。但从 20 世纪六七十年代以来，福特主义生产方式逐渐暴露出某种深刻的结构性危机。借用大卫·哈维（David Harvey）的话：它的弊端，一言以蔽之，就是“rigidity”（译为僵化或刻板）。福特式大规模生产体系需要长期和庞大的固定资本投资，很难适应迅速变化的市场需要，而高产量和低单位成本的生产方式要求售出大量产品，又与日趋多样化和日趋饱和的市场发生矛盾，同时线性的生产方式缺乏横向的协调机制，也造成了生产组织的僵化。种种僵化反映出作为一种协调生产与消费的控制模式，福特主义已经达到它的极限。

为了克服福特主义的刻板和僵化，一种被称为“灵活积累”的后福特主义控制模式应运

① 罗钢．消费文化读本［M］．北京：中国社会科学出版社，2003

② 泰勒是 19 世纪末美国一位工人出身的工程师，由于自下而上的工作经历，他对机器大生产的各个环节都非常熟悉。他设计出一套精简的工作程序，其基本原则就是精确计算工作中的必要动作和时间，尽量减少不必要的动作，让工人按规定的标准时间完成工作量，工资与完成工作量挂钩。泰勒于 1911 年出版《科学管理原理》。

而生，它具有如下特点：

① 它从生产针对大众市场的标准化产品转向生产针对“目标消费群体”的小规模、小批量的产品，因而能够灵活地满足市场的需要。

② 它缩短了生产的周期，“灵活积累”模式使生产的概念远远超出生产流水线的范围，它采用新的信息技术来联接生产与销售，以适应后现代社会迅速变化的时尚与趣味，其结果是大大缩短了生产和销售的周期，加速了资本流通。

③ 在劳动过程方面，不再把工人仅仅看作传统意义上的“劳动力”，而是更加重视工人在劳动中的个性和创造性，劳动时间也更为灵活。

后福特主义用机会经济取代了规模经济，在劳动力市场、劳动过程、产品及销售方式等方面都表现出极大的灵活性。这种弹性的生产方式在经济衰退和竞争加剧的情况下，能够更加有效地保障资本主义企业和经济的发展。

从福特主义向后福特主义的过渡，反映了西方社会从工业社会向后工业社会的转变，从传统的以“生产”（制造）为中心的社会向以“消费”（包括消费服务）为中心的社会的转变。后福特主义进一步扩大了消费的范围，加快了消费的步伐，创造了刺激、控制和引导消费的更为多样的形式，为当代消费文化的发展提供了新的动力。

（2）消费社会的特征

首先，刺激消费、鼓励消费已成为消费社会中商品生产的一个重要动力与目标。“当人们对食品、衣物和住所的自然需要感到满足的时候，大规模生产的产品将会卖不出去，于是就开始推行大量消费作为经济扩张的秘诀。‘消费的民主化’变成了美国经济政策的不言而喻的目标。消费甚至被渲染成为一种爱国责任”[①]。商品正在成为一种标示生活质量的物质和文化的复合物。

其次，消费社会的突出之处在于大众消费。大众消费的盛行必须具备这几个基本的条件：丰富多样的产品、普通大众拥有一定的购买能力和闲暇时间，以及大众消费观或消费文化的确立。

再次，非物质形态的商品在消费中占据了越来越重要的地位。大众的流行时尚更多地表现在人们的生活方式和生活风格上（如某种休闲和运动方式、某种流行音乐等）。人们的消费发生了从商品消费向服务消费的转变，经济的重心也相应地从制造业转移到服务业。这种服务消费包括教育、健康、信息服务，也包括娱乐、休闲服务，尽管这种服务消费的准确周期很难估量，但一般而言比传统商品（如汽车、家用电器）消费周期要短得多。同时，甚至在物质商品中也渗入了越来越多的非物质因素，所谓“商品美学”，即商品的外观设计、包装、广告等在商品生产中占据了越来越重要的位置，甚至在商品构成中起着支配性的作用，直接制约着商品的生产、销售和消费等各个环节。

另外，符号体系和视觉形象的生产对于控制和操纵消费趣味与消费时尚发挥了越来越重要的影响。现代广告和传媒形象在当代文化实践中是一种强大的整合力量，它不再是普通意义上的信息传递，而是通过与所欲推销的商品有关或无关的形象来操纵人们的欲望和趣味。更有甚者，形象自身也变成了商品，而且是最为炙手可热的商品。鲍德里亚正是据此提出，

---

① 艾伦·杜宁．多少算够：消费社会与地球的未来［M］．毕聿，译．长春：吉林人民出版社，1997

在当代西方社会，人们消费的已不是物品，而是符号。

3）消费文化（consumer culture）

消费文化作为一个舶来的理论概念，主要出自詹姆逊、布尔迪厄、费瑟斯通（Mike Featherstone）、鲍德里亚等人的系列著作。这些著作的翻译与传播给中国学者提供了有关消费社会、消费文化以及后现代主义的学术理论资源。

通常意义上，消费文化是指在一定的历史阶段中，人类在物质与文化生产、消费活动中所表现出来的消费理念、消费方式和消费行为的总和。不同的历史阶段，消费文化有不同的内涵。消费文化作为一种社会文化现象，一方面，它是建立在一定的社会经济基础之上，并受上层建筑所倡导或限制的，因而与社会的宏观结构相联系；另一方面，消费文化又直接渗透到人们的生活方式之中，对后者有着导向和定位作用，因而又与人们的微观生活行为相联系。

当鲍德里亚创建性地提出"消费社会"的概念后，文化与经济的结合就开始从生产领域转向消费领域，消费文化亦引起人们的热情关注。"消费文化，顾名思义，即指消费社会的文化。它基于这样一个假设，即认为大众运动伴随着符号生产、日常体验和实践活动的重新组织。……使用'消费文化'这个词是为了强调，商品世界及其结构化原则对理解当代社会来说具有核心地位。这里有双层涵义：首先，就经济的文化维度而言，符号化过程与物质产品的使用，体现的不仅是实用价值，而且还扮演着'沟通者'的角色；其次，在文化产品的经济方面，文化产品与商品的供给、需求、资本积累、竞争及垄断市场等原则一起，运作于生活方式领域之中"[①]。

依照费瑟斯通的理论逻辑，工业社会商品化了人们的"身体"(即体力劳动的商品化)；而消费社会则商品化了人们的知识和心智（即脑力劳动的商品化）。两者之间的差别如表 1.2 所示。

表 1.2 工业社会与消费社会的文化比较

划分阶段	工业社会	消费社会
主导文化	高雅文化	大众文化
审美特征	崇高、深层 为艺术而艺术 严肃性 经典 原创性 精英意识	表面、浅层 媚俗 表演性、娱乐性、时效性 瞬时短暂、无经典 标准化、程式化和可复制性 审美泛化
自我约束	自律	他律
功能	对现存文化的 反思、批判、重建	对现存文化及消费主义的 维护、助长、强化

4）消费主义（consumerism）

在我国学术界，"消费主义"通常被认为是一个贬义词，指的是一种价值观念和生活方

① 迈克·费瑟斯通.消费文化与后现代主义［M］.刘精明，译.南京：译林出版社，2000

式，它煽动人们的消费激情，刺激人们的购买欲望。“消费主义”代表了一种意义的空虚状态以及不断膨胀的欲望和消费激情。换句话说，人们消费的不是商品和服务的使用价值，而是它们在一种文化中的符号象征意义。合理地满足实际生存需要的消费与无度地占有符号价值的消费是两种基于不同类型的观念与价值的生活方式和生存状态，所以消费主义又常常被叫作消费主义文化意识形态。

消费主义是现代消费文化的特定表现，它把符号消费对使用价值的背离推向一个极致。消费主义表现为现实生活层面上的大众高消费，它常常是由商业集团的利益以及附属于它们的大众传媒通过广告或其他各种文化、艺术形式推销给大众，并使所有人不分等级、地位、阶层、种族、国家及贫富地卷入其中。实际上，“消费主义”是人们对各类物质表现出的一种特殊消费心态，消费主义不在于仅仅满足“需要”(need)，而在于不断追求难于彻底满足的“欲望”(desire)[①]。“资产阶级社会与众不同的特征是，它所要满足的不是需要，而是欲求，欲求超过了生理本能，进入心理层次，因而它是无限的要求”[②]。

消费主义不仅造成了强烈的消费欲求和狂热的购物行动，而且商品消费过程中的地位、品位、时尚、美好生活等观念与象征价值也是这种符号意义所创造的主要话语系统。消费主义和享乐主义作为企业和商业借助广告等促销手段而操纵和宣传的意识形态，成为西方发达国家消费生活中的主流价值和规范。在这里，目的和手段发生了完全的颠倒：生产和经济的增长不再是为了满足需要，而是消费成了保证过剩性生产和无限度的经济增长的手段。经济增长成为唯一的目的，而挥霍性消费则是为了支撑经济的无限度增长。

消费主义作为一种有相当影响的消费观、价值观、社会观，在西方社会得到普遍的认同和广泛的传播。詹姆逊就曾指出，当代资本主义社会“已经没有旧式意识形态，只有商品消费，而商品消费同时就是其自身的意识形态”[③]。消费主义认同的是只有消费的自由，才能体现主体的独立存在，即“我买故我在”，如美国艺术家芭芭拉·克鲁格(Barbara Kruger)针对消费文化的系列作品(图1.1)。

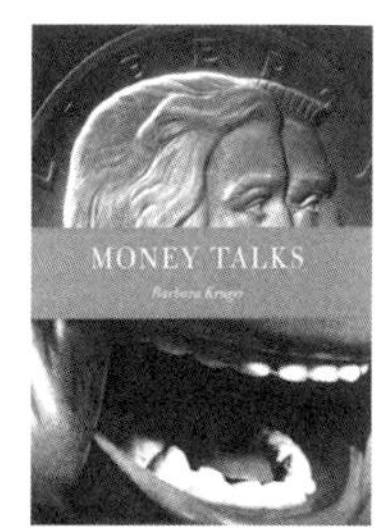

图1.1　芭芭拉·克鲁格作品

依次为“我买故我在”“买我，我会改变你的生活”“金钱话语”

来源：http://www.barbarakruger.com/

值得注意的是，消费主义价值观及其指导下的高消费生活方式的推广是全球化策略的重要组成部分。跨国机构通过控制广告和大众媒体，向世界上其他地区推销符合自己利益的价值体

---

① 王宁.消费社会学：一个分析的视角［M］.北京：社会科学文献出版社，2001

② 丹尼尔·贝尔.资本主义的文化矛盾［M］.赵一凡，译.北京：生活·读书·新知三联书店，1992

③ 弗雷德里克·詹姆逊.后现代主义与文化理论［M］.唐小兵，译.西安：陕西师范大学出版社，1987

系，从而引起了第三世界国家文化和意识形态的变迁。消费主义的产生与传播具有特殊性：

① 消费主义传播的受众多元，包括商人、企业管理人员、科学技术人员、艺术家、广告业者、传媒人员等，这将模糊意识形态的差异，并淡化消费者之间的利益冲突。

② 消费主义传播具有隐藏性，在传统的文化思想领域之外，通过商业交换、媒体传播、艺术表演、消费活动等方式，在日常生活领域悄无声息地进行传播。

③ 消费主义传播途径与表现方式，主要体现为媒体中的广告等视觉影像、明星类消费偶像，以及众多身体性叙事。

1.1.2 消费文化的演变逻辑

传统经济学奠定了对消费的最初界定。然而，消费不只是经济行为，也是一种文化行为。消费文化表现出对使用价值消费的背离，这种背离在消费主义流行的时代走向极端，又带来某种弊端。因此有必要梳理消费文化的演变逻辑。

1）传统经济学的使用价值消费

在经济学说上，消费是一个与生产相对应的概念，因此，对消费的态度也就随着生产发展的需要而变化。在资本主义发展早期，为了实现生产规模的扩张，保证资本积累和国民财富的增值，古典政治经济学家对消费普遍持一种贬抑、节制的态度。虽然后来人们意识到消费对生产本身的积极作用，也仅仅是从有利于生产过程的角度来肯定消费的意义，于生产发展必要的必需品消费被提倡，而非必需品、奢侈品的消费被贬低[①]。

19 世纪中期以后，随着资本主义的发展，生产和消费的矛盾逐渐显现，经济学家越来越意识到消费对社会生产发展的至关重要作用，并逐渐由对消费的宏观考察进入到微观分析。

微观经济学对消费者有一个“理性经济人”的假设，往往把消费者假定为理性的：他们在效用最大化原则的支配下，以最少的支出来购买最大限度满足自己需要的物品；他们在经济“合理性”的支配下做出选择，消费总是指向物品的“有用性”，并追求物品的最大效用。因此，不论是从宏观上如一个国家，还是从微观上如一个家庭或个人的角度，资源稀缺的限制和效用最大化的目标使得经济学不得不强调物品的“功用”，注重消费的实用性，并以经济理性原则来权衡消费的适当与否；任何不从实用或者使用价值角度进行的消费，往往在经济上是“不合理的”或者“非理性的”，在消费伦理上是“浪费的”。这样，传统经济学便奠定了对于消费的一个基本理解：“消费”即是“使用价值的消费”。

2）消费是一种文化现象

置身于物质丰裕的消费社会中，人们已经不再为生存“消费”而挣扎，纯粹经济学视角的消费无法深入到消费的本质层面。因此，对消费的研究必须超越经济学的视角。

许多学者都意识到，消费是一种文化现象。是“其旨趣不在经济现象的量化，无法在消费行为与其他因素间找出数字表示的函数关系，只能做主观的推断。一个人的欲望受到文化的界定，不同文化背景的人，其欲望也会不同，满足欲望的方式也会不同；物品的消费本身就是一种人际关系、社会义务；物品价值的决定在于使用者的判定，而使用者的判定又受到

① 伊志宏．消费经济学［M］．北京：中国人民大学出版社，2004

文化的影响”[①]。从文化研究的观点看，消费本身体现着文化的功能，通过消费可以区隔阶级、性别、年龄、职业；通过消费，个体从群体之中涌现出来，自我意识和人的内在独特性格从他人中脱颖而出；而消费物品如服饰、陶器、食品、家具、建筑等物品的风格及其转变构成一定社会生活时代和地理空间的标志。消费者使用被赋予了文化意义的消费商品能够表示不同类别的文化，培养一定的生活价值理念，形成特定的生活方式，建构自我概念，并见证和标记社会变迁。消费物品不只是因为它的功用或使用价值而对人有意义，很大程度上，是文化赋予了消费物品以意义，并使得消费超越了“使用价值消费”这一经济学视角。

凡勃伦（Thorstein B Veblen）提出的“炫耀性消费”、布尔迪厄所谓的“品位”“审美”消费等，都不再以消费物品的使用价值为唯一目的，而更看重被使用或消费的物的象征意味，普遍化和大众化的符号消费的产生，是对人类长久以来就存在的象征性消费的现代继承形式，它是消费文化在社会发展到物质丰裕阶段的必然表现，在当时具有一定积极的社会文化意义。

3）走向极端的符号消费

当社会中的大多数人口变得相对富裕的时候，消费模式就从主要考虑基本物质需要，转向了对所购物品的象征意义的注意。奢侈品消费显得越来越普遍化、民主化，由此，社会进入了一个大众消费的时代。同时，资产阶级利用各种现代传播媒体极力倡导消费，一种不以使用价值为目的，追求炫耀、奢侈、时尚的消费思潮应运而生。它追求无节制的物质享受和消遣，并以此作为生活目标和人生价值，甚至形成当下流行的一种生活方式，这就是消费主义的诞生。

消费主义是现代消费文化的特定表现，它把符号消费对使用价值的背离，推向一个极致。鲍德里亚认为，在消费社会，符号的过度供应或者符号生产的泛滥，使得拟像与真实背离，以至于真实消失，世界成为拟像的世界。符号消费存在的前提条件是大量制造意义符号的大众传媒广告，商业广告的图像、声音、文字符号充斥报纸、杂志、广播、电视、电影等媒介，现代广告并不突出性能价格等与物品的自然使用特性相关的因素，而是着力通过附加新的形象和符号来改变商品的原始意义的使用概念，将美丽、浪漫、奇异等文化特性巧妙地与商品融合在一起，制造出与商品本身并无必然联系的各种意象，对人们进行消费“劝说”。比如，饮用可口可乐与繁荣、成功、时尚，酒、香水与优雅、美丽、浪漫、异国风情……商品在广告的作用下，成为“商品——符号”，并被无限地进行多重的文化联想。这样的符号被媒体大量复制和生产，像泡沫一样充斥于人们的生活，并以其所承载的意义幻想激发人们的占有和购买欲望。

当人们淹没在符号堆砌起来的拟像海洋之中，纯粹为了消费而消费，为了享乐和新奇而消费时，就走向了一个与真实脱节的世界（鲍德里亚称之为拟像的世界），在这样的世界，到处都是符号以及符号堆砌起来的拟像物，但是，意义却面临崩溃和解体。

至此，消费从经济学所理解的“使用价值消费”经历了消费文化“对使用价值消费的超越性视角”，最终走向了对使用价值的真正背离，在消费主义的泛滥之下，成为与使用价值的现实性严重背离的“符号消费”，这构成了消费文化及其内涵的演变逻辑。

---

① 陈冲宏．消费文化理论［M］．台北：扬智文化事业股份有限公司，1996

1.1.3 西方消费文化理论研究

1）马克斯·韦伯（Max Weber）[德]:《新教伦理与资本主义精神》(1904—1905)

消费进入西方社会学讨论的主题，应是肇始于此。在资本主义发展的初期，世俗的新教禁欲主义与自发的财产享受强烈地对抗着，它束缚着消费，尤其是奢侈品的消费。这种禁欲主义推动了现代理性资本主义的发展，但是对绅士和贵族而言，仍然保持着以快乐为取向的生活方式，他们对奢侈品的消费需求，是推动工业革命的动力。韦伯的论述，为消费文化研究提供了新的理论思路。

2）法兰克福学派（Frankfurt School）

法兰克福学派是由德国的法兰克福大学社会研究所构成的学术团体，是20世纪最大的新马克思主义流派。法兰克福学派对大众文化、大众传媒的分析和批判在60年代末席卷欧洲的学生和青年运动中获得了极高的声誉，产生了十分巨大的影响。他们率先注意到了大众文化与传媒日益上升的重要性，也率先注意到了消费社会的出现。对于文化的批判是法兰克福学派社会批判理论的核心(例如对“文化工业”及人的“物化”现象进行批判[①])。法兰克福学派通过对科学技术和大众文化的意识形态功能的批判，来进行对整个资本主义消费社会的批判。

3）居伊·德波（Guy Debord）[法]《奇观社会》(1967)

境遇主义者的代表居伊·德波在1967年出版的《奇观社会》[②]一书，对当时由于现代化发展和消费社会的引入所促成的新型的社会秩序，以及日常生活中的意象、符码、文化走向、权力等西方社会进程的新特征、新矛盾进行了深刻剖析，强调符号和影像要素。1973年居伊·德波制作了《奇观社会》的电影版本。

4）让·鲍德里亚[法]:《物体系》(1968)、《消费社会》(1970)和《符号政治经济学批判》(1972)、《生产之镜》(1973)、《象征交往与死亡》(1976)、《仿真与仿像》(1978)等

《物体系》《消费社会》和《符号政治经济学批判》(图1.2)构成鲍德里亚理论的第一阶段，在这个阶段，鲍德里亚试图将马克思主义对资本主义的批判从生产领域扩展到消费领域，在此过程中，他将符号学与政治经济学评判结合在一起，展开对“消费社会”的深入研究。鲍德里亚的符号消费理论，构建了当代消费文化理论的基本框架，对分析消费史上一些夸耀消费有很

图1.2 让·鲍德里亚和他的前三部著作

① “文化工业”是指凭借现代科学技术手段，大规模地复制、传播商品化及标准化的文化产品的娱乐工业体系。“物化”概念具有两层含义：一是商品中人与人的关系表现为物与物的关系，二是人通过劳动创造的物反过来控制着人。

② 在中国学者译文中，有“景象社会”“奇观社会”“景观社会”等译法，为避免和本书“景观”涵义混淆，本书选取“奇观社会”的译法。

大帮助。但是鲍德里亚在对消费文化的分析中完全采用符号学的理论，全面否定马克思主义劳动价值论，对使用价值和劳动价值之间的关系视而不见，对消费作为社会实践活动的具体过程缺乏充分的认识和理论上的提升，从而使他的符号消费理论存在缺憾。

5）皮埃尔·布尔迪厄[法]:《区分：品位判断的社会批判》(1979)

布尔迪厄在其代表作《区分：品位判断的社会批判》一书中努力要证明的一个中心观点是：人们在日常消费中的文化实践，从饮食、服饰、身体直至音乐、绘画、文学等的品位，都表现和证明了行动者在社会中所处的位置和等级。品位的区分体系和社会空间的区分体系在结构上是同源的，在文化符号领域和社会空间之间存在着一种结构性的对应。

布尔迪厄研究了经济资本和文化资本①之间的关系，文化资本与经济资本并非对等的关系，文化资本具有自己独特的、独立于收入或金钱之外的价值结构，它相当于转化为社会权力的能力。如果单纯根据收入来判别品位等级，就会忽视文化与经济的双重运行原则。文化资本和经济资本之间在一定条件下可以转化。这些论述，进一步深化了西方消费文化理论，对理解社会文化商品的经济与生活方式的生活空间，提供了新的分析思路。

6）迈克·费瑟斯通[英]:《消费文化与后现代主义》(1991)、《消解文化：全球化、后现代主义和身份》(1995)

费瑟斯通是后现代主义和文化全球化论争中最有影响的参与者之一。他从消费文化着手，全面论述了后现代社会的特征，以及消费文化对后现代社会的影响，并且考察了布尔迪厄、鲍德里亚、利奥塔（Jean-Francois Lyotard）和詹姆逊等理论家的思想。他指出消费文化是后现代社会的动力，以符号与影像为主要特征的后现代消费，导致了艺术与生活、学术与通俗、文化与政治、神圣与世俗间区别的消解，也产生了符号生产者、文化媒介人等文化资本家。消费所形成的消解，使后现代社会形成一个同质、齐一的整体，又使追求生活方式的奇异性，甚至是反叛和颠覆合法化。

7）弗雷德里克·詹姆逊[美]:《后现代主义或晚期资本主义的文化逻辑》(1991)、《文化转向》(1998)

詹姆逊（或译为杰姆逊或詹明信），当代美国著名的西方马克思主义理论家、批评家，被誉为“引导了美国人文学科的方向”。他致力于讨论现代主义、后现代主义和全球化问题。20世纪80年代在北京大学的系列演讲“后现代主义和文化理论”，至今依然是中国学者主要的理论依据。

1991年，詹姆逊把整个80年代的学术研究成果整理成册，发表了《后现代主义或晚期资本主义的文化逻辑》这部篇幅不小的著作，表明作者已从最初的文学批评完全转向了资本主义文化批判，他通过辩证的方法分析文学、绘画、建筑、音乐、电影等文化制品和大众传媒的作用功能，对生产方式与文化和意识形态之间的内在关系，对历史意识和时空变化的联系等许多方面都做出了有力的论述。

8）乔治·里茨尔（George Ritzer）[美]:《社会的麦当劳化》(1993)、《彻底变革消费方式：让一个失去魅力的世界再现魅力》(1999)、《虚无的全球化》(2004)

---

① “文化资本”泛指任何与文化及文化活动有关的有形及无形资产。布尔迪厄把“早期家庭教育投资”“能力”和“节约时间”看作衡量文化资本的最精确的途径。

里茨尔（或译为瑞泽尔、里泽）对消费领域的变化及其所引发的社会后果十分敏感，并以此为核心，把社会理论应用到消费实践中，撰写了一系列著作。不论是麦当劳化、理性化还是“虚无之物”的全球化，作为一种社会变迁的进程势不可挡，其力量和影响十分强大。三个议题关注的核心是人的生活，生活在世界各地的人们之间的社会关系和文化。“问题不在于所谓的‘消费文化’是否是社会的组成部分，而是它是否真的破坏传统意义上的社会”。

上述学者一系列著作的翻译与传播给中国学者提供了有关消费社会以及消费文化的学术理论资源，但产生于西方社会的消费文化理论，是否适合于中国的现实文化语境？这就必须立足于中国经济与文化发展的实际情况，加以分析研究。

1.1.4 消费文化在中国

1）中国经济快速发展

首先来看一组数据（表 1.3~表 1.5）：

表 1.3　1990—2018 年国内生产总值及其增长速度

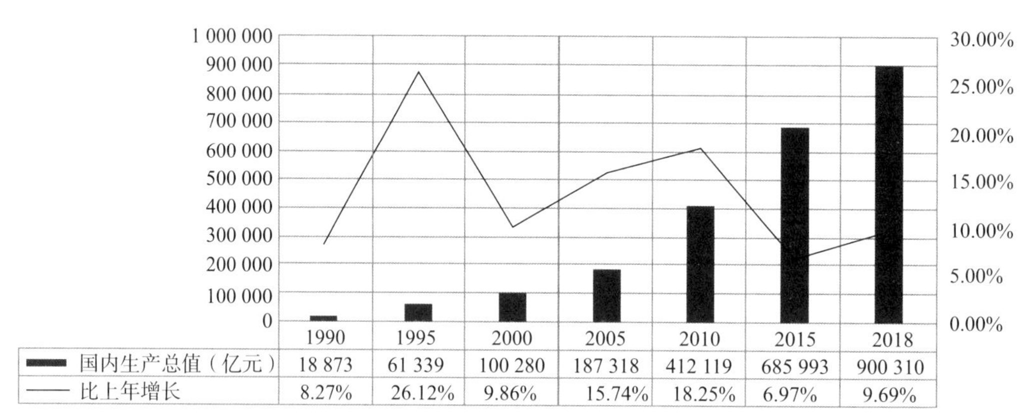

	1990	1995	2000	2005	2010	2015	2018
国内生产总值（亿元）	18 873	61 339	100 280	187 318	412 119	685 993	900 310
比上年增长	8.27%	26.12%	9.86%	15.74%	18.25%	6.97%	9.69%

来源：http://data.stats.gov.cn/easyquery.htm?cn=C01

表 1.4　中国人均国内生产总值（GDP）

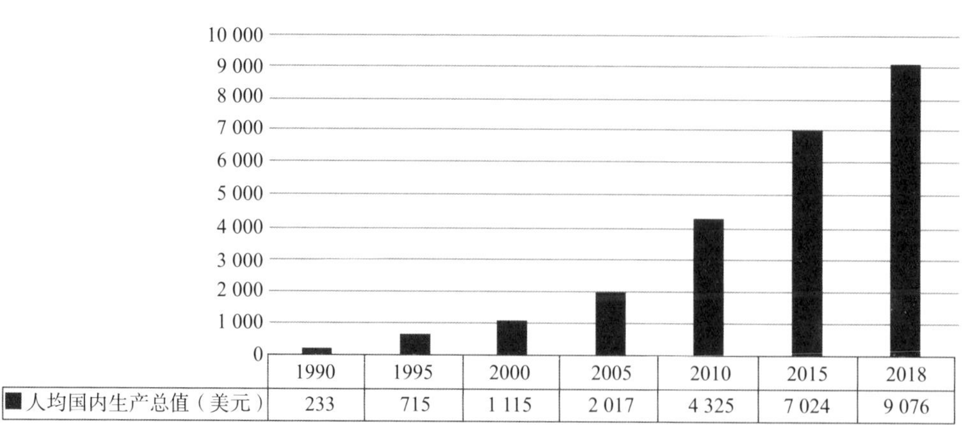

	1990	1995	2000	2005	2010	2015	2018
人均国内生产总值（美元）	233	715	1 115	2 017	4 325	7 024	9 076

来源：http://data.stats.gov.cn/easyquery.htm?cn=C01

表 1.5　2018 年人均国内生产总值（GDP）超过 12 055 美元的省及直辖市

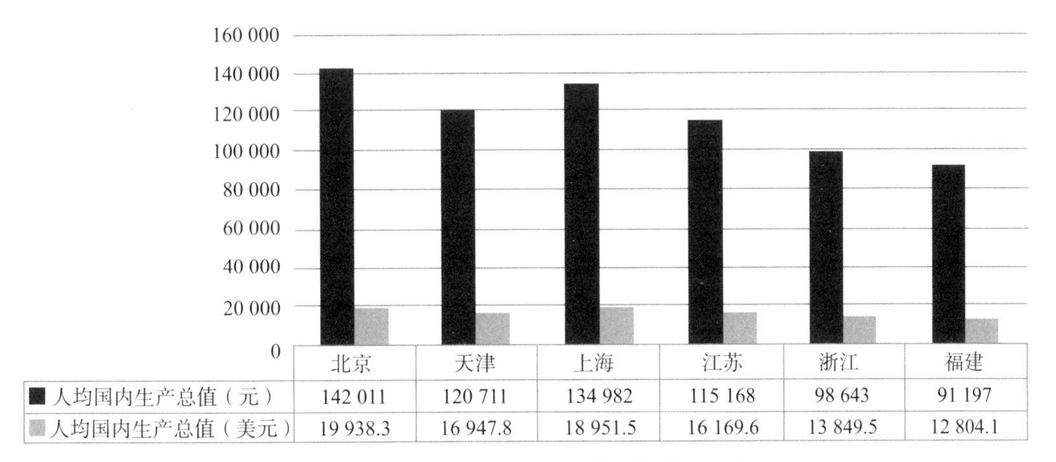

	北京	天津	上海	江苏	浙江	福建
■ 人均国内生产总值（元）	142 011	120 711	134 982	115 168	98 643	91 197
■ 人均国内生产总值（美元）	19 938.3	16 947.8	18 951.5	16 169.6	13 849.5	12 804.1

来源：http://data.stats.gov.cn/easyquery.htm?cn=C01，美元换算以汇率 7.1241：1

按照世界银行划分标准，人均 GDP 550 美元以下是低收入国家，550 美元到 2 550 美元算是中等收入国家，2 500 美元到 7 900 美元是高收入国家[①]。中国自 1996 年人均 GDP 达到 650 美元，走出低收入国家行列，开始向中等收入国家迈进。2003 年达到了 1 703 美元，突破 1 000 美元时，既标志着社会消费结构由温饱型开始向享受型升级。根据国际经验，一个国家人均 GDP 超过 2 000 美元，消费将进入快速增长期。2007 年我国的人均 GDP 已达到 2 456 美元，消费市场总体空间进一步扩大。

2）当代中国社会结构

2001 年底，中国社科院课题组展示了“当代中国社会结构变迁研究”的首批研究成果——《当代中国社会阶层研究报告》[②]，提出了新的社会阶层划分的 3 个标准——各个阶层对组织资源（政治资源）、经济资源、文化资源的占有情况。并依据此，把当代中国社会划分为十大阶层。（表 1.6）

表 1.6　当代中国社会结构

社会地位	上		中上		中		中下		底	
组成	国家与社会管理者	经理人员	私营企业主	专业技术人员	办事人员	个体工商户	服务人员	产业工人	农业劳动者	城乡无业失业半失业者
比例	2.1	1.5	0.6	5.1	4.8	4.2	12	22.6	44	3.1

来源：根据《当代中国社会阶层研究报告》整理而得。

这份调研报告结论是：改革开放以来，中国社会转型和经济转轨带来了社会结构的一系列深刻变化。其中，农业劳动者不断向其他社会阶层流动，农业劳动者阶层正在逐步缩小；商业服务业员工的数量有所上升，产业工人的数量随着农村工业化有明显上升；社会中间阶层的扩张迅速，中国社会阶层结构由原先的金字塔型逐渐向橄榄型转变，掌握和运作经济资

① 马凯 . 人均 GDP 突破 1000 美元：既是机遇又是挑战［OL］，2004-03-08. http://www.news.sohu.com

② 陆学艺 . 当代中国社会阶层研究报告［M］. 北京：社会科学文献出版社，2002

源的中间阶层正在兴起和壮大。国内常常使用“中等收入阶层”，或“中等收入群体”，再或“中产阶层”“中间阶层”来表述社会中间阶层[①]。

3）中国消费文化研究现状

对消费文化在中国的研究首先面临的是其现实合法性问题。产生于西方社会的消费文化理论，是否适合于中国的现实文化语境？或者说，中国是否进入了消费社会？消费文化在中国是否具有其存在的合法性？多数学者认为：传统文化、现代文化和后现代文化都现实地存在于中国当代社会[②]。从经济、文化及社会多角度考察，对于当下的中国，可以较灵活变通地解释为“局部的消费社会”或“不完全的消费社会”。

西方发达社会已告别生产社会进入了消费社会，其生产方式孕育出一个与之相适应的生活方式，因而消费主义文化顺理成章地成为一种普遍的社会现象。而中国作为一个发展中国家，关于消费社会及消费文化的问题要复杂得多。消费社会在中国的发展有自己的轨迹，20世纪二三十年代以及40年代初，中国的大城市，特别是上海，经历了短暂的消费社会繁荣期。1949年，社会主义革命在中国成功，“消费”本身在中国都成为资产阶级的代名词，成为禁忌话题。80年代，随着改革开放的深入，全球经济一体化趋势的不断加强和深化，中国开始逐步迈入世界范围内的消费社会。

基于中国社会经济发展的特殊性，中国当下的文化语境具有双重性：一方面从经济角度讲，尽管中国经济进入高速度的发展阶段，但就其整体的物质与经济能力而言，依然处于生产社会；另一方面从文化角度讲，由于全球化作用下西方消费文化的影响，以及社会各阶层收入差距的增大，社会消费心理与生活方式出现了明显的消费主义倾向。因此，中国既有生产社会的特点，又有消费社会特点。这就是我们所面临的社会经济与社会文化错位的困境。

中国消费文化本身具有的复杂性：传统文化、现代文化与后现代文化的并存与冲突，西方文化与民族文化的交融与碰撞，这其中表现出纷繁复杂的文化境况及其规律。面对我国消费文化的存在现实及其发展的历史必然性，单纯地、片面地批判乃至拒绝显然是不明智的，而过度渲染消费文化的种种表现甚至制造消费文化普遍繁荣的虚假景象也非冷静客观之举。在现代化的动态进程中，在经济全球化的时代氛围里，在国际之间人员交流日益频繁的21世纪，在文化信息和文化观念的传播迅捷畅通的当今世界，以及西方文化的强势地位依然存在的情况下，消费文化的传播势不可挡。理性的态度是，细致分析消费文化在中国的实际状况，有限度、有选择地吸收部分消费文化与后现代理论，力图客观、准确地描述与概括中国消费文化的特征，探究其文化逻辑。

消费文化的到来，给中国社会带来了什么？很多学者敏锐地意识到这个问题，已经开始对这个问题做相当深入的研究。从最近发表的研究成果上看，对中国的消费文化的研究是从这样几个角度入手的：从历史的角度对中国消费文化的发展和形态的研究，从全球化以及与中国当代经济发展的角度探讨中国消费文化的特点、趋势，专门就城市的消费文化进行的研究，从文化、知识分子话语和全球化的关系上探讨中国当代社会的特点。

---

① 周晓虹．中国中产阶层调查［M］．北京：社会科学文献出版社，2005

② 管宁．突破传统学术疆域的理论探险：近年消费文化研究述评［J］．福建论坛，2004（12）：35

1.2 研究对象：城市景观

本书的研究对象是城市景观。全球化携带着消费文化的狂潮已经无可挽回地渗透到全世界各个角落，经济增长的逻辑成为整个世界追求进步的准则之一。政治、经济与文化领域的相互渗透日益增强。今天，没有哪一种艺术或文化实践可以独立于经济逻辑和社会体制而存在，城市景观也不例外。作为消费社会整体结构的有机组成部分，当今的城市景观是社会、经济、文化与技术因素的全面综合。消费文化在中国的现实存在本身就具有复杂性特点，其对城市景观的影响也是多方位与多角度的。要分析消费文化对中国城市景观的现实影响，首先要明确城市景观的意义与内涵。

1.2.1 城市景观

城市景观（urban landscape）一词最早出现在 1944 年 1 月的《建筑评论》（The Architectural Review）上，当时的标题是《外部空间的装饰——塑造城市景观的艺术》[①]，主要讨论城市景观设施和铺装。在这之后，关于城市景观的研究在传统的美学因素中融入越来越多的社会因素。

城市景观一般指城市的风景，或者城市的三维物质形态，包括人工环境和自然环境[②]。广义的理解，城市景观是一个城市的物质环境与社会生活的外在表现形态，它是人类精神和理想在城市物质环境与自然环境中的具体体现，是在历史的发展过程中，由城市经济、政治、文化、社会等多方面因素共同作用、逐渐积累而形成并不断发展起来的；狭义的理解，城市景观是城市中各种物质形体环境（包括城市中的自然环境和人工环境）通过人的感知后获得的视觉形象，其中人的感知能力与理解能力则受到社会因素的制约。

表 1.7　城市景观显质构成要素

层面	内容	构成要素
宏观层面	城市景观的整体结构及其区域空间布局	城市景观点：城市入口、城市中心、交通枢纽等
		城市景观带：重要的道路、滨水带、商业街等
		城市景观区：历史性、功能性、发展性景观区
		城市空间景观：轮廓线、高度控制线
中观层面	与城市景观的形态和肌理密切相关的景观要素	人工景观要素：街道、广场、建筑、构筑物、园林、庭院、公园等
		自然景观要素：地质地貌、绿化、水体等
微观层面	丰富城市景观的形象，注重尺度、形状、色彩、质感、设施设计	人工景观要素：地面、雕塑小品、照明设计、环境设施等
		自然景观要素：花草、树木、叠石、理水等

---

① H D C Hastings. Exterior furnishings or sharawaggi: the art of making urban landscape［J］. Architectural Review，1944（1）：8

② 辞海编辑委员会 . 辞海［M］. 上海：上海辞书出版社，1999

城市景观的研究对象不仅包括物质形态，同时还包含了以物质形态为载体的精神与情感内涵。所有对城市景观的研究内容分属两个层次，即表层显质的物质要素和深层潜质的精神要素。其中，显质要素由三个层面组成（表 1.7）：宏观层面的要素构建起城市景观的整体框架，并起到了给城市景观定性的功能；中观层面介于宏观和微观之间，将宏观的结构性概念用一定具体的形式表达到城市中，起到承上启下的作用，同时，城市景观的形成过程受到社会需求、规划控制、项目开发实施等多重因素的影响，可变性较大，因此中观层面的组成要素是城市景观形成和发展的关键；而微观层面的城市景观与人的关系最为直接，与人的行为的相互影响也最大。城市景观的潜质要素则和城市社会学、城市生态学、城市美学、城市管理学等的研究在内容上存在许多联系和交叉[①]（表 1.8）。

表 1.8　城市景观的潜质构成要素及相关交叉学科

交叉学科	构成因素
城市社会学	价值观、伦理观、城市文化、宗教信仰、民风民俗等
城市生态学	城市人口、自然资源、灾害防治、经济活动、环境质量评价
城市美学	艺术美、形式美、审美观等
城市管理学	信息知识、评价机制、决策方式、管理模式等
城市经济学	区位、人均收入、贫富差距、土地利用、受教育水平等

城市景观是城市给予人们的综合印象和感知，也即城市这一客观事物在人们头脑中的反映。人们通过对城市环境和城市活动中的各类要素及其关联的感知，形成了对城市特定的认识，这就是城市景观的产生过程。一些研究者对人们如何感知景观的意义展开了深入研究，总结了景观感知由浅到深四个层面（表 1.9）。人的感知能力与理解能力则受到社会因素的制约。因此，城市景观的概念具有主客体双重属性。在城市景观的客体上涉及了城市的功能、艺术形象、技术水平等，主体上则涉及了人的视觉和生理、心理、知识结构等多方面的问题。同时，城市景观概念的形成过程，不仅是对城市物质形态内涵的整体感知过程，而且也是随着人们的认知水平不断地完善提高的过程。

表 1.9　景观感知的四个层面

景观感知的层面	景观感知的内容
感知层（perceptual level）	指感知者通过视觉、听觉和嗅觉等，从一个场景直接获得相关信息
表现层（expressive level）	所有的被感知的元素和结构都与感知者的感觉和情绪结合起来
表征层（symptomatic level）	被感知的元素成为一种符号或表达另一事物的含义
符号层（symbolic level）	所有景观中的视觉元素都代表了另一事物

来源：Nohl W. Sustainable Landscape Use And Aesthetic Perception—Preliminary Reflections On Future Landscape Aesthetics, 2001, 54（1）: 223–237

① 张继刚 . 城市景观风貌的研究对象、体系结构与方法浅谈——兼谈城市风貌特色［J］. 规划师，2007（08）：14–18

城市是地理、生态、经济、社会、文化、工程等的综合实体。城市景观是城市生活的表象特征，是社会组织结构优劣的表象，也是人类文明程度的忠实记录，象征的是“一个值得人们居住生活以及娱乐的生活环境”[①]。城市景观体现城市的气质和性格，同时体现市民的精神面貌与素质，城市景观具有丰富的文化内涵，本书第 3 章将详细论述城市景观与文化的关系。城市景观规划设计既是一种科学行为，又是一种文化行为，是把握人类的知觉经验和审美意识，综合科学、技术、艺术的特定手段，通过设计规划程序把人对环境的需求转化到空间形态艺术中，塑造一个有意义的城市空间，为人们创造高质量的、优美的城市生活环境。

1.2.2 消费文化进入城市景观领域

消费文化主要是西方国家通过大众传媒，凭借其强势经济和文化势力对他国产生文化上的支配权来实现其影响和控制的。消费文化不仅改变了人们的衣食住行，而且改变了人们的社会关系和生活方式，改变了人们的世界观和价值观。消费文化在城市景观设计的生产、中介以及消费三个阶段中均发挥了影响力，产生了新型城市景观现象。消费文化对中国城市景观的影响到底有多大？矶崎新是这么说的：

“2000 年之后我对中国的关注更多了，也更重视了，发现从 20 世纪 50 年代之后，世界上各种各样的建筑形态在中国只需要五年，就不分先后同时间的一起消费。也就是说中国对设计的消费是以惊人的速度在增长，这就感觉昨天设计的东西，今天看起来就旧了。从建筑的历史上我们来看的话，19 世纪的时候，当时的建筑形态或者是建筑文化，基本上花上一个世纪才能被消费掉，被认为是老了，但是 20 年之后提升到差不多十年，但是今天，特别是在中国，已经提升到一年一变的感觉，这就造成设计要天天变，不停地变，已经把设计师逼到无时无刻不停变化的时代。”[②]

消费文化成为当代中国城市景观发展的主要表征之一，城市景观及其所传达的生活态度与品位逐渐从精英向大众转移，景观形态所承载的意义部分或全部变成可以被消费的商品，甚至凌驾于物质与功能之上，成为促进消费的动机，并由此促进了景观形态更加迅速的更迭。

经过几十年的发展，中国的建筑业实现了从计划经济向市场经济的转变，建筑市场的基本框架已经建立。城市景观与经济效益有着越来越密切的联系，合理而富有特色的城市景观有助于提升城市的整体竞争力，可以促进经济贸易发展，成为“绿色经济”的组成部分。区域的经济结构和城市景观决定着城市的地产价值，开发商惯用“借景生财”的手法，把景观意境与实实在在的利润和商机挂钩。在市场经济作用、商业利益的驱使下，城市景观被裹挟入以视觉为主要消费特征的消费文化之后，设计便不再是单纯为了满足人的使用而设计，更加是为了能够被选中被消费而设计。

在消费文化的作用下，城市景观愈发体现出大众性、媒介性与视觉性特征。特定场合中的城市景观甚至成为媒介本身，变为可以推销自己的符号。在城市景观的中观层面中，建筑是最基本的构成要素，作为最直接的符号，建筑的形式和外观指引给人们以生活在其空间中、

---

① Rolf Jensen. Cities of version [M]. London: Applied Science Publishers LTD，1974. 转引自 陈烨 . 城市景观的生成与转换 [D]. 南京：东南大学，2005

② 矶崎新 . 消费主义是建筑垃圾的温床 [OL]，2006-12. www.landscape.cn/news

环境中的生活联想，从而建立起符号化的消费链条。在城市景观各项要素中，建筑形式最能直接和快速地反映消费文化的影响力。因此，本书有较多篇幅论述消费文化与建筑形式的关系。其目的是通过建筑形式与消费符号的类别，来归纳总结消费文化对城市景观的整体影响。

虽然在城市景观与建筑领域的理论研究已经开始关注消费文化对当代城市景观的影响，但现有研究至少存在以下几方面不足：

1. 对消费社会、消费文化、消费主义等基本概念没有精确定义，对中国社会究竟处于何种状态无法做出明确解释。

2. 往往是将西方文化或相关理论直接套用到中国，很难阐明中国消费文化以及城市景观自身发展的特点和规律。

3. 对“消费文化影响当代城市景观”的结果有初步认识，但对影响的深层原因以及本质缺乏系统分析，据此做出的评论更多停留在形式表面。更没有提出适时恰当的应对措施。

1.2.3 城市景观的符号特征

研究城市景观的符号特性，是为了回答“消费文化为什么会影响城市景观”这个问题。鲍德里亚认为消费社会中的所有商品、物体、行为从实质上看都是一种符号，而消费文化理论的任务就是揭示出这个符号系统背后的结构规律和编码规则（code）。消费文化对城市景观的影响力主要作用在两个方面：一方面是消费文化思潮借助大众传媒的力量将城市景观“符号化”，另一方面是城市景观本身具有符号特征，具有多重“意指”关系。在说明城市景观的符号特征之前，首先要理清符号学的相关概念。

1）能指（signifer）与所指（signified）

（1）索绪尔（Ferdirlandde Sanssure）的观点

瑞士语言学家索绪尔（1857—1913）将“符号学”作为一门独立学科提出，他认为“能指”（signifer）与“所指”（signified）是构成符号的两个基本要素，两者构成一种意指关系。

能指，也称符征、指符（signans）或符号表现，指语言的声音形象，是符号的表达层面（expression）；所指，也称符旨、被指（signatum）或符号内容，指语言所反映的事物的概念，是符号的内容、含义或观念层面（content）。比如英语的“tree”这个单词，它的发音就是它的“能指”，而“树”的概念就是“所指”。“能指”和“所指”是不可分割的，就像一个硬币的两面。

（2）罗兰·巴特（Roland Barthes）的观点

在结构主义符号学研究领域，罗兰·巴特（1915—1980）的地位是至关重要的。巴特认为在消费文化的言谈中，能指与所指构成的表达过程只是第一层级的，这个表达的符号构成了第二层级意指过程的能指，而第一层级的符号只有从属于第二级的意指过程时，才具有存在的意义（图 1.3）。具体的内容变成了符号，因此，“在经验的层面上，我无法使玫瑰和其所传递的讯息分隔，如同在分析的层面上，我也不能混淆玫瑰是能指及玫瑰是符号，能指是空的，符号是完满的，那是一种意义”[①]。

---

① 罗兰·巴特．神话：大众文化诠释［M］．许蔷薇，许绮玲，译．上海：上海人民出版社，1999

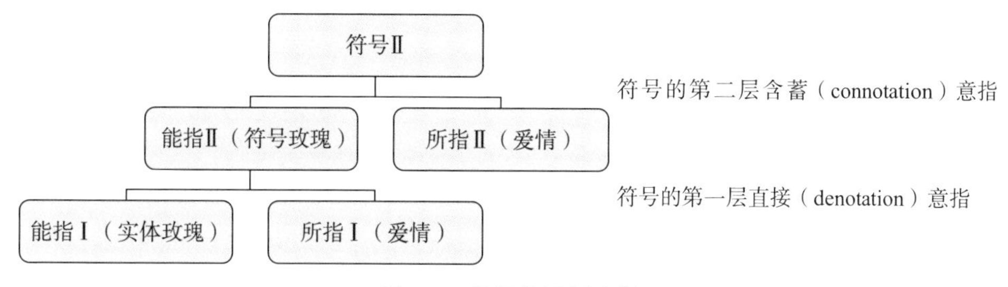

图 1.3 符号的两层意指

参考：罗兰·巴特.神话：大众文化诠释［M］.许蔷薇，许绮玲，译.上海：上海人民出版社，1999

（3）皮尔士（Charles Sanders Peirce）的观点

跟索绪尔将符号视为能指与所指的双重实体的做法不同，皮尔士（1839—1914）认为符号关系通常包含三种因素，即：表象、客体和解释因素，三者合作构成了"符号化过程"（semeiosis）。皮尔士符号三元素中的符号载体，即表象，对应着索绪尔的能指。它的解释因素，则对应于索绪尔的所指。与索绪尔的二元分类法相比，皮尔士的三合一理论中增加了一个符号的客体或对象。一个符号通过表象这一载体将一个客体和一个意义联系在一起。在三者的关系中，客体决定着符号，符号决定着意义。并且，在新的一轮符号关系中，这些意义可以成为新的客体，它们决定着新的符号表象，后者再决定新的意义（这与巴特的二层意指作用的观点相似）。这种无限的符号过程就是所谓的"符号化过程"。它们的关系及含义见表1.10。

在皮尔士的符号三分法中，最重要的是从符号与所指对象的关系进行考察，把符号分为图像符号、指示符号和象征符号三大类，体现了符号的不同表征方式。

表 1.10 皮尔士的符号分类表

符号三元素	性质（quality）	非理性事实（brute facts）	规则（law）
表象（representation）	性质符号（qual1sign）	单一符号（sinsign）	法则符号（legisign）
客体（object）	图像符号（icon）	指示符号（index）	象征符号（symbo）
解释因素（interpret）	名词符号（rheme）	命题符号（dicnt）	论证符号（argument）

来源：乌蒙勃托·艾柯.符号学理论［M］.北京：中国人民大学出版社，1990

（4）鲍德里亚的观点

鲍德里亚从马克思处延续来政治经济学，融入当时盛极一时的索绪尔及后结构主义思想，将目光集中在后工业社会的消费层面，提出了早期的"消费社会批判理论"。在本质上是一种"符号政治经济学批判"理论，或者说是一种文化分析策略或文化批判理论，运用符号学理论对以往传统的政治经济学加以扬弃。在《符号政治经济学批判》一书中，通过类比商品的使用价值和交换价值与符号的所指和能指的关系，鲍德里亚提出了著名的公式①：

① 让·鲍德里亚.符号政治经济学批判［M］.南京：南京大学出版社，2008

$$\frac{\text{交换价值}}{\text{使用价值}}=\frac{\text{能指}}{\text{所指}}$$

鲍德里亚认为，在资本主义市场体制中存在的只有交换价值，使用价值沦为交换价值的借口，是交换价值的意识形态保证。在传统经济学中，消费是交换价值向使用价值的转化；而在符号的政治经济学中，消费是交换价值向符号价值的转化。在鲍德里亚看来，消费社会的人，消费的不是商品而是商品的符号价值，消费社会的生活就是一个符号化的过程，产品只有符号化，为广告所宣扬，为媒体所推崇，成为一种流行，为人们所接受，才能成为消费品。也就是说，物品要被消费首先要成为符号。“我们正从一种由那些与各种商品相联系的符号和符码所统治的社会，转向一种由一些更为一般性的符号和符码所统治的社会，……我们正趋于将一种抽象和模式化的符号体系普遍地确立起来”[①]。我们生活的世界充满各种符号，这些符号直接影响着人们的思想和行为。由于符号带来的是差异、地位和名望，物质的消费已经不是传统意义上的需要的满足，而是对符号的消费，人们不仅要消费物质本身，更重要的还要消费物质的意义，这是在符号层面上的消费。

商品的符号必须与其他商品符号产生关系，才能体现自身的价值。如同要理解“冷”的意义，必须把它与“热、暖、寒”等词进行比较，消费的对象不是简单的商品，而是差异和比较中的能指。进入消费社会，人们在消费物品时，看重的是物品所表达或标志的社会身份、文化修养、生活风格。人们的消费要求突出商品的符号价值，即商品的文化内涵，以表现自己的个性和品位，这就是所谓的符号消费。人们所追求的不仅是获得和使用某种物品带来的满足和愉悦，更是想要从对物品的消费中获得一定的社会意义。

鲍德里亚认为符号与现实关系前后相继的四个阶段：符号反映现实—符号掩盖现实—符号掩盖了现实的缺失—符号与任何现实无关，它是自己纯粹的拟像。四阶段具体界定是：第一阶段是早期社会，第二阶段是文艺复兴时期，第三阶段是工业革命时期，第四阶段是当代消费社会[②]。由此得出的结论：当代社会本质上是一个虚拟的社会，真实与虚拟的关系被颠倒了，假的比真的更真实。这一转变揭示了形象生产在当代社会无穷泛滥，超越现实并导致虚拟的逻辑制约着人们对真实世界理解的严峻现实。

2）拟像（simulacrum）与仿真（simulation）

拟像（simulacrum，又译类像、仿像等），是鲍德里亚用以分析消费社会和消费文化的一个关键词。在《拟像的进程》中，鲍德里亚引用《传道书》中的两句话作为篇首引言：“拟像物从来就不遮盖真实，相反倒是真实掩盖了‘从来就没有什么真实’这一事实。拟像物就是真实。”[③] 简单地说，拟像是指消费社会大量复制、极度真实而又没有本源、没有所指、没有根基的图像、形象或符号[④]。鲍德里亚认为，拟像这一术语从根本上颠覆并重新定义了人们传统的“真实”观念，深刻把握了当代文化精确复制、逼真模拟客观真实并进行大批量生产的高技术特征，并由此深入剖析了消费文化的逻辑。

作为技术和经济发展的结果，拟像在消费社会赢得了共鸣。机械复制的繁荣与虚拟世界

---

① 乔治·瑞泽尔．后现代社会理论［M］．谢立中，译．北京：华夏出版社，2003

② 周宪．图像技术与美学观念［J］．文史哲，2004，284（5）：5

③ 让·鲍德里亚．拟像的进程 // 吴琼，杜予．视觉文化的奇观［M］．北京：中国人民大学出版社，2005

④ 支宇．类像［J］．外国文学，2005（5）：56

的生产，使得本来就复杂的现实与模仿的矛盾更加激化。鲍德里亚在《象征交换与死亡》中，提出了“拟像三序列”的说法。他认为，拟像的三个序列与价值规律的突变相匹配，自文艺复兴时代以来依次递进：仿造（counterfeit）是从文艺复兴到工业革命的“古典”时期的主导模式；生产（production）是工业时代的主导模式；仿真（simulation）是被代码所主宰的当前时代的主导模式[①]。

第一序列的拟像遵循“自然价值规律”。比如，在工业革命之前，艺术品的仿制只能通过手工制造的方式来完成，从一幅画临摹成另一幅画，这是并不破坏自然规律的模仿，这种“仿造”只能在原作之外增加“赝品”。那个时代的形象的复制只能如此，任何被复制的客体都被看作是独一无二的原件的仿造品，与这种复制的形式相对应的观点是，在假象和现实之间，在客体和它们的能指之间存在着可觉察的差异。

第二阶段的拟像遵循“市场价值规律”。工业革命之后，艺术形象的复制可以采用机械制造的方式，比如古典主义的名画可以通过印刷术来翻制，这也是本雅明（Walter Benjamin）所说“机械复制时代”的艺术生产方式，市场规律在其中起调控作用。在这里，鲍德里亚遵循本雅明的观点，将机械复制的技术看作这个新的生产时代的一种媒介、形式和原则。这种原则转变了产品的地位，产品不再被看成是一个原件的复制品，而是被看成为由更多相同客体构成的系列中的等同成分。这种客体和符号之间的关系不再是原件同仿造品之间的关系，而是等同物之间的关系。本雅明提出了一个著名的观点，即资本主义的生产已经破坏了艺术品的“韵味”，在电影和摄影时代，谈论原版没有多少意义，因为这可以不断地被复制。

第三阶段的拟像遵循的则是“结构价值规律”。仿真是拟像当前的秩序，这种模式的典型就是电脑读取的数字代码，数字代码将所有现实都转换成 0 和 1 之间的一种二元对立。在仿真阶段，客体并不仅仅是通过机械复制技术被复制，它们本来就因为其可复制性被生产出来，新的媒介技术不是在复制真品，而是生产真品。“仿真”与“模仿”相对，指的是一种不以客观现实为基础但又极度真实的符号生产和行为过程，而拟像则是其物化成果，指的是“仿真”行为所产生的那些极度真实但并无根由、无所指涉的符号、形象或图像。

当代的拟像就是这样一种“超真实”，它已经不是原本和副本的关系，不再是实物和镜中物之间的关系，也不再是对象和它的概念之间的关系。鲍德里亚以迪士尼乐园为例：“一开始就是一种幻影和幽灵的游戏：海盗、边界、未来世界，等等。人们普遍认为，这个想象性世界确证了人为运作行为的成功。”迪士尼乐园是典型的拟像系统的真实表演，在迪士尼乐园里，到处表演着幻想和各种虚幻事物的游戏。这样一个真实存在的、纯粹想象出来的世界，它出现在游历者面前是不可否认的事实。但是，通过这个想象世界中各种虚幻事物之间的联接，通过在背后操纵的，但实际又在这些虚幻事物的真实表演中体现出来的各种运作力量，人们产生了对于虚幻世界的假“原本”——美国生活方式——的崇拜。

“拟像”把消费社会显示为一个极度真实，但又没有真实本源，也没有真实所指，且不断自我复制并自行运作的虚拟世界。在这样一个虚拟世界里，传统形而上学的所有概念和范畴都被重新定义或改写。真实与虚假、主体与客体、主观与客观、符号与现实、能指与所指、美与丑、善与恶相互之间边界模糊，混沌不清。主体只能在这种“超真实”世界中沉溺于大

---

① 让·鲍德里亚．象征交换与死亡［M］．车槿山，译．南京：译林出版社，2006

众传媒和高新技术对“拟像”无穷尽的复制与再生产。按鲍德里亚的预言，技术和客体将主宰一切，理性主体的历史行将终结。

3）城市景观的符号性与象征性

所谓城市景观的符号性，简言之，就是城市中的景物均具有特定的意义，其意义被广泛流传从而形成符号体系。对城市景观符号性与象征性的研究可以借鉴建筑符号学的相关研究成果。

20 世纪初西方哲学发生了语言哲学转向，20 世纪中期的后现代主义建筑及其理论在实践层面上使建筑成为一种可供多重解读的符号。早期建筑符号学的研究发展显示出研究的两个主要原则：第一，如果建筑被看作语言，它就必须具有语言的结构。例如建筑元素，它必须像词语一样，具备基本意义和深层意义。第二，如果建筑被看作语言，它就必须能够交流[①]。建筑符号学的文化功能，在于“重寻失去的能指”，揭示这种遮蔽背后的意识形态。在符号学意义上，建筑的外观、材料、用途等，都从各自的使用功能中抽象出来，获得非建筑学的文化意义，从而形成一个类似语言符号系统的意指系统。建筑元素依照意义生成的规则相互组合，向人们传递视觉信息。建筑符号的意指系统由诸多建筑元素的集合和建筑规则所组成的代码构成，符号通过建筑代码生成意义。

鉴于建筑符号学已逐渐运用到空间的研究中，对城市景观符号性的研究同样可以使用和建筑符号学类似的理论结构，研究景观的“符号”（sign）、“语法”（grammar）和“文本”（text）。从社会文化因素影响角度看，景观不仅是实实在在的场所，也是一种意识形态上的现象学表达。景观的物质要素由精神要素所决定，而景观的精神要素由物质要素表达。

“景观符号”以景观中的物质要素（如建筑、植物、水体等）为载体，表达一定的“意义”。城市景观的每一个物质要素都具有其特定的使用功能，然而每一种具体形式实际上都蕴涵着人们的经验和历史，表达着丰富的意义。按照语言学的结构，景观符号对应相应的能指与所指。能指是景观的形状、空间、表面、体量等具有表现功能（表现出节奏、色彩、材质和密度等）的元素；所指是指这些景观元素中所感知、观察、领悟到的意识形态的信息（表 1.11）。

表 1.11　景观符号的含义

符号的关系		层面	景观符号
第一层直接意指	能指	表象层面	形式、空间、表皮、色彩、材质、体量、节奏、肌理等
	所指	解释层面	功能、美学意义、设计概念、空间的概念、行为方式、生活习俗、经济目标、技术
第二层含蓄意指			潜在功能、潜在的象征性、设计思潮、空间关系传统、空间行为学传统、社会宗教信仰、社会学背景、土地价值、技术体系等

“景观语法”是在技术使用、美学传统以及民风民俗等综合作用下，体现景观符号间的结构关系。景观语法体现景观中某一个单独的符号与其他符号体系的关系，通过一定的组合规

① 邓位．景观的感知：走向景观符号学［J］．世界建筑，2006（7）：47-50

则、惯例或秩序，限制并确定了该景观符号的意义。

“景观文本”是由景观符号按照一定的景观语法组合而成的空间结果。从本质上说，景观的“文本”具有与“场所”① 相同的代表空间独特特质的“内核”。不同景观语法把相应的景观符号组织起来，则形成了一定的场所。在艺术、建筑、景观和城市设计领域，“场所”是一个十分具有意义的研究主题。在景观研究中，“场所”是空间创造的核心，是一个空间“精神”的承载体；空间又促成了在特定区域形成一定的场所精神。这个定义赋予场所以人类的情感，揭示了景观不仅仅是一个存在于我们周围的物质环境，更是一种当时当地的意识形态的载体。

“符号”和“象征”是如影随形的两个概念，符号因与它所代表的事实存在约定俗成的规则，可以产生关联上的联想，而让人能够理解其所代表的事实。“象征符号是一种因某种规则而相涉于其指涉对象的符号。这种规则通常是某种普遍观念的协作联合，它的运作能使象征符号指涉于相关对象”②。换言之，“象征”是以具体可感知的形象来表现抽象的内涵；是用形象来喻指某种观念或意义，其表达内容是明确肯定的。约定俗成与语境是其内在机制，其形象与意义间，主要是靠历史文化积淀形成的态意性联系或由语境的规约，通过主体联想，形象的意义得以被认知。

在城市景观中包含大量的象征符号，它们大部分来源于生活，为人们熟悉和了解，具有可读性和一定的约定性，使得景观的意义表达与交流成为可能。根据特定的文化传统和事件，象征符号挖掘出人们潜意识的东西并通过多种意义的联结构成新的意义。以色彩为例，消费文化青睐的是鲜艳的色彩，色彩不但能够充分地表现商业气息，它同时还对人们的审美心理起到积极的调节作用，并传递着情感。玛莎·施瓦兹（Martha Schwartz）就认为“当人们见到鲜艳色彩的时候，他们通常会感到愉快并且感觉放松。它向人们发出信号允许人们可以更自由支配自己的行为方式。一种信号居然具有这么大的威力，能直接的传递感情，这足以让人惊奇”③。

在消费文化作用下的城市景观还包括更深层次的象征意义，它承担着广泛的文化联系与身份表征的功能，是社会成员地位和身份的象征。通过（空间）消费这种过程来表征社会地位与身份的意义，消费者个体被整合到社会机制与空间系统之中。在消费社会中，部分城市景观表现出消费特征，迎合不同人群的需求。多样化的景观被镶嵌在复杂的、分裂的城市整体环境之中，使城市景观形成各社会阶层与社区结构的等级分化与重置。城市、景观、建筑成为被包装和推销的时尚商品，人们通过消费获取其符号价值，实现身份认同。

4）城市景观的编码与解码

象征意义传达依靠的是编码传递机制。这种公认的编码传递模式源自电话工程技术，区分出象征信息传达过程中的各个组成部分，可以较好地阐释各领域的有关信息传达的方式，因而为各专业人员所普遍应用，模式如图 1.4 所示。

---

① 舒尔茨（Norberg-Schulz）对场所的简单定义是：一个场所是具有独特特征的空间，每一个场所包含了一系列的独特特质：内部闭合与外部闭合，各方向的可达性和不可达性，与其他场所的关系、方位、尺度、空间扩展模式等，这些基本的元素定义了一个场所的特征。

② 查尔斯·桑德斯·皮尔斯，詹姆斯·雅各布·李斯卡．皮尔斯：论符号［M］．赵星植，译．成都：四川大学出版社，2014

③ 伊丽莎白·K. 梅尔，玛莎·施瓦兹．超越平凡［M］．王晓俊，译．南京：东南大学出版社，2003

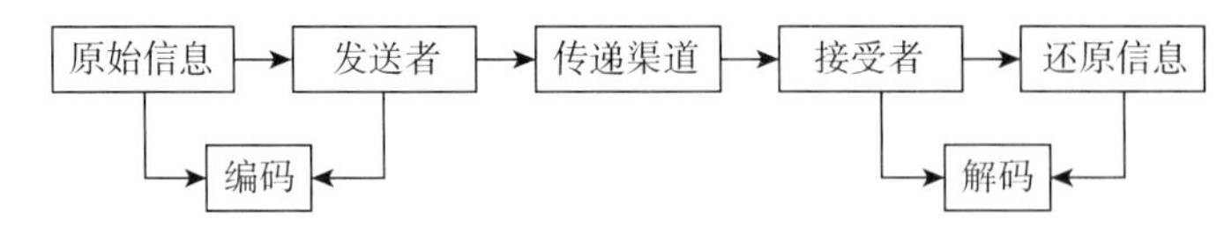

图 1.4 编码传递模式

参考：G. 勃罗德彭特等 . 符号 · 象征与建筑［M］. 乐民成，等译 . 北京：中国建筑工业出版社，1991

在理想的编码传递模式中，景观设计师要表达的象征意义（信息）经由设计编码被设计成景观文本，经过使用者的解读（解码），被还原为本来的象征意义。城市景观中象征意义的传达模式可以对应如下：

（1）原始信息：景观设计师要表达的象征意义

（2）发送者：作者（景观设计师）

（3）传递渠道：文本（城市景观）

（4）接受者：读者（城市景观使用者）

（5）还原信息：作品意义（景观使用者所理解的意义）

景观载体形象与象征符号之间的联系是依靠二者间某种相似性类比建立的。这种类比转换模式，需要一种可供类比的相似性作为转换中介，在景观载体与象征符号之间建立联系。景观设计师通过类比方法，使景观有了象征意义；读者通过类比联想，完成解读。其符号形象要能够与景观形象相关联，而其符号内涵又能够与景观形象要表征的意义相关联。以古典园林“狮子园”与现代住宅“第五园”为例，其表征模式如图 1.5 所示。

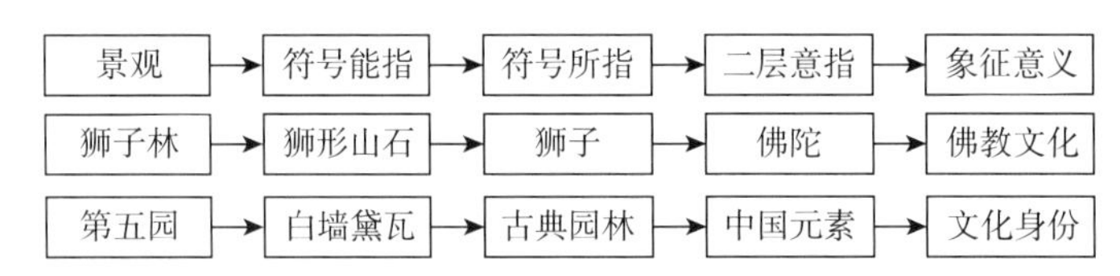

图 1.5 城市景观中符号的编码传递模式

在消费文化影响下的城市景观，由于大众传媒的介入，便产生了不同的表征方式，存在着“双重编码”① 的现象，这就使得对城市景观的解读变得更加复杂。在某一景观形成之初，已经具备了一定的意义，但对于观察者而言，影视、绘画等方式使景观更增添“一层晕圈”，或主观，或客观，都是对景观的再次解释和说明②。因此，在媒介的传播过程中，大众总会将媒介的观点加入各种景观原有的意义之上，而形成更为复杂的文本。

综上所述，在消费社会城市景观的营建过程中，各种各样的文化因素（功能的、技术的、审美的……）和文化现象（历史的、地方的、物质的、艺术的、真实的、虚构的……），都被从原来的语境中剥离出来，或者说将其内容与形式分离开来，它们各自的审美形式、外观、表象或影像转化为众多以不同主题命名的符号，进入消费的符号编码程序，然后又被物化为包装、氛围、情调、体验等内容，从而建构起城市景观的符号性与象征性，以满足大众的物

---

① 双重编码理论假设存在着两个认知的子系统：其一专用于对非语词事物、事件（即映象）的表征与处理，而另一个则用于语言的处理。

② 迈克 · 克朗 . 文化地理学［M］. 杨椒华，宋惠敏，译 . 南京：南京大学出版社，2003

质和精神需要。由此，消费文化通过符号消费的特性全方位作用于城市景观。

本书借用符号学的研究方法对城市景观进行研究。系统分析城市景观的能指与所指系统，以及两者间的递进与转化关系。第 2 章研究消费文化作用于城市景观的能指系统（现象描述）。第 3 章阐述能指系统背后的所指系统（文化诠释）。第 4 章则是揭示其深层次的二层意指关系（文化霸权）。第 5 章针对消费文化的负面影响，研究如何构建城市景观的多重符号系统，从而使社会文化与价值得到多元发展。

1.3 小结

消费社会带来的改变不仅是社会经济结构和经济形式的转变，同时也是一种整体性的文化转变。这场转变首先发生在西方发达资本主义国家，但它并不是西方国家特有的社会和文化现象。作为今天西方文化中占支配地位的“文化再生产模式”[①]，消费文化被作为西方先进的科学技术、先进的商业以及令人艳羡的西方生活方式的代表推销到世界各地，在全球化浪潮的推动下，即使今天置身于世界上最偏僻的角落，也能呼吸到它的气息，蒙受到它的影响。

改革开放三十年以来，中国社会在消费内容、规模、方式、目的等方面都发生了显著的变化，这是一个不争的事实。然而对于用什么概念来描述这种与消费相关的文化现象，出现了中国的“消费文化”“消费主义”“消费主义文化”“中国的消费革命”等不同提法，本书的研究语境延续“消费文化”的提法，定义为：在中国现阶段的物质与文化生产、消费活动中所表现出来的消费理念、消费方式和消费行为的总和，包括影响现代人生活伦理、观念、价值的消费主义文化意识形态。

中国消费文化现实存在本身具有的复杂性。从经济及社会发展水平看，中国大部分地区依然处于生产社会，少数大城市的经济及社会发展水平非常接近西方消费世界的状况；从文化角度看，社会消费心理与生活方式出现了明显的消费主义文化倾向，这就带来了社会经济与社会文化错位的困境。面对我国消费文化的存在现实及其发展的历史必然性，应有限度、有选择地吸收西方消费文化与后现代理论，力图客观、准确地描述与概括中国消费文化的特征，进而探究其不同于以往的文化逻辑与艺术逻辑。

城市景观是城市生活的反映，是城市生活的表象，是社会组织结构的表现，也是人类文明历程的忠实记录。城市景观虽然具有一定的物质形态特征，但外缘远广于此，对城市景观的正确认知应建立在对人及景观对象的整体把握的基础上。文化符号的生产与消费是消费文化的核心内容，城市景观具有的符号性与象征性特点，这与符号消费理论有着共通性，消费文化对城市景观的影响力体现在两个方面：一方面是消费主义思潮借助大众传媒的力量将城市景观“符号化”；另一方面是城市景观本身具有符号特征，具有多重“意指”关系。

---

① 布尔迪厄提出的“文化再生产”理论，认为文化处于一个不断的生产、再生产过程中，并在这一过程中发展变迁。

2 消费文化语境中的城市景观现象

“在全球社区领域，我们能冀盼何种城市景观？（国际上）占权力主导地位的——美国那样的城市景观正在向全世界其余地区扩散，就像当初罗马人把他们的城镇规划、工程技术和建筑向整个地中海世界输送一样。这些财富的新景观可以用两个词来概括：蔓延（spraw）和奇观（spectacle）——（前者是）充斥着杂乱无章结构物的物质环境，（后者则是）为媒体所吞噬的符号世界。”①

——刘易斯·菲尔南德兹·盖里亚诺（Luis Fernandez-Galiano）

要研究消费文化对城市景观的影响，首先要对纷繁复杂的城市景观现象进行梳理与分析。城市景观在消费文化的作用下，发生哪些变化？产生何种新的现象？这是本章所要回答的问题。

首先，消费文化的形成与发展直接作用、整合于消费空间，进而改变城市景观，并侵入其他的社会空间。其次，消费文化在城市景观设计的生产、中介以及消费三个阶段中均发挥了影响力，其结果势必会产生一批不同以往的新型城市景观现象。本章选取了公园、商业街区、住区景观等几个方面，对消费文化影响下的典型城市景观现象做出系统分析。

2.1 消费空间

社会形态的变化必定带来空间性质的变化。例如在“地图”这种表示空间结构的符号体系中，就可以发现其不同的涵义：农业时代的地图周详地标明了河流和渠堰塘坝；工业时代的地图热衷表达火车和汽车等交通线、星罗棋布的矿区、厂区以及沿海的贸易港口；而在消费时代的旅游地图上充斥的则是不同的消费场所，包括星级宾馆、商场、银行、体育馆、美食店、休闲会馆等；高速公路、喷气客机和数字通讯出现之后，地理上的远近被时空距离替代，新型的隐形地图浮现于人们心中，不过消费者得有能力去消费这些空间。

从宏观上，可以认为“消费空间”是与“生产空间”相对；在微观上，与“商业空间”所指的城市物质实体空间不同，消费空间是指城市居民进行日常消费行为活动所达到的空间范围，它强调个人的主动行为，包括居民使用城市商业设施、参与购物、休闲等消费活动过程中参与的空间范围。事实上，对于空间的征服与整合，已经成为消费主义赖以维持的主要

① 转引自 华霞虹．消融与转变：消费文化中的建筑［D］．上海：同济大学，2007

手段。空间把个人主义、商品化等消费关系的形式投射到全部的日常生活之中，消费社会的空间反映的是商品世界的逻辑。

2.1.1 消费空间相关理论研究

一些重要理论将“消费”与“空间”联系到一起，最著名的有：瓦尔特·本雅明、亨利·列斐伏尔（Hneri Leefbvre）、罗伯特·文丘里（Robert Venturl）和雷姆·库哈斯（Rem Koolhaas）。下文通过对他们相关理论的认识，构建起“消费空间”的概念。

1）瓦尔特·本雅明:《巴黎，19 世纪的首都》《拱廊街计划》(1892—1940)

在对资本主义物化现实的研究中，本雅明抓住了拱廊街、世界博览会等典型的梦幻场景来分析资本主义商品世界的本质。

图 2.1 埃马努埃尔二世拱廊（Galleria Vittorio Emanuele II）号称欧洲最漂亮的拱廊街
来源：http://www.flickr.com/photos

“拱廊街”是 19 世纪工业社会的发明：钢架玻璃顶棚、大理石地面、吊在顶棚的汽灯，两侧排列着高雅豪华的商店（图 2.1）。在本雅明看来，拱廊街就是一个“令人着魔的地方”。不过它的魔力不是来自神异诡秘的超自然力量，而是源于另一种高深莫测的人工造物——商品。从每一栋房屋的建筑式样到整条拱廊街的商业形态，从商品橱窗的摆设陈列到汽灯与玻璃辉映出的光线……商品为自己的现身构筑了一个“神话”背景①。莫斯科、那不勒斯、巴黎和柏林作为拱廊街的东南西北四个角来重新绘制欧洲大陆的地图。

拱廊街创造了全新的“消费空间”，商品的魔力摧毁了人们的“地域感”，也带来了城市空间意义上的深刻变化：街道成为购物的走廊，步行变成了消费的附庸。这种带有商品梦幻色彩的拱廊街奠定了今天商业大都会的物质基础。

“世界博览会”是“商品拜物教的朝圣之地”(图 2.2~ 图 2.3)，大众被邀请去作为旁观者。“世界博览会使商品的交换价值大放光彩，它们造成了一个让商品的使用价值退到幕后的结构，它们为人们打开了一个幻境，让人们进来寻求开心”②。它一方面为人们展示了一个梦幻的世界，使人们获得精神愉悦；另一方面又让人们感受自身和他人的异化，听凭娱乐业的摆布。

本雅明在这些梦幻场景中看到了商品的新的展示，并在街道人群中的“闲逛者”身上看到了商品陈列与消费者之间的新关系的寓言表征。

①② 瓦尔特·本雅明.巴黎，19 世纪的首都［M］.刘北成，译.上海：上海人民出版社，2006

图 2.2　1851 年伦敦世博会“水晶宫”(海德公园内)

图 2.3　1851 年伦敦世博会内景

来源：http://jpkc.ecnu.edu.cn/http://www.expocc.org

本雅明发现了在“空间产业”的时代，“消费空间”日益受瞩目，与所谓“服务化”“软体化”“休闲化”的社会动向相对应。超市、购物中心、咖啡吧，如服饰般表现自我，同时也呈现为流行的事物。因此，以消费空间为载体来把握并说明消费文化对城市景观的影响具有现实意义。

2）亨利·列斐伏尔:《空间的生产》

亨利·列斐伏尔是法国当代哲学家和城市社会学家。1974 年出版了他一生中最重要的著作《空间的生产》(The Production of Space)，是将消费社会与空间结合起来研究的先驱。在书中，他对二元论逻辑进行了解构，将处于边缘的各种关系重新结合，发展出了许多新的概念，并以空间为基础，对日常生活、生产关系的再生产、消费社会、城市权利、主体意识的城市化、城市变革的必要性、从本土到全球范围内不平衡发展等问题做了广泛的考察和论述。其理论的核心就是生产和生产行为的空间化，即“空间是社会的产品”①。空间是全球化过程中的产品，但是又不完全等同于商品、金钱和资本。他认为社会空间既是被使用或消费的产品，也是一种生产方式；既是行为的领域，也是行为的基础。并强调不应简单地将消费看作是消极与否定的，而应将消费场所看作是一种自由的、具有发明和创造性的生活场所。

3）罗伯特·文丘里:《向拉斯维加斯学习》

罗伯特·文丘里于 1972 年出版的《向拉斯维加斯学习》② 一书认为，赌城拉斯维加斯集中体现了美国社会中的商业气息和快餐式的消费文化。在书中，他抛弃对建筑本体的研究，而强调美国的消费文化在现代城市景观及建筑设计中的重要借鉴作用。强调霓虹灯文化、汽车文化以及拉斯维加斯这个赌城的艳俗面貌对于改造刻板的现代主义风格的重要作用。对商业建筑理语、广告、招牌等非建筑的媒介元素进行详细描述和分析，以符号的理论，将世俗环境中林立的广告牌，眩目的霓虹灯、文字、花纹包装纸等包含的信息转化成城市景观及建筑

① 汪原．亨利·列斐伏尔研究［J］．建筑师，2005（10）：42-50

② 罗伯特·文丘里，等．向拉斯维加斯学习［M］．徐怡芳，王健，译．北京：知识产权出版社，2006

的语言与词汇。为了改变现代主义作品中刻板、单调的城市面貌，大众艺术用改变背景、扩大尺度的方法，出现了夸大比例、通俗易懂的具象物装饰形式。

4）雷姆·库哈斯：《哈佛设计学院购物指南》

“Shopping is us”，库哈斯在《哈佛设计学院购物指南》里如是说。在这本800页的书中，通过研究消费的空间、人群、技术和理念，分析当代购物行为是如何更新城市空间。运用事实、数据、图表、照片、表格来说明：购物是21世纪最后的也是最普及的公共活动。购物现象已经吞噬了整个世界，无所不至地充斥着各个角落。“购物活动已经渗透、克隆，甚至重置了现代生活的方方面面：从市中心、主要街道、居住社区到飞机场、医院、学校、博物馆都有购物活动涉足。这些无所不在的消费空间张扬和贪婪的本质必定影响着人们对城市的体验……不管你是否同意，购物活动已经成为我们体验公共生活的仅存方式之一……对购物最精确的比喻是垂死的动物——一头挣扎在生死之间的大象——完全狂野和失去了控制力”①。如果身处消费社会的人们缺少购物就无法定位自身，那么也可以说没有作为解码的购物，就无法读取城市。

在库哈斯的眼中，“电梯”以及“人口密度”“货币”等城市基础设施和经济指标，远比建筑艺术和文化学更强大地影响着当代城市状况。他曾说过：“不理解市场经济，就无法理解现代设计师们所做的事情。……为什么建筑师不能适应市场来应对这种变化?”② 在库哈斯看来，当代都市的密度、尺度和速度正在抛弃正统的建筑艺术。只有承认建筑学以外的更宏大的力量，才能从各种限制中寻求新的机会。

2.1.2 消费空间的形成

1）商业业态的发展

因为消费主义的整个概念和发展完全依赖于其持续的实践，所以购物通常被看作是消费社会的关键因素，购物现象的性质与发展、购物体验不断变化的结构与性质都是与同时期的商业业态相对应的。商业业态就是商业经营的状态与形式③，它是针对某一目标市场，体现经营者意向与决策的商店，其内容包括商业设施及其区位与规模、商品配送销售服务等。随着社会经济进步、技术变革、人们消费行为与观念等的变化，商业业态遵循着集市—商业街—百货商店—超级市场—专卖店—大型购物中心的轨迹演变，逐渐趋于复杂化、高级化。

（1）集市

购物实践作为一种简单的交换体系起源于早期“集市”贸易。集市在今天很多地方依然繁荣，其持续成功的原因在于：集市为商人提供了开业便利，为消费者提供了一种特别的文化和社会体验。集市始终如一地迎合着流行风潮，提供风格化、个人化的选择。但同时，集市的弊端依然存在：如对露天空地的依赖、消费者得不到法律保护等。

---

① Jeffrey Inaba, Rem Koolhaas, Sze Tsung Leong. The Harvard Design School Guide to Shopping［M］. Cologne：Taschen，2002

② http://arts.tom.com

③ 张水清．商业业态及其对城市商业空间结构的影响［J］. 人文地理，2002（10）：36

（2）商业大街

“商业大街”形成于19世纪后半期，它的发展与大众消费的扩张程度相当。商业大街为商人及其商品提供了安全和某种保护，同时也将顾客及其潜在的购买活动置于庇护之下。商业大街依赖于城市的扩张、人口的增长以及更多的资本投资。由于管理费用的增加，它开始排斥最贫穷阶层，结果是在19世纪到20世纪的大部分时间里，集市与商业大街在不同阶层的消费制度中共同生存，但二者最终都被新型的商业业态所击败。

在其后的百年里，全世界范围内经历了三次零售业的革命——百货商店、超级市场及大型购物中心的相继出现。源于19世纪初新型商业业态的发展及伴随而来的消费文化，促使购物性质逐渐发生改变，消费的观念与意义发生了变革。

（3）百货商店

最初的百货商店是1852年建立的巴黎邦·马尔谢店[①]，此后的30多年间，百货商场在法国得到了快速地成长。大量的商品分级分层陈列在一个安全宜人的环境中，消费者可以自由打量商品并决定买与不买。“这些新的、宏伟的消费者之宫，与昔日狭小、气氛亲切的老式店铺间的对比，就像新的美国大旅馆与欧洲古老的小客店对比一样。百货公司如同大旅馆，象征着人们对日益增长的消费社会未来前途的信心”[②]。

在百货商店的发展中，同样极其重要的是对购物环境本身的营造，以鼓励消费者在享受对商店及其环境的全部体验时花费大量时间和金钱。正如本雅明分析的东张西望的闲逛者形象在购物中的角色既是视觉性的也是物质性的。各式各样的陈列商品的巨大视觉效应，经常被转化为资本家和消费者寻求新奇的动机（图2.4）。

图2.4　创建始于1893年的老佛爷百货公司（Galeries Lafayette Haussmann）和让·杜布菲（1901—1985）的绘画作品《老佛爷百货公司》

来源：http://zh.wikipedia.org，http://www.zhshw.com

（4）超级市场

超级市场的出现主要是基于美国经济和技术的发展，同时伴随着零售工程学及商店设计的兴起。1930年，美国纽约长岛开设了第一家超级市场，此后，超级市场的发展经历了市场导入期、现代连锁期和全球国际化连锁期。

在超级市场的发展过程中，最重要的是购物方式的改变——自助式销售：“首先，它促

① 郑石明．商业模式变革［M］．广州：广东经济出版社，2006

② 丹尼尔·布尔斯廷．美国人：民主历程［M］．北京：生活·读书·新知三联书店，1993

进了冲动消费的产生，即顾客甚至在事先没有打算要买的情况下就随意捡起一件物品；第二，它更加重视产品与顾客之间的关系，而往往不再重视店主，这尤其加强了陈列、包装和制造商在这过程中所起的作用；第三，它明显地促使开支加大，而且就利润动机的作用而言这几乎就没有什么要掩饰的了；第四，购物环境本身的重要性得到了加强，因为现在顾客在一家商店里待的时间长得多了；最后，也是最关键的，它将顾客重构为一个消费者，将购物改造为消费。”[①] 这种购物实践也取决于某些技术的发展，例如：购物手推车、存货管理、广告和陈列、产品信息、定价、结账、收银系统。

（5）大型购物中心

消费主义的寓言，以“大型购物中心”最为典型[②]。1956 年，美国明尼苏达的明尼那波尼斯出现了第一个郊外购物中心 Southdale Mall（图 2.5）。Southdale 是内向型的，建筑外表没有窗户，所有的活动都集中在建筑里面。格鲁恩则将所有的店面放在一个屋顶下，由中央空调系统控制温度。在购物中心的正中间是一个广场，里面有鱼池、造型树、一个 21 英尺（约 6.4 米）高的鸟笼，一个咖啡馆，四周的阳台上种植着垂悬植物。这一设计引起了巨大的轰动。大型购物中心提供的是一种人为控制的环境，其中时间、空间和气候都受到控制，其功能也日益多样化，包括各种消遣、休闲和娱乐、餐饮设施。“如它们的前身（和它们现在通常包括的）百货商店一样，它们被描写成梦幻宫殿、镜像大厅、幻觉长廊……而入迷的分析学家则被看作戏剧批评家，评论那个景象，置身于那个景象，而那个景象也在她自身之中。当然，这种修辞与把购物中心视为伊甸园或乐园的观点紧密相关：购物中心即便不被确切地比作乌托邦，那也是乌托邦欲望的镜像，堕落的造物对原生乐园的怀旧欲望，然而，他们又明知道这个乐园现在只是一个幻觉”[③]。

图 2.5　维克多·格鲁恩（Victor Gruen）在明尼那波尼斯郊外设计的 Southdale Mall
来源：https://www.southcentremall.com

大型购物中心瞄准的是富裕阶层，与此同时，它往往借助于日益复杂的保安和监视技术，把那些不受欢迎的人，包括无家可归者以及有争议的无业人员排斥在外。大型购物中心也基

① 蒂姆·爱德华兹．狂喜还是折磨：购物的当代性质 // 罗钢．消费文化读本［M］．北京：中国社会科学出版社，2003

② 本雅明用寓言这个词，不是指传统意义上的寓言，他指的不是封闭信息双向符码的整合或聚合，而是指稳定的等级秩序意义的消解。转引自 迈克·费瑟斯通．消费文化与后现代主义［M］．刘精明，译．南京：译林出版社，2000

③ 米根·莫里斯．购物中心何为［M］// 罗钢．消费文化读本．北京：中国社会科学出版社，2003

于观看的视觉过程，奉献着从无止境的展览，彻底改造着橱窗购物的社会实践。所有这些指向一种意义，从整体上将顾客改造成了一个更加自由漂浮的消费者。在这样的世界里，每个闲逛者都能将自己想象为导演，尽管所有的闲逛者自身都是被指导的对象。在这个意义上，购物中心启动了闲逛者的后现代的提升，同时也为这种闲逛者的生活模式的深入发展提供了基础。

（6）专卖店

专卖店有多种业态类型（表 2.1）。虽然专卖店的产生甚至早于百货商店，但是时尚品牌专卖店的形成是在 19 世纪末、20 世纪初，而真正意义上的专卖店设计则在 20 世纪二三十年代才出现。此后，专卖店设计逐步从不登大雅之堂开始进入主流设计师的视野。可见时尚品牌专卖店与消费文化的发展密不可分。专卖店设计涉及建筑设计、室内设计、家具设计等领域，艺术对于专卖店的风格也有很大的影响。进入消费社会之后，消费文化对于时装设计和专卖店设计的影响逐步增强。在后文 2.3.4 节表参道现象中有详细论述。

表 2.1　专卖店的业态类型

类型	英文名称	特征
旗舰店	flagship store	指某一品牌在某一城市中集最大的营业面积、最为丰富齐全的品牌商品、最快的上市速度等特点为一体的品牌专卖店
概念店	concept store	指某一品牌体现某一与品牌文化有关的概念的专卖店，主要特征是提供一种可供该品牌连锁专卖全球复制的模式
品牌专售馆	maison	指集合了某一品牌的零售、展示、VIP 会所、办公甚至制作等多功能的专卖店，“maison”一词源于法语，有“小馆”“之家”的含义
精品店	boutique	专售最新流行服饰的小型专卖店，若专属经营某一品牌时，主要特征为小型化和精品化
体验中心	experience center	利用科技、多媒体等各种手段将传统的品牌零售空间转化为以体验为特征的空间，体现为博物馆 + 画廊 + 电脑化运营系统的特征

早期的专卖店类似沙龙的状态，主要通过用织物、色彩、家具等布置，形成“家”的感觉，以定制服装为主。伴随着大众对消费体验的重视，专卖店的开始重视室内设计和橱窗设计，并受到同时代消费文化与建筑风格流派的影响。

六七十年代室内设计逐渐发展成为一门独立的学科，同时代盛行波普艺术，其商业化的特征反映了当时人们生活方式的变革，消费完全成为一种日常生活方式。在此背景之下，专卖店设计开始繁盛起来，呈现出革命性的变化，从只突出展示商品过渡为注重通过室内设计手法营造体现时尚的氛围。而专卖店的立面开始呈现出更多的个性化的建筑语言。

80 年代后消费主义盛行，媒介与消费文化相辅相成。人们在大众传媒的推动下，对于时尚和消费趋之若鹜，很大程度上将专卖店推到了潮流的前沿。建筑大师开始涉足专卖店设计，此时专卖店设计已经可以体现同时代最新的建筑思想与技术水平。

90 年代信息技术发展和全球化的背景下，面对急速的生活方式和大量的信息，人们对于品位、审美的重视，以及对于消费符号和文化意义的追求，将极简主义推向潮流尖端。虽然 90 年代是多元的时代，但是，极简主义作为解决大量信息、高速生活的同时满足文化消费背景下对品位、意义的追求，涵盖了几乎所有设计领域的主流。

纵观其发展历程，专卖店设计受到消费文化的影响日益增大，专卖店的形式、空间意义逐渐脱离其中的商品，成为设计考虑的主体。艺术、家具设计、室内设计从原先模糊的界限逐渐成为独立学科，再到成为互相兼容的大设计概念，专卖店设计也历经了这一分离到融合的过程，逐渐成为表达新潮设计思想和新技术、新材料的重要建筑类型设计。在内部空间上，专卖店综合了展览馆、剧场、零售商店等特征；在城市空间中，专卖店成为新的地标，担当促进地区复兴的职责。

2）购物→消费体验

从商业业态的简单回顾可以发现：购物性质的发展，由单一购物发展到一种休闲活动，导致消费空间越来越庞大，越来越复杂。购物行为，即使是日常用品的购买，也越来越多地演变成了一种“消费体验”（表 2.2），随之而来的是购物空间向消费空间的转变。消费空间逐渐排除了劳动的影响，它要在商品身上抹掉劳动的痕迹，商品被包裹起来，它们展现的是形式与符号，它们是作为带有包装的艺术品，作为审美和娱乐对象而存在。现代购物越来越成为一种休闲活动，而不仅仅是一种世俗必需或实用性的事务。与此相关的是，购物和消费不断地构成身份认同，它不仅是一种单向的构建过程，而且常常是一种双向的“混乱、位移、再定位”的过程。

表 2.2　消费体验的模式特点

<table>
<tr><th colspan="2">体验模式</th><th>诉求对象</th><th>目标</th><th>方式</th></tr>
<tr><td rowspan="3">个人体验</td><td>感官体验</td><td>五种感官的直觉刺激，包括视觉、听觉、嗅觉、味觉、触觉</td><td>感官刺激</td><td>刺激—过程—反应</td></tr>
<tr><td>情感体验</td><td>由事件（消费情境）、媒触（人、机构、场所）及目标（品牌或产品）三大层面所触发情绪产生</td><td>诉求消费者内在的情感及情绪</td><td>促使消费者自动参与，并在消费行为中激发出某种情绪</td></tr>
<tr><td>思考体验</td><td>由不同讯息的刺激，所引发的对该讯息做出集中式或分布式思考</td><td>创造消费者认知与解决问题的体验</td><td>经由惊奇、兴趣、参与，造成典范的移转</td></tr>
<tr><td rowspan="2">共享体验</td><td>行动体验</td><td>有形体验、生活形态与互动</td><td>增进与彼此的互动与信任</td><td>借由亲身体验，明白事务的处理流程，进而增进与彼此的互动，使体验更加丰富</td></tr>
<tr><td>关联体验</td><td>包括感官、情感、思考、行动等层面，超越个人体验，使个人与理想自我、他者、文化产生关联</td><td>使消费者与社会文化环境传递与交流，创造体验认同</td><td>透过产业所形塑的消费符号与代表意象，使大众得以相互发现、社交、传递经验，建构集体认同，维系社群生活</td></tr>
</table>

参考：伯恩德·H. 施密特 . 体验式营销［M］. 张愉，等译 . 北京：中国三峡出版社，2001

相对于传统的商业空间，在消费空间发生的变化中有两点特别值得关注：

一是非物质形态的商品在消费中占据了越来越重要的地位。在当代，大众的流行时尚，不仅反映在衣食住行等物质商品上，更多地表现在人们的生活方式和生活风格上，以致形成了新的社会分层标准，即不再以阶级这样的经济和政治范畴来划分，而是根据人们不同的生活方式和生活风格来划分。与此同时，人们的消费行为也发生了从商品消费向服务消费的转变，经济的中心也相应地从制造业转移到服务业。这种服务包括教育、健康、信息服务，也包括休闲服务，尽管这种服务消费的准确周期很难估量，但一般而言比传统商品如汽车、洗衣机等的消费周期短的多。

二是甚至在物质商品中也渗入了越来越多的非物质因素。“商品美学”，即商品的外观设计、包装、广告等在商品生产中占据了越来越重要的地位，甚至在商品构成中起着支配性的作用，直接制约着商品的生产、销售和消费等各个环节。与商品的非物质化相联系的另一变化是，符号体系和视觉形象的生产对于控制和操纵消费趣味与消费时尚发挥了越来越重要的影响。现代广告和传播形象在当代文化实践中是一种强大的整合力量，它不再是普通意义上的信息传递，而是通过与欲推销的商品有关或无关的形象来操纵人们的欲望和趣味。更有甚者，形象自身也变成了商品，而且是最为炙手可热的商品。鲍德里亚正是据此提出，在当代社会，人们消费的已不是物品，而是符号。

由此可以看出，当购物转变为消费体验，当非物质形态的商品在消费中占据了越来越重要的地位，城市传统的商业空间就扩大并形成现代消费空间。现代消费空间的外延远远大于传统意义上的商业空间。

3）消费空间结构转变

作为城市消费活动的主要载体，不同类型的消费空间，具有不同的市场定位与地理定位，因而具有不同的区位需求，其区位评价与选择的结果便形成特定的城市消费空间结构。具体地说，城市消费空间结构就是城市消费活动中销售和消费因素相互作用的动态平衡关系在商业业态的等级规模组织等方面的空间体现。

（1）传统的“金字塔”网状商业空间结构

传统商业空间以伴随工业革命而兴起的百货商场及稍后出现的杂货店、小百货等为代表。早期的城市是在市内交通尚不发达的情况下形成的，因此百货商场与专卖店杂货店的区位选择遵循接近性原则，即商业网点尽量接近顾客住地，以便顾客就近购物。其结果形成了以CBD为核心，以若干次级商业中心与众多邻里商业中心为支撑的“金字塔”型网状体系①。整个“金字塔”网络体系中，顶部由CBD组成，越往下，商业中心数量越多，众多的普通商店组成“金字塔”的底部，这些特征与克里斯·泰勒②的中心地等级模式基本相符。

（2）多极分散的消费空间结构

伴随城市扩张和城市交通的发展，时间原则替代了空间原则，商业郊区化发展降低了城市CBD与城市中心的商业功能与作用。大型购物中心一般选址在客流较集中、交通便捷的市中心或次（区）中心，形成城市分区消费中心，这有利于城市商业的分散布局与纵向发展。购物中心、大型购物中心与专卖店的区位布局客观上打破了传统的“金字塔”式空间格局。由于发展的惯性，城市CBD可能在城市消费网络中仍居于重要地位，但城市分区消费中心的兴起与郊区消费中心的崛起，使城市消费布局向多极分散格局发展，特别是各种业态的连锁专卖点经营模式的发展，更加剧了城市商业的综合性与横向性发展趋势。

---

① 张水清．商业业态及其对城市商业空间结构的影响［J］．人文地理，2002（10）：36

② 克里斯·泰勒（Chris Taylor），德国经济地理学家，1933年出版了《德国南部的中心地》一书，开创了中心地理论。

（3）消费中心与边缘的层级关系

消费中心的供应与基地的需求之间具有直接的对应关系，除了实质性的区位关系外，更说明了商业设施（供应面）与消费活动（需求面）之间彼此互动的各种关系。各个消费中心并非匀质与对称布局，而是存在着相应的层级关系①。中心提供商品及服务，对基地的消费群体产生作用，作为宰制消费生活的地区，具有较高等级地位，而基地的消费需求则是中心存在的条件。在消费文化的浸入后，消费中心成为消费主义信仰及价值的来源，而其对社会的影响程度由消费中心的等级决定。

任何一个较高等级的中心应该具有两项非常重要的功能：一是门户功能，即中心是对外界联系，接受外来资金、技术、观念及文化，乃至价值体系的重要门户；二是经营管理功能，由信息扩散理论，一个消费中心接受及传播信息的数量与速度，往往会影响其在经济活动中的等级高低。城市消费空间结构不是简单的中心—边缘关系，而是一个多功能并存的结构体系。每个中心具备其特殊的功能重点与区位重心，并随服务基地的特性及相关要素（诸如人口密度、收入、受教育程度、职业构成等）的变化而变化。

消费中心一旦成为消费主义信仰及价值的来源地，消费空间也就成为消费文化传播的物质载体。高一层级中心向低一层级中心及基底部分传播消费形态、价值体系、文化观念。消费文化由中心辐射至边缘，消费空间由此进一步扩张膨胀。基于对美国商业空间的考察，库哈斯对未来消费空间呈现的发展趋势做出自己的判断："一是 Mall、百货店等商业建筑规模和功能越来越大而全，使其他的商业建筑类型退化，结果是导致消费空间类型的缺乏；二是公共空间的重构，博物馆、机场、教堂和学校等公共机构由于政府不再提供经济支持而必须自主经营，结果是这些机构都商业化了。这些倾向使购物活动渐渐渗透并侵占了公共空间，销售业渗透在城市概念里，城市已很难与购物行为分开。"②

4）消费空间地位提升

纵观城市的发展历史，纪念性建筑述说着时代的变迁，住宅建筑记录着人们的生存状态，而商业建筑似乎总处于大师的盲区，现代主义大师们既否定装饰，也忽视购物是现代城市发展的潜在动力，并不关注商业建筑的设计。"柯布西耶只设计过一个未建成的皮鞋店方案，加上为多个团体做的购物街；密斯设计过一个未建成的在柏林的百货店方案和为 Dominion 中心设计的商业中心广场；格罗皮乌斯为波士顿设计过一个城市复兴方案，其中包括一个购物中心，以及在伦敦的一个展示中心；路易斯康 1940 年做过一个皮鞋店，另还有两个未建成的皮鞋店的方案"③。

在现代主义的进程中，工业建筑和产业设施所起的决定性的影响是有目共睹的。超大尺度、简洁的墙面、裸露的结构，强调合理性和功能性。现代工厂的主要目的是制造大量商品，为了出售这些商品，商店和工厂协同发展。不过有趣的是工业建筑与商业建筑的发展表现却是南辕北辙。工业建筑要求匀质化，确保生产效率；商业建筑为了吸引消费者的注意，着重装饰性、个性化。

空间作为各种文化活动的公共基础，"对于某种文化来说，只要有起支配作用的空间，人

---

① 陈坤宏．消费文化与空间结构：理论与应用［M］．台北：詹氏书局，1995

②③ 荆哲璐．城市消费空间的生与死：哈佛设计学院购物指南评述［J］．时代建筑，2005（2）：62

们便不可避免地要生活在其中，日常的空间性的思考、空间性的想象力，都回避不了这个支配空间……现在，这个起支配作用的空间就是消费空间”[①]。图书馆、美术馆、博物馆等在城市里占据举足轻重的地位，作为艺术教育的象征性机构，大众只在人生的某个片断，成为它的教育对象或者收藏品的读者，而消费却是无所不在。“这些经典都不可能继续横亘在因为市场体制而得到解放的自由交谈的大众之间。大众之间解决问题的唯一合法方式便是通过交换来达成共识”。消费成为城市不可缺少的部分——消费空间与消费环境已经真正成了定义现代城市空间的重要元素，甚至成为新时代的象征，成为现代社会人们彼此“言语”、自我定位的重要场合。

5）消费空间对城市景观的意义

事实上，对于空间的征服和整合，已经成为消费文化赖以维持的重要手段，消费文化在整合了现存的消费空间后，进而改变城市景观，并侵入其他的社会空间。消费空间把消费文化的价值观投射到全部的日常生活之中。消费主义的逻辑成为社会运用空间的逻辑，成为日常生活的逻辑。控制生产的群体也控制着空间的生产，并进而控制着社会关系的再生产。社会空间被消费文化所占据，成为权力与经济的活动中心。

在消费空间的扩张中，消费文化已经成为影响城市空间生产的一种有力手段，成为城市发展重要的建构性力量。与城市意向、集体记忆相关的独特的城市生活体验，引领的不再是对地域性的认知，它们更多作为城市的标签，配合着资金和人员的流动。消费文化的逻辑不仅成为社会运转的空间逻辑，而且是主导日常生活的文化逻辑。

消费空间作为商品象征性价值的扩声装置，充斥着各种信息。就消费者而言，他们每天都把自己的生活空间符号化。在当代城市中，“商品陈列的消费，消费的商品陈列，记号的消费，消费的记号”[②]，在这样的关系中，发送人所发出的信息，也是被消费者解读的材料。作为解读文本的消费空间，势必把信息传递给同样是文本的城市景观，于是城市景观就作为发送方与解读方并存而成立。

伴随着消费空间结构转变与地位提升，消费社会商品美学就出现在相应的城市景观中，它赋予商品巨大的魅力光环，呈现出一个极具迷魅气氛的消费情境，并在短时间内挑起观看者极大的愉悦及购买欲望。这种消费的迷魅性，并不是说大家失去理智地购物，而是强调现代消费空间是一个“超现实主义”的空间。本雅明说超现实主义的“爸爸”是达达主义，“妈妈”是商场拱廊；购物中心就像童话里着魔的森林，树木、花草都具有灵魂，就像陈列其中的商品一样，你在看它，它也在回看你。

消费的内涵已超越传统经济意义的使用价值和享受，是与大众的体验、情感、人格、品位、社会地位和社会关系相关联的。可见城市景观所暗示的“品位”“幸福生活”才是消费的对象。当代的城市景观不仅满足了大众的功能需要，而且通过符号消费还确证了大众的自由、尊严、品位。城市景观的消费直接指向的是符号体系和意义世界，城市景观的这种符号化的结果是强化了消费中心与边缘的关系，并加剧了消费空间的辐射与扩张。

---

① 原广司．空间：从机能迈向样相［M］．东京：岩波书店，1987

② 迈克·费瑟斯通．消费文化与后现代主义［M］．刘精明，译．南京：译林出版社，2000

2.2 城市景观设计的三个阶段

从以上的论述的中可以看到，消费文化在整合了现有的消费空间后，进而改变城市景观，纯粹的景观艺术在当今的消费文化中步履艰难，大多数城市景观的社会实践都会或多或少地受到消费文化的影响，今天消费文化在城市景观的生产、中介以及消费三个阶段对不同的主体发生作用，最终导致城市景观产生与传统不同的新特征。

2.2.1 生产阶段：决策者

1）政府

受消费文化的影响，城市景观成为市场主体建构认同的工具。在这个过程中，权力和资本极大地推动了这种现象的蔓延。对于政府等权力部门，城市面貌的变化是国家和城市经济发展的一个最明显的表征，林立的高楼大厦、开阔的广场、宽敞的景观大道等都是象征城市经济繁荣和现代化的符号。在这种关系中，城市景观成为城市建构现代化认同的工具。城市的权力部门在相互的模仿和攀比中，按照同一个象征模式在发展着，它成为建构“发达”“先进”“现代化”认同的标志。

2）开发商

相对于政府项目，商业开发项目遵循的是资本和利润的逻辑。对于开发商，城市景观是资本获取利润的商品，他们需要通过各种市场操作机制使城市景观产生更多的附加值来达到资本利润最大化的目的。

强大的经济动力是促使城市景观发展的重要的原因，开发商决定了事实上的建造行为和周围城市景观面貌，其动机是为了更多的利润及创造“需求”。这里的“需要”不是来自人们的真正需要和社会的普遍利益，而是根据过剩的生产能力亦即为进一步扩大利润的生产需要来确定。开发商不遗余力地投资，从很大程度上促进了城市景观理念、技术、材料的发展，为各学科的通力合作提供了经济平台。为迎合潮流和时代的发展，占领现在和未来更多的市场份额，他们努力营造最现代、最时尚的建筑环境，并以此表示自己的地位和形象。但同时过分的象征性和诱导性造成了资源的巨大浪费。

由于开发商凭借所拥有的话语权介入城市景观的运作，使得开发商也能成为流行的创始者。为了获得更大的利润，开发商将一些所谓的“理念”强加给景观及建筑作品，并利用与其联姻的传播媒介大力炒作，将它与人们向往的某种生活方式联系起来，或人为赋予其某种意义，使它作为一种消费符号。在开发商眼里，流行是为了增加销量而进行的一种操纵手段，其“短、平、快”的高效率生产制造可以带来巨大的商业利润。

3）明星建筑师

如上所述，城市景观的生产大权并非掌握在景观设计师或建筑师手中。设计师沦为生产流水线上的操作工人，已经失去了对设计的控制权，实际处于一种被动的地位，听命于市场、开发商或业主，丧失了其应有的主动权。设计作品的目的不再是单纯为了满足人的使用，而是为了能够被选中、被消费，成为向社会及开发商兜售的商品。好在现实情况并不是一片悲观，这有赖于明星建筑师的脱颖而出。

明星建筑师是伴随着巨大的经济效益出现的。中国最重要的建筑活动中往往有他们的声音，而明星建筑师的个性化审美趣味引领了新的建筑形态浪潮。与普通的职业建筑师不同，明星建筑师处于话语权力的中心，其设计活动更具市场说服力，更能影响业主判断与大众审美。明星建筑师是时尚建筑形式的创造者，是职业建筑师模仿对象，是大众与开发商心中的权威与神话，是专业学生心中的偶像。

“好的生意是最好的艺术”。安迪・沃霍尔（Andy Warhol）的话说明商业与艺术的关系从来不是泾渭分明的，反而有时是可以互相取代的。20 世纪末，从普拉达（Prada）开始，商业机构与明星建筑师合作，引发了一系列奢侈品牌的相关动作。OMA 与普拉达的战略合作早已为人们所熟知。库哈斯和 OMA 在《哈佛购物指南》一书中研究了消费对当代都市生活的影响，其中的观点与普拉达试图在当代文化背景下重新定义购物概念的想法不谋而合，于是双方从 1999 年起开始了一系列旗舰店项目的设计与研究。普拉达旗舰店计划成功地运用了建筑师策略，把明星建筑师的身份转变为被市场认可的商业符号，创建了一个将旗舰店塑造为时尚风向标的崭新商业模式。

明星建筑师的社会文化身份亦不能等同于工业社会中建筑大师的身份，因为他们的文化身份已经发生了面向消费文化的改变，更像是一个品牌、商标与符号，其本身已经成为商业炒作的工具，成为消费的对象。建筑师一旦成为明星建筑师，其本身也就具有了更广泛的文化意义，带有某些商品属性。大众在消费明星建筑师所生产出来的形式的同时，也在消费着明星建筑师的符号价值。如 Sasaki 在中国 2008 年奥林匹克公园规划中标后，地产市场上就出现了许多由 Sasaki 负责景观设计的楼盘；保罗・安德鲁（Paul Andreu）的国家大剧院成为实施方案后，其在全国各地又陆续承接了许多建设项目，等等。然而在这些事件背后，建筑方案是否是这些明星建筑师亲力所为，形式结果如何，都并不重要。重要的是开发商需要这些明星建筑师的品牌扩大声誉；而大众则需要消费这些品牌效应，以得到内心的满足。在这种情况下，明星建筑师已经不再仅仅是建筑形式生产的主体，而是与其他的时尚品牌一样更多地表现为商品的属性，成为大众符号消费的对象。设计师在消费文化对传统艺术的冲击中寻找着新的策略。身处消费时代的明星建筑师早已和消费与时尚合谋，“奢侈品牌 + 明星建筑师”的模式获得了巨大的成功与商机。

2.2.2 中介阶段：大众传媒

当今城市景观及建筑创作不仅是个人艺术劳动，也是一种成熟的商业行为，有十分完善的传销理念。当城市景观成为媒介反映的对象时，才能真正受到更为广泛的关注，发挥更多的社会效应。并且正是由于媒介对于城市景观的再现与解读，才能让人们对自己身处的环境产生直观的感受。例如酒吧街——作为一种城市景观，它真正成为中国城市的消费文化的重要组成部分，除了经济因素之外，媒介的作用不可低估。

媒介将消费生活观念与消费文化推销给大众，并把越来越多的人（不分等级、地位、阶层、种族、国家、贫富）都卷入其中，对人们的消费观念和价值伦理等起到控制与重塑的作用。如同音乐与时装，在流行的生产、传播过程中，除了明星建筑师和开发商的“先锋性”

生产，另一个不可缺少的链接就是媒介的传播。当下媒介的力量是巨大的，它不仅参与制造流行，更是流行的引导者。借助媒介的力量，流行可以跨越地域的限制，跨越专业的限制，也可以跨越阶层的界限。媒介对城市景观的影响还促进城市景观步入一个影像化生存与一个读图的时代。媒介的作用就是将平面化和影像化的城市景观与建筑演变成一种时尚的物品（详见 3.3 节）。

媒介在商业资本的支持下，将开发商的“概念”也一并推销了出去，喋喋不休地向人们展示他们所构造的理想生活模型。从“美国小镇”到“欧陆风情”，再到“新城市主义”“绿色生态”，各种概念铺天盖地，令人眼花缭乱，无非为了同一个目的——利润。对于商业开发项目，从项目策划到项目设计，再到项目建成销售的整个过程，已经形成了一套完善的商品包装、宣传，甚至炒作的运作机制。时尚杂志的宣传广告、明星建筑师、各种与身份品味相关联的媒体宣传，甚至有时尚发布会的出现，城市景观及建筑的项目运作过程跟时尚商品已没太大区别。为迎合潮流，顺应时尚，占领市场先机，开发商与设计师都在努力炒作着最时尚的设计理念、最现代的形式，并以此树立自己的品牌。

2.2.3 消费阶段：大众

美国市场营销大师菲利普・科特勒（Philip Kotler）认为：影响消费者行为的因素有文化、社会、个人以及心理等（图 2.6）。消费神话为人们营造一种对幸福生活的向往，而这种幸福只有通过消费商品——“幸福的符号”才能得到。

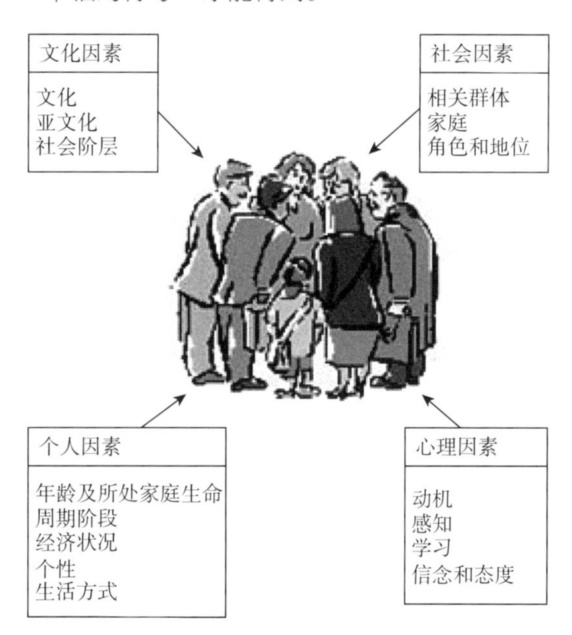

图 2.6 影响消费者行为的相关因素

来源：菲利普・科特勒．营销管理［M］．梅清豪，译．上海：上海人民出版社，2003

在消费社会里，消费者的主体构成是大众。这并非是统计学意义上通过数量多少而计量的人群。西班牙哲学家、社会学家奥尔特加（José Ortega Y Gasset）是这样定义的：“大众不能孤立地或主要地被理解成是‘劳动阶级’，大众是平均的人。”[1] 在这方面，纯粹数量的东西——大量的——可以被转化成一种量的决定因素：变成一种共同的社会特质，即彼此没有差别的人。“大众”抹杀了个体的差异而显现出一种同质性。

作为消费主体的大众，其数量优势直接带动了整个城市景观及建筑市场的运作。大众的消费意识就是主流意识形态，拒绝一切深刻的探寻，同时具有相同的趣味。在这个意义上，城市景观常常采用为“众人喜好”“喜闻乐见”的形式。因此，大众化的城市景观必定体现大众化的世俗本性。以功利性的形式美学观为基础，越来越多的设计作品成为片面的形象游戏，进一步消解了城市景观的深度及意义。同时通过复制、拼贴等手段排斥边缘意识形态，消解精英意识，以维护本身的主导地位。城市景观一旦具备了消费的属性，就不再是独立创造的有机整体，其创意已退化为别出心裁的拼贴，并且被大批量复制，快捷地传播，以文化商品的方式大面积覆盖市场。这种大批量的生产是一种制作，是相同类型作品的重复。表现在作品上，就出现了城市景观的雷同现象，呈现出标注化、模式化的倾向。

消费文化中城市景观的发展契机主要在于双向的非物质化：生产方面，运用文化符号和电子影像建构空间，在扩大消费的同时减少资源耗费；消费方面，从使用转向体验，使城市景观成为激发、丰富人类知觉和情感的媒介。

综上所述，消费文化在城市景观设计的生产、中介以及消费三个阶段中均发挥了影响力，其结果势必会产生一批不同于传统工业社会的新型城市景观现象。事实上，消费文化对城市景观的影响是无处不在的，下文选取了公园、商业街区、住区景观等几个方面，对消费文化影响下的典型城市景观现象作系统分析。

2.3 典型城市景观现象

2.3.1 公园：主题公园现象

世界旅游组织认为，主题公园仍然是现代旅游发展的主体内容和未来发展的重要趋势之一，是世界旅游业未来 10 年发展当中最朝阳的板块。主题公园是为了满足旅游者多样化休闲娱乐需求和选择，而建造的一种具有创意性游园线索和策划性活动方式的现代旅游目的地形态[2]（表 2.3）。主题公园是在机械游乐园（amusement park）的基础上发展起来的，根据特定的主题而创造出的舞台化游憩空间，它以虚拟环境塑造与园林环境载体为特征，具有明显的商业性和大众性。主要以文化复制、文化移植以及文化陈列等手法迎合游憩者的好奇心，以主题情节贯穿各个游乐项目，特定的主题创造出舞台化的休闲娱乐活动空间，从而革新了以机械游戏为主体的游乐园。

---

① 谢天．零度的建筑制造和消费体验：一种批判性分析［J］．建筑学报，2005（1）：27

② 蓝观志．旅游主题公园管理原理与实务［M］．广州：广东旅游出版社，2000

表 2.3　不同类型主题公园的基本特征

类型	特征					个案
	主题选择	投资规模（美元）	市场	年游客量（万人次）	停留时间（小时）	
目的地主题公园	主题鲜明品牌吸引力	>15 亿	国际市场	1000	>8	迪士尼乐园
		10 亿	国内市场	500	6~8	深圳华侨城
地区性	主题路线、表演	2 亿	省内和邻省	150~350	4~6	香港海洋公园
游乐园	有限主题	1 亿	周边城市	100~200	3	苏州乐园
地方性	一定主题	300 万 ~8 000 万	所在城市	20~100	2	杭州宋城

参考：克里斯·约西．世界主题公园的发展及其对中国的启示［M］．北京：中国旅游出版社，2003；蓝观志．旅游主题公园管理原理与实务［M］．广州：广东旅游出版社，2000

主题公园是景观设计与商业、旅游业、娱乐业联姻的产物，是波普艺术在室外游憩设施中最显著的投射。主题公园自出生之日起就带有明显的功利色彩，盈利是其存在的目的和意义。它没有“为满足广大市民休闲游憩和公共交往”而建的现代公共绿地所具有的博大包容力，与城市公园相比（表 2.4），它不是社会福利，不是市政设施的一部分，而是一种商品，谁要是想享受这种商品的功能，谁就得付款，而且价格不菲。

表 2.4　主题公园与城市公园的区别

	主题公园	城市公园
产业性质	商业性（高投入、高风险、高回报）	公益性（社会公益世界）
功能	专一功能：娱乐休闲	综合功能： 休闲、健身、文化、娱乐、避灾、 生态、展览、日常服务等
生命力	循环更新的模式延长生命周期	可持续性
分布性	大区域（国家或大洲）均布性	城市均布性
规模	规模聚集性 需要一定面积，布置丰富的游览项目	大中小不同面积相结合 搭配、组合、等级清晰
其他	对突发事件敏感	丰富与改善城市景观及周边生态环境

1）迪士尼乐园

第一个主题公园是诞生于荷兰的马德罗丹小人国（图 2.7），1950 年，投资商将荷兰的 120 多个名胜古迹与现代建筑按 1:25 的比例缩建于海牙市郊，这是世界上第一个主题公园，被人们称为“小人国”。这一全新的表达方式成为现代主题公园真正意义上的鼻祖。迪士尼[①]

① 根据各地语言的发音习惯，Disney 在中国曾有不同的翻译版本，分别是迪士尼（内地）、迪士尼（香港）、狄斯耐（台湾），1995 年，迪士尼公司为了统一中国的市场，决定在中国统一使用官方中文名字：Disney——迪士尼，Walt Disney——华特·迪士尼。

乐园虽不是主题公园的鼻祖，却是连锁规模最大的一个。自 1955 年建立之初，迪士尼乐园就成为现代美国最具煽动性的隐喻。迪士尼乐园以其丰富的主题，把动画片所运用的色彩、刺激、魔幻等表现手法与游乐园的功能相结合，运用现代科技，为游客营造出一个充满梦幻、奇特、惊险和刺激的世界，使游客感受到无穷的乐趣，迪士尼乐园所获得的巨大成功和带来的良好示范效应，使主题公园这一游乐形式在世界各地普及推广（表 2.5）。TEA&AECOM 公布 2018 年全球十大主题公园位列前三的分别是[①]：① 美国奥兰多迪士尼乐园；② 美国加州迪士尼乐园；③ 日本东京迪士尼乐园。

图 2.7　荷兰马德罗丹小人国

来源：http://bbs.chinapet.com/

表 2.5　全球迪士尼度假区及迪士尼乐园列表

<table>
<tr><th>度假区</th><th>主题公园</th><th>开业时间</th><th>占地</th><th>投资</th><th>主题园区</th><th>标志建筑</th></tr>
<tr><td rowspan="2">加州迪士尼乐园度假区（Disneyland Resort in California）（206 公顷）</td><td>加州迪士尼乐园（Disneyland）</td><td>1955 年 7 月</td><td>64.7 公顷</td><td rowspan="2">1 700 万美元</td><td>冒险世界、边界乐园、未来世界、幻想世界、纽奥良广场、明日世界、米奇卡通城、美国小镇大街、星球大战</td><td rowspan="2">睡美人城堡
高度：23.5 米</td></tr>
<tr><td>加州冒险乐园（Disney's California Adventure）</td><td>2001 年 2 月</td><td>22.3 公顷</td><td>加州、电影</td></tr>
<tr><td rowspan="4">奥兰多迪士尼世界度假区（Walt Disney World Resort）（12228 公顷）</td><td>神奇王国（Magic Kingdom）</td><td>1971 年 10 月</td><td>43.3 公顷</td><td>7.66 亿美元</td><td>中央大街、小世界、海底两万里、明日世界、拓荒之地、卡通城、自由广场</td><td rowspan="4">灰姑娘城堡
高度：57.6 米</td></tr>
<tr><td>艾波卡特中心（Epcot）</td><td>1982 年 10 月</td><td>54.6 公顷</td><td></td><td>科技创新、未来和世界各国文化</td></tr>
<tr><td>迪士尼 – 米高梅电影城（Disney's –MGM Studios）</td><td>1989 年 5 月</td><td>54 公顷</td><td></td><td>以好莱坞经典影片和影视娱乐、幕后制作为主题</td></tr>
<tr><td>迪士尼动物王国（Animal Kingdom）</td><td>1998 年 4 月</td><td>200 公顷</td><td></td><td>动物、恐龙、探索</td></tr>
</table>

① http://www.teaconnect.org/

续表 2.5

度假区	主题公园	开业时间	占地	投资	主题园区	标志建筑
东京迪士尼度假区（Tokyo Disney Resort）（201 公顷）	东京迪士尼乐园（Tokyo Disneyland）	1983 年 4 月	80 公顷	1 500 亿日元	世界市集、探险乐园、西部乐园、新生物区、梦幻乐园、卡通城及未来乐园	灰姑娘城堡 高度：59.1 米
	东京迪士尼海洋游乐园（Tokyo DisneySea）	2001 年 9 月	47.8 公顷	3 380 亿日元	地中海海港、美国海滨、发现港、失落河三角洲、美人鱼礁湖、阿拉伯海岸、神秘岛	
巴黎迪士尼乐园度假区（Disneyland Paris Resort）（1951 公顷）	迪士尼乐园（Disneyland Park）（Paris）	1992 年 4 月	65 公顷	50 亿美元	美国小镇大街 、边界乐园 、冒险乐园、幻想乐园 、发现乐园	睡美人城堡 高度：45 米
	巴黎迪士尼影城	2002 年 3 月	/	/	电影、音乐、电视与幕后制作	
香港迪士尼乐园度假区（126 公顷）	香港迪士尼乐园（Hong Kong Disneyland）	2005 年 9 月	46 公顷	141 亿港元	幻想世界、明日世界、探险世界、美国小镇大街、星球大战	睡美人城堡 高度：23.5 米
上海迪士尼度假区（700 公顷）	上海迪士尼乐园（Shanghai Disney Resort）	2016 年 6 月	116 公顷	245 亿人民币	米奇大街、奇想花园、探险岛、宝藏湾、明日世界、梦幻世界、迪士尼·皮克斯玩具总动员主题园区	奇幻童话城堡 高度：69 米

注：关于迪士尼度假区相关资料及数据参考 迪士尼官方网站 home.disney.go.com/travel/；www.disneybox.com/

迪士尼乐园里堆砌了所有消费者可能熟知的符号和信息。为了使这些信息能够被快速识别，必须通过复制才能保证原汁原味。同时作为统一的企业形象，复制也是必需的。在主题公园中，游人不需要发现的惊喜，只要识别的满足。随着迪士尼乐园在美国、东京、巴黎、中国香港的扩展（图 2.8），“迪士尼幻境”几乎成为赝品的代名词。所有迪士尼乐园的主题几乎一模一样（表 2.6），不外乎以下几种。

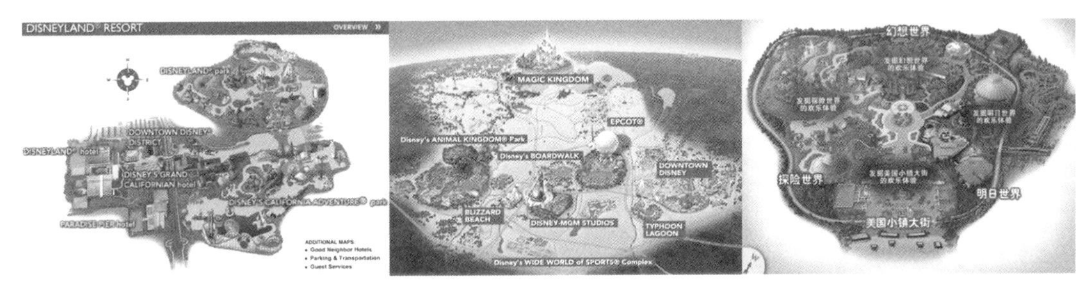

图 2.8 迪士尼乐园的主题雷同

依次为：加州迪士尼乐园、奥兰多迪士尼世界、香港迪士尼乐园

来源：迪士尼官方网站 home.disney.go.com/travel

表 2.6　美国迪士尼乐园各分区主题与内容

分区主题	英语	主题内容
美国小镇大街	Main Street U.S.A	表现 1890—1910 年美国处于十字路口的年代，再现过去时光，唤回美好回忆
冒险乐园	Adventureland	描述远离文明，进入偏远的亚洲、非洲丛林中，渲染冒险精神
边界乐园	Frontierland	美国历史的边远居民和边远地区开拓者的事迹，宣扬美国精神
米奇童话城	Mickey's Toontown Fair	表现迪尼斯动画片所塑造的环境和形象，让梦境变为现实
明日世界	Tomorrowland	以故事的形式展望未来的神奇发展，参与未来蓝图的设计
幻想世界	Fantasyland	满载欢乐的笑声及奇妙想象的幻想世界
纽奥良广场	New Orleans Square	重现 19 世纪的街头景致，感受过去美国南部的气息
动物天地	Critter Country	展示迪士尼动画影片中的动物角色
星球大战	Star Wars	投入星战前线，化身成机师、反抗军英雄或绝地武士，参与这一场轰动整个银河系的惊险对决

迪士尼全球扩张的步伐一刻也没停止，早在 20 世纪 90 年代中期，上海就规划要兴建世界级的高水准游乐园，迪士尼一直是首选目标，上海迪士尼乐园项目在艰苦谈判 10 年后尘埃落定，选址由原先的川沙镇换成崇明岛，最终落户浦东。整个度假区面积达 700 公顷，约为香港迪士尼乐园度假区面积的 5.5 倍，投资金额高达 245 亿。上海市政府希望通过引进迪士尼来拉动上海的第三产业，而迪士尼的目标是全面进军中国内地市场。亚太地区（香港特区、中国内地及日本）成为迪士尼乐园密集地区，三园之间的竞争在所难免。

2）国内主题公园

国内城市主题公园主要受国外主题公园（尤其是迪士尼乐园）建设及运作的影响。1989 年 9 月 21 日深圳华侨城“锦绣中华”的开业标志着中国主题公园的诞生。华侨城创办的锦绣中华、中国民俗文化村、世界之窗、欢乐谷四个主题公园成为深圳旅游业的龙头，良好的经济效益和社会效益起到了强烈的示范作用，引致了 20 世纪 90 年代初主题公园的投资热潮。近 20 年来，中国主题公园经历了从无到有，从少到多的发展阶段。纵观我国城市主题公园的发展，主题公园类型众多，经历了以下三轮发展阶段（表 2.7）。

表 2.7　中国主题公园发展的三个阶段

阶段	时间	特色	标志	案例（开业时间）	失败案例（停业时间）
一	20 世纪 80 年代末期到 90 年代中期	以移植和模仿为主，原创性少	锦绣中华（1989）	深圳华侨城（1991）、云南民族村（1992）、北京世界公园（1993）	吴江福禄贝尔主题公园（1998）、番禺飞龙世界（1999）
二	20 世纪 90 年代中期至 20 世纪末期	集观赏、参与、休闲娱乐为一体，挖掘地方文化特色	苏州乐园（1995）	杭州宋城公园（1996）、开封清明上河园（1998）、昆明世博园（1999）	广州东方乐园（2004）

续表 2.7

阶段	时间	特色	标志	案例（开业时间）	失败案例（停业时间）
三	21 世纪	规模庞大，更加多元化、国际化，注重品牌意识	香港迪士尼乐园（2005）	广州长隆欢乐世界（2006）、北京欢乐谷（2006）、成都欢乐谷（2009）、珠海长隆海洋公园（2014）、上海迪士尼乐园（2016）	长沙萤火虫主题公园（2015）、重庆“龙门阵”主题乐园（2018）

在前两次发展阶段，主题乐园“在中国是一个惊喜与沉重交织在一起的话题”“盛开与凋谢竟然是同一个速度”①。其特点有四多：总体数量多、重复建设多、总投资多、亏损多。不少匆匆上马的主题公园构思陈旧，相互抄袭模仿，工程建造粗糙，总投资动辄上亿，但国家旅游局调查表明在 21 世纪初有仅有 10% 赢利②。

不知道是巧合还是跟风，或是中国的企业家们都不约而同地预见到主题公园黄金时期的再次来临，投资的新浪潮正在涌现，“13 亿人的腰包开始鼓起来，他们需要一个娱乐的地方”。在过去的四年里，单是大型的主题公园就已增加了近 20 家（表 2.8~表 2.9），中国已经成为全球主题公园行业发展速度最快、增长潜力最大的国家。而第三次主题公园热潮有着明显的特点：（1）规模大、投资高：大型主题公园的投资基本在 10 亿人民币之上；（2）国际化、高风险：拟进入中国的国际主题均为中外合作模式，中方提供主要资金并负责基础设施投资；外方投入品牌和部分资金，并凭借品牌优势收取特许费和管理费；（3）主题类型多样化：有游乐园、海洋公园、水上乐园和生态公园等；（4）品牌连锁，扩张快：旅游企业开始实施品牌连锁经营；（5）扩建周期短，跟风速度快：虽有前人的经验作借鉴，但后起之秀却鲜有超越前人。

表 2.8　2016—2019 年中国新增加大型主题公园

时间	案例
2016 年	上海迪士尼乐园（2016 年 6 月）、宁波方特东方神画（2016 年 4 月）、南昌万达乐园（2016 年 5 月）、北京多乐港奇幻乐园（2016 年 8 月）、江苏苏州乐园森林水世界（2016 年 7 月）
2017 年	厦门方特东方神画（2017 年 4 月）、中国浙江 Hello Kitty 主题公园（2017 年 1 月）
2018 年	海南三亚梦幻水上乐园（2018 年 4 月）、海南三亚・亚特兰蒂斯水世界（2018 年 5 月）、南宁方特东盟神画（2018 年 8 月）、上海海昌极地海洋公园（2018 年 11 月）、宁波阿拉的海水上乐园（2018 年 6 月）
2019 年	三亚海昌梦幻海洋不夜城（2019 年 1 月）、广州融创乐园（2019 年 6 月）、顺德华侨城欢乐海岸（2019 年 9 月）、华谊兄弟电影小镇（2019 年 9 月）、荆州方特东方神画主题乐园（2019 年 9 月）、西宁新华联童梦乐园（2019 年 8 月）

① 惊喜与沉重交织的话题主题公园“主题”不明［J］. 三联生活周刊，2002（47）
② 张雪伟 . 主题公园建设与城市发展［J］. 现代城市研究，2003（01）：47-49

表 2.9 2019 年国内新增大型主题公园

项目名称	开业时间	占地	投资（人民币）	备注
三亚海昌梦幻海洋不夜城	2019.1.20	一期 23.25 公顷	69 亿	以“海上丝绸之路”为主题的海洋主题文娱综合体
广州融创乐园	2019.6.15	72.36 公顷	500 亿	国内首个以南越文化、岭南风格为主题的乐园
顺德华侨城欢乐海岸	2019.9.13	20 公顷	120 亿	以“商业＋娱乐＋文化＋旅游＋生态”的全新商业模式，是粤港澳大湾区在建的最大情景式商业街区项目
华谊兄弟电影小镇	2019.9.22	133 公顷	150 亿	以电影场景为形、以历史文化和城市记忆为魂，集各类电影体验于一体
荆州方特东方神画主题乐园	2019.9.12	一期 67 公顷	230 亿	以中华历史文化和荆楚文化为创意基础，融合高科技与文化创意
西宁新华联童梦乐园	2019.8.18	2.8 公顷	5 亿	以“古镇＋儿童乐园”为主题，为亿万少年儿童开启了一场神秘欢乐的梦幻之旅

来源：https://www.lvjie.com.cn/brand/2019/0215/10840.html

3）主题公园的意义

（1）主题公园的发展动力

主题公园实质上是一个消费的场所，消费主义的市场逻辑渗透到主题公园设计的每一个环节。迈克・费瑟斯通认为：“在全球性激烈竞争条件下，在投资与资本之流的自由市场力量作用下，城市具有了企业化的特征，并且意识到了它们的城市形象，意识到了形象转化为当地经济的就业机会的能力。城市不得不调动起文化的作用，使文化变为‘引诱资本之物’。”① 这也正是主题公园热背后的真正原因，如同迪士尼乐园是一个系统化地贩卖公司文化的商业宣传场所。乐园使用眼花缭乱的科技不仅仅是为了让人们体验真实的梦境，还是为了刺激游客消费。

有人这样解读各地争建主题公园背后的玄机：主题公园的兴建模式大多是由当地政府出地，投资商出钱，政府的如意算盘是借主题公园刺激地方经济，公园本身经济效益不在考虑之内；而投资商则着眼于投资附带的优惠补偿谋利。一般来说，成熟主题公园的盈利方式主要有以下几种（表 2.10），主题公园可以创造的最大边际效应，就是周边地块的急剧升值。

表 2.10 主题公园盈利方式

序号	方式	具体
1	提供初级体验经历	门票
2	提供相关服务	餐饮、住宿服务

① 迈克・费瑟斯通．消费文化与后现代主义［M］．刘精明，译．南京：译林出版社，2000

续表 2.10

序号	方式	具体
3	出让潜在的消费能力所带来的可能的收益机会	招商、节庆活动商业赞助
4	创造的最大边际效应，促进其他商业开发	房地产开发
5	出让、出售具备知识产权特点的商品	玩具、旅游工艺品、纪念品

在经济方面，主题公园的定位甚至提升到促进国民经济发展的战略高度，主题公园不再局限于具有商业化娱乐项目的意义。在区域性的产业结构调整中，主题公园将扮演越来越重要的角色。以香港迪士尼乐园为例，项目是香港特区政府直接参与投资的，这一项目的出发点已经远远超过了商业意义或旅游产业发展的意义，意味着香港需要寻求未来的新的产业支柱、新的经济增长点，需要调整自己原来作为转口贸易中心的城市经济系统。主题公园实际上是当前城市扩张、城市发展过程中的一个正在实现并且已经有若干成功范例的重要选择。

在市场方面，主题公园需要塑造强势品牌来为自己开拓市场，简单来说就是要让消费者能清楚地认知主题公园之间的差异性（表 2.11）。同时，创新对主题公园也十分重要。知名度的保持和巩固依赖优质概念的强化，否则知名度就会退化甚至走向反面。从国外的经验看，主题公园的本地、本国回头客是其主要客源。因此，成功的主题公园普遍采取一种循环更新的模式，即在运营期间也要不断进行投资。如迪士尼多年一直是惯用“三三制”，即每年都要淘汰 30% 的硬件设备，新建 30% 的新概念项目。项目的经常更新吸引消费者重游，循环高投资模式形成了持久的吸引力。迪士尼认真研究消费群体行为特征，从消费者的体验需要出发，强调创意化、服务化和娱乐化。

表 2.11　2018 年全球十大主题公园连锁品牌

排序	品牌	英文	2018 年入场人次	2017 年入场人次	增长	分布
1	华特·迪士尼公司（Walt Disney Attractions）		157 311 000	150 014 000	4.9%	中国、美国、日本、法国、
2	马林娱乐公司（乐高主题公园）（Merlin Entertainments/ Legoland Parks）		67 000 000	66 000 000	1.5%	丹麦、英国、美国、德国、意大利
3	环球影业集团（Universal Studios Recreation Group）		50 068 000	49 458 000	1.2%	中国、美国、日本、新加坡
4	中国华侨城集团（Overseas Chinese Town Holdings Company, OCT Group）		49 350 000	42 880 000	15.1%	美国、墨西哥
5	华强方特（Huaqiang Fangte Group Co. Ltd）		42 074 000	38 495 000	9.3%	中国、美国、法国
6	长隆集团（Chimelong Group Co. Ltd）		34 007 000	31 031 000	9.6%	中国

续表 2.11

排序	品牌	英文	2018 年入场人次	2017 年入场人次	增长	分布
7	六旗集团 （Six Flag Inc.）		32 024 000	30 789 000	5.3%	中国、美国
8	雪松会娱乐公司 （Cedar Fair Entertainment Company）		25 912 000	25 700 000	0.7%	中国、美国
9	海洋世界娱乐公司 （Sea World Parks & Entertainment）		22 582 000	20 800 000	8.6%	中国
10	团聚公司集团 （Reunion Company）		20 900 000	20 600 000	1.5%	中国、西班牙

数据来源：http://www.lvjie.com.cn/

（2）波普策略

迪士尼乐园的长期口号：The Happiest Place on Earth。波普教父安迪·沃霍尔[①]说：Everything is beautiful. Pop is everything。处于同一时代的事物，又有谁可以完全摆脱波普的魂魄呢？主题公园是带着波普的灵魂出身的，这就注定自身的复制、拼贴、戏仿等设计手法。《米老鼠》(图 2.9）是安迪·沃霍尔从迪士尼的消费文化中捕捉到的符号，从实践上诠释了符号学对于传播现象及媒介文化的某些观点和论述。这种以工业方式的大批量生产、复制而成的艺术品，已不再是过去那种传统的文化形式，它是文化与经济联袂的复合体。

图 2.9　安迪·沃霍尔的米老鼠
来源：http://www.warhol.org/

① 复制

查尔斯·摩尔（Charles Moore）在书中写道：我们经常用迪士尼这个词来表示肤浅、虚假和无灵魂的复制。复制使拜物主义的艺术幻灭的同时，也使艺术融入大众消费的轨道，是现代艺术转向后现代艺术的特点之一。同时，大众文化就是为庞大的文化工业所支持并以工业化方式大量复制、生产的消费性文化商品的文化形式。机器文明为了生存，也必须制造低成本、批量生产的商品。波普艺术的意义在于对原创作品的复制和挪用。在作品的制作上也常常用工业社会的现成品，同时充满了诡辩、自嘲和自我参照。对于主题公园连锁品牌而言，为了使这些信息能够快速被识别，复制是一种行之有效的手段。

迪士尼乐园的建筑形式是对美国初期建筑形式的模仿，而美国初期的建筑形式从哪里来？是伴随着欧洲对美洲的入侵而一同带来的欧洲建筑。相对于欧洲，迪士尼乐园是复制的复制。“单纯的赝品是不行的，赝品的赝品就不再是赝品了，也决不会输给真货”[②]。

---

① 安迪·沃霍尔（Andy Warhol,1928.8.6—1987.2.22，港台地区译为安迪·沃荷）被誉为 20 世纪艺术界最有名的人物之一，是波普艺术的倡导者和领袖，也是对波普艺术影响最大的艺术家。代表作品有：《绿色的可口可乐瓶子》《玛丽莲·梦露》《电椅》等。

② 矶崎新 . 未建成 / 反建筑史［M］. 胡倩，王昀，译 . 北京：中国建筑工业出版社，2004

② 拼贴

1908 年，毕加索（Pablo Picasso）把一张小纸片贴在一幅素描的中心，或许成为第一幅有意识的贴纸或叫拼贴。1912 年，毕加索创作出第一件精致的拼贴作品“有藤椅的静物”（Still Life with Chair Caning）——他在画布上黏了一片印有藤编图案的油布，以此方式取代直接在画布上画出藤编图案，从此模糊了艺术中真实与幻象的区别，是以拼贴手法实现立体主义的最佳诠释（图 2.10）。拼贴的手法多元化，不仅仅在创作的颜色、肌理和质感上有变化，其中游戏的性格和反讽的趣味、非现实的重组和叙述手法，后来都深深影响了 20 世纪新的艺术创作形式和观念。

图 2.10　毕加索：有藤椅的静物
来源：http://www.artchive.com

波普艺术的商业特性使之注重包装比注重内容为甚，以新奇、活泼、性感的外貌刺激民众之注意力，进而引起他们的消费欲。主题公园也是如此，常常以夸张的色彩和尺度、堆砌的商业符号，使游人在娱乐的同时获得超度饱和的信息量。主题公园是万花筒（图 2.11），色彩斑斓、包罗万象又不失欢快和幽默。

图 2.11　奥兰多迪士尼世界的灰姑娘城堡及其 25 周年盛装和夜晚灯光效果
来源：home.disney.go.com/travel

③ 戏仿

戏仿又称谐仿，是在自己的作品中对其他作品进行借用，以达到调侃、嘲讽、游戏甚至致敬的目的，属二次创作的一种。戏仿的对象通常都是大众耳熟能详的作品，是一种具有通俗化与后现代倾向的典型叙述方式。戏仿打破了纪念碑式的历史的神圣庄严性，打破了历史的科学性、实证性、现实性和客观性的禁忌和教条，打破了历史的不可逆和不可重复性。戏仿是一种尼采所说的“快乐的科学”，它以载歌载舞的狂欢参与到历史之中。

以迪士尼的城堡为例，加州迪士尼乐园睡美人城堡是最早的迪士尼城堡（图 2.12），其原型是著名的新天鹅堡。位于加州迪士尼乐园的睡美人城堡于 1955 年 7 月 17 日开放，高度

23.5 米。连同广场，香港迪士尼乐园的睡美人城堡采用加州迪士尼乐园相同的设计，就连外观颜色都和加州 1955 年开放时候的样子是一样的。

图 2.12　依次为原型——新天鹅堡，加州、法国、中国香港迪士尼乐园的睡美人城堡，迪士尼的 logo
来源：home.disney.go.com/travel

（3）超现实的体验

迪士尼乐园是美国消费文化及消费主义价值观的代言人。自从 1955 年第一座迪士尼乐园开幕以来，它已经成为美国文化的一种象征。乐园中造型夸张的建筑仿佛是日常生活中的所见经过哈哈镜反射后的投影，再经过新兴媒体和不断扩张的商业巨头的全力包装，成为和现实世界对立的海市蜃楼。

迪士尼的设计者叫作“幻想家工程师”（imagineers），由建筑师、景观设计师、工程师、艺术家、作家、梦想家组成，这支 1400 人的队伍可以说是世界上最乐天派的一群人。迪士尼乐园的运营以及幻想家工程师创新都要遵循华特·迪士尼铁一般的戒令——我希望他们在离开的时候，脸上要带着微笑①。迪士尼的设计曾被称作“令人安心的建筑，它的目标是带来快乐、喜悦、幸福感”。

主题公园的商业价值就在于它的非真实性和戏剧性，在于它制造了一个人们在日常生活中无法实现的梦幻。在这一点上和好莱坞电影有异曲同工的效果。主题公园可以带你在时空中自由穿行，省去了虚拟体验的各种传感器，让人在真实空间直接进入，从而获得“超现实”的体验。迪士尼公园中的场景要么是童话仙境、未来世界，要么是反映异域风情或是先祖时代的生活，总之不是你我所处于的现实生活形态。主题公园的这种特征和电子游戏有着很多相似性，只不过前者是实体的三维世界的沉浸，后者是虚拟的三维世界的沉浸。既然是“沉浸”，就包含了身体的进入、感官的刺激和心灵的体验等全方位的模拟。但主题公园的参与和模拟更为逼真，感官刺激也是多方面的。游人对于主题公园的进入是切切实实地在场，有着

① Walt Disney Imagineering. 香港迪士尼乐园［J］. 世界建筑，2007（10）：92

绝对的“实时性”。

（4）主题公园的扩张

主题公园的影响力早已经扩散到整个城市景观领域，称为城市景观的“主题公园化”（Theme-parkism）。迈克尔·索金（Michael Sorkin）指出，主题公园是那些“表面上温情脉脉的环境”，实际上“一切都是为了达到最大限度的控制”，在这样的空间中“人与人之间的真实交往完全被清除了”“主题公园呈现了它欢乐的，受到限制的愉悦的想象——一切都是技艺高超的蒙骗手段——是作为民主的公共领域的替代品。它去除了麻烦的都市性的尖刺，使穷人、犯罪、肮脏和工作消失不见，因而如此令人心动”①。

城市景观的主题化在很大程度上源自文化与消费的高度融合。新兴消费场所都被要求植入某种主题、某类风格或某个动机。生活方式或消费行为的风格化、体验化既是城市景观主题化的动力，也是其结果。城市成为一个巨大的购物中心，也是一个巨大的主题公园。

2.3.2 住区：新中式住宅现象

对于大多数中国人来说，商品房是毕生最大的消费品。开发商提高楼盘素质，营造舒适宜人的居住环境，以提高楼盘竞争力。相对于单体设计或平面布局，景观因为自然条件差异，容易形成特色。开发商纷纷加强住区景观设计的标新立异，力图打造个性鲜明的住宅小区，于是住区景观越做越精美，涌现了一大批“园林式住宅”“中国式住宅”，以此打动消费者。

开发商主导下最早出现的住区景观是“欧陆风”，它以大面积铺装广场、雕塑、喷泉、廊柱为特征，在植物的配植上讲究群植，花团锦簇，豪华气派，在20世纪90年代末达到了高峰。“欧陆风”是在对西方奢侈生活的向往中应运而生的。拥有西方传统符号的豪宅及庭院，成为西方富裕生活的标志，而中国新兴的中产希望通过拥有同样的一件商品而步入相应的生活品位，“欧陆风”是商业资本为了符合大众审美口味，营造的一种对高贵生活的幻象。

风格与潮流的变换是迅速的。20年间，住区景观风格经历了欧陆风、热带风格、中国古典园林、新现代风，等等。随着社会消费群体结构的变化和消费者的成熟，大众也越来越追求对应自己“品位”与“个性”的居住环境。潜意识里面有着以回归传统的方式来抵抗西方文化，开发商进而寻找更接近中国文化意识的设计。从积极的意义上说，中国步入世界经济大国的时刻，大国自信开始在精英中恢复，寻求更加独立的身份特征便成为一种需求。“新中式”风格居住无疑是一种可以立竿见影的招数，已经成为中国住宅市场的风格时尚标签（表2.12）。

表2.12　部分新中式住宅项目（2004—2018年）

项目	地点	类型	建筑总面积（平方米）	设计	中式策略
观唐	北京朝阳区	别墅	11.5万	中国中元国际工程设计研究院	街巷式布局、院落式空间、中式建筑风格、清官式做法

① 王志弘．空间与社会理论译文选［M］．台北：译者自刊，1995

续表 2.12

项目	地点	类型	建筑总面积（平方米）	设计	中式策略
易郡	北京顺义区	别墅	8.7 万	中外建工程设计与顾问有限设计公司	新北京四合院
运河岸上的院子	北京通州区	别墅	8 万	非常建筑设计研究所 英国边缘建筑设计事务所等	中式气质 以最简容纳最多
如园	北京海淀区	普通住宅	26 万	北京五矿万科置业有限公司	运用现代建筑的语言诠释中国传统人文精神
观承别墅	北京顺义区	独栋别墅	17 万	北京万科东方置业有限公司 北京三磊建筑设计有限公司	寻照“城市山林”的园境打造理念
香山 81 号院	北京海淀区	联排别墅	1.5 万	北京司空建筑、北京原景建筑、北京清华城市规划设计研究院	新诗意山居
九间堂	上海浦东新区	独立别墅	2.9 万	矶崎新、严迅奇、登琨艳、俞挺、袁峰、丁明渊	原创性、适用性、民族性
建发·央玺	上海宝山区	叠排别墅、联排别墅、高层	19.5 万	上海广亩景观设计有限公司	新江南山水之园，融合海派文化
通策·钱江时代	杭州钱塘江北岸	高层住宅	15 万	中国联合工程公司等 景观设计：Robert Murase	空中庭院花池
绿城·桃花源	杭州城西	独立别墅	3.5 万	浙江绿城东方建筑设计有限公司	借鉴中国传统造园手法
桃李春风	杭州青山湖	独栋别墅	26 万	浙江绿城建筑设计有限公司	林中有墅、墅中有园的居住形制
第五园	深圳布吉镇	联排别墅	55 万	澳大利亚柏涛（墨尔本）建筑设计公司	骨子里的中国 中国式的现代建筑
华远·雲和墅	广州白云区	双拼别墅	15 万	广州山水比德景观设计有限公司	中式传统居住理念与云山相融合
中国人家·东园	南京江宁区	独立别墅	1.66 万	香港博嘉联合设计工程公司	林泉情致、田园风光
万江共和新城	南京浦口区	多层、小高层、高层	25 万	中煤国际工程集团 景观设计：扬州名城园林设计建筑有限公司	民国风，共和城
城开汤山公馆	南京江宁区	别墅	12 万	澳大利亚柏涛建筑设计事务所 景观设计：上海玉柳环境艺术有限公司	传承民国建筑风情，倡导温泉居住文化“内敛含蓄”的新民国居住
金陵大公馆	南京鼓楼区	小高层、高层、酒店式公寓	16 万	澳大利亚柏涛建筑设计事务所 景观设计：上海陈逸飞	百年公馆生活

续表 2.12

项目	地点	类型	建筑总面积（平方米）	设计	中式策略
新城·尚东区	南京栖霞区仙林大学城	花园洋房 联排别墅 叠加别墅	12 万	奥地利法塞尔－陈（AFC）建筑师事务所 景观设计：新加坡柏景	以现代中式建筑之形，承载东方美学神韵 影射东方生活哲学
龙光御海天	广东汕头	独栋别墅 高层	36 万	深圳创域设计有限公司	崇尚先古，追求极雅
建发·玺院	福建永安	普通住宅 联排、合院	3.7 万	深圳市赛瑞景观工程设计有限公司	文人情怀 居尘而出尘
建发 & 九龙仓·央玺	广州市白云区	小高层 高层	4.5 万	上海日清建筑设计有限公司 景观设计：广州怡境景观设计	儒门道园，唐风华纹

部分内容参考：王信，陈迅．中国式住宅项目一览（2002—2005）[J]．时代建筑，2006（3）：18

1）典型案例

关于新中式住宅现象，业内出现过一个有趣的对联：

上联：长城脚下的公社；

下联：运河岸上的院子；

横批：中国意向。

在众多案例中，本书从深圳、上海、北京三地各选取最典型的案例加以分析。

（1）第五园

万科第五园是 2005 年万科地产在深圳坂雪岗区域规划开发的大规模居住社区。项目总占地 22 万平方米，总建筑面积 25 万平方米，容积率 1.1。主要建筑形式有庭院别墅、叠院 House、合院阳房等。万科力图在中国民居文化建设上有所突破，其意是在“岭南四园”的基础上探索一种新型的、中国南方式的现代生活模式，追求深受文化人士和知识分子喜爱的中国民居中内敛和赋予涵养的气质。

一栋具有 500 多年历史的明代徽州老宅千里大挪移，经过加固、包装，在一片白墙、黑瓦之间重放光彩。整体规划借鉴中国古代村落布局形态，用树枝状路网将多个村落联系成有机的体系；单体平面契合中国传统居住文化，着眼于营造各种形态与私密性的院落空间；立面构成上通过双层墙的手法使外墙立面的处理获得了自由，赋予建筑含蓄、内敛、活泼的气质；色彩上以黑、白、灰素色系列为主，朴素淡雅；在细部处理上，通过冷巷、花架、挑檐、花窗、孔洞、缝隙、格栅等一系列手法改善住宅的遮阳与通风（图 2.13）。

在景观设计上，以层次分明的多重“庭院空间”为精髓，以简约洗练的现代设计语言，充分利用中国传统造园的隔、抑、曲手法，创造出一个有“起、承、转、合”的完整而富有变化的空间序列。运用大量竹子，营造出幽静、清雅的居住氛围，希望以白话文式的现代手法重新演绎中国古典居住文化精髓，创造现代中式经典。

图 2.13　万科第五园内部景观

来源：万科官方网站 http://www.vanke.com/main/

（2）九间堂

九间堂得名于"三开三进，谓之九间"。九间堂项目位于浦东世纪公园东侧，占地 10.8 公顷，为市中心高档独立式别墅社区，共建 49 栋别墅。开发商证大集团以"打造现代中式园林大宅"为口号，力求成为现代中国住宅的里程碑。九间堂的建筑师团队阵容堪称豪华：由矶崎新、严迅奇，以及大陆新一代建筑师领军。从建筑布局、材料应用和内庭式园林三方面融合中式要素（图 2.14）。

图 2.14　九间堂的"中式意境"

来源：http://jjtsj.com/

在景观方面，九间堂最大的探索是将“中式意境”和“现代感受”相结合，以传统院落空间为主体，结合人造水系，形成以庭院式住宅为整体的现代水系村落。其设计理念在于对中国传统民居和园林空间进行考察认识并从中提炼出抽象模型，最终在现代建筑中加以体现。设计者为了强调现代感，避免让人产生直接引用传统形式的印象，特意用了现代的形式、手法、材料，这就形成了九间堂集群建筑现在的风貌。

（3）运河岸上的院子

“运河岸上的院子”（简称“院子”）是个十分有趣的案例，最有趣在它脱胎换骨般的转变（图 2.15）。2004 年初，“院子”的前身“上河美墅”已经完成了所有的规划审批、施工图报建等手续，甚至连样板房都已建好，万事俱备，可就是迟迟不能开盘。“院子”的前身“上河美墅”是一个时尚的牺牲品，从样板房不难看出其取媚于人的目标定位。但仅仅经过短短一年多的时间，地中海风格与北美郊区风格这两个当年北京地产市场人气最旺的混搭组合，突然成为时尚中人避之犹恐不及的“老土”标识，其命运仿佛过季滞销的时令商品。

图 2.15　由“上河美墅”到“运河岸上的院子”的华丽变身

来源：https://www.zhulong.com

巨大的市场压力迫使开发商不得不改弦更张，重新思考这一楼盘的市场定位并转换风格。整改的条件非常苛刻：原规划、建筑的平面不得改变，只能在景观设计上进行局部的修改；原设计的基本结构不能变动，只能对立面略加调整①。由于整个建筑的重新叙事只能在表皮上展开，建筑采用了精致建构的表皮策略，精密处理每一个节点与细节，并将表皮策略延伸到景观设计。无论是庭院围栏、道路与硬地铺砌，还是环境小品、池岸台沿，精致设计的原则贯穿始终。这种环境整体叙事策略，将建筑表皮所确立的叙事主题，在环境营造中反复呈现并且在会所和十二大宅的设计中烘托到高潮。于是“院子”脱胎换骨，仿如重生（图 2.16）。

2）中国式符号

新一轮“中式建筑”热潮有着自身的特点。首先，它来自市场的驱动力，既不是受政府的推动，也不是由设计师的观念主导；其次，没有表现于重要的大型公共建筑，而是以高端住区为突破口。“中国式”是作为一种消费符号回归的，这种符号首先是一种传统文化与区域文化的标签，粉墙黛瓦、层层院落出现在毫无历史深度的城市周边。虽然“第五园”的命名是借用了“岭南四园”的思路，而在实际操作时是移植和借用徽州文化。

① 周榕．焦虑语境中的从容叙事：“运河岸上的院子”的中国性解读［J］．时代建筑，2006（3）：46-51

图 2.16 “院子”内部景观以及艾未未用镀锌铁皮包裹的“现代艺术盒子”
来源：https://www.zhulong.com

建筑师对传统文化的热情与社会精英的文化身份认同不谋而合，开发商以此为契机确定营销主题。消费文化下的“中国式”住宅是借用传统文化的外壳，现在的“院、间、堂、坊”与过去的“堡、邸、滩、谷”，并没有本质的差别。所谓的“中国式”第五园的小桥流水、九间堂的深宅大院，其目的不是在弘扬传统，而是用传统的宏大气势来塑造新兴富裕阶层的社会身份。这样的“中国式住宅”绝不是要解决中国的实际居住问题，学者朱涛就提出了是“中国式居住”，还是“中国式投机＋犬儒”的疑问[①]。

中国式住宅用主题式情景的方式在居住区内构造了一个典雅的自我封闭的小天地。它们大多借用了某种传统文化，突显其强烈的精英文化的身份。“九间”已接近帝王的规格，“第五”则暗示与岭南四大园林的联想。“中式住宅”的主题其实是借鉴中国文人文化的隐居式、逃逸城市喧嚣的居住理想。最常用的手法是将传统民居和园林与时下流行的联排住宅和花园式公寓的结合，这种“主题式居住”，无论是前些年对欧式、北美式、殖民地混合式的钟爱，还是近年来对“中国式”的再发现，都是全球化背景下消费文化融合与再生成的表现。无论它们各自的主题有多么不同，这种自成一体、内向经营的居住区模式正在使我们生活的城市成为一个个集锦式的“主题公园”。

2.3.3 商业街区一：“新天地”现象

位于上海市卢湾区中共一大会址周边地区的新天地地段，是香港瑞安地产有限公司开发的房地产项目，它保留了较大一片里弄的格局，特别是花了比兴建现代建筑大得多的力量和资金精心保留和修复了石库门建筑的外观立面、细部和里弄空间的尺度，将建筑内部做较大改造，以适应办公、商业、居住、餐饮和娱乐等现代生活形态（图 2.17）。由于这些做法，使得新天地地段的开发模式带有“传统建筑保护”的样式。新天地地段的成功开发受到社会各界的广泛关注，好评集中于它的“建筑形态保护的成功”，体现“怀旧的生活形态”及其“经

① 朱涛. 是“中国式居住”，还是“中国式投机＋犬儒”？[J]. 时代建筑，2006（3）：42-45

久不衰的魅力”，争议在于传统建筑保护的不全面、不彻底[①]，对原住民权利的剥夺，消费主义泛滥[②]，等等。

图 2.17　上海新天地鸟瞰、总图

来源：罗小未 . 上海新天地广场：旧城改造的一种模式［J］. 时代建筑，2001（4）：24；
陆地 . 建筑的生与死：历史性建筑再利用研究［M］. 南京：东南大学出版社，2004

1）上海新天地

这一大片的石库门里弄建筑大概建成于 1920—1930 年，当时来说也是一个有规模的房地产开发项目。现在新天地地段采用的这种做法是保留建筑物的一层外皮，改变内部结构与使用功能。其结果是具有地域特色的历史文化元素，沦为创建全球消费空间的辅料，地域文化和传统社会空间被消费文化占据。追逐国际时尚的前卫人士成为城市新型消费空间的目标客户，来自法国、美国、英国、意大利、日本等世界各地的风情餐厅、酒吧、精品店、时尚影城、健身中心、画廊纷纷入驻。它将消费文化与上海本地的石库门建筑样式结合在一起，创造了一个非常成功的消费主义神话。新天地是一个经过好莱坞式改造的休闲娱乐城，是一个有着石库门外壳的梦剧场式的景观。本杰明·伍德（Benjamin Wood）要让石库门从幕后走向台前，从私密走向开放，最终是要营造一个上海最具活力、最具娱乐性、最善于应变的消费空间。

2）新天地系列

“新天地”规划设计理念得到了开发商的高度认可，接下来，瑞安集团又诞生了“西湖天地”“重庆天地”“汉口天地”等一系列的投资计划（表 2.13），创造了令人目眩的融时尚、商业于一体的城市景观。这一消费空间生产模式的确立与扶植，已经促成了一种强有力的空间消费文化机制在全国范围内的扩散和繁殖。消费文化的空间在巧妙地利用地方性元素的同时，正在瓦解和颠覆社会生活的多样性和地方性的文化传统，并有力地推动精英阶层的消费文化

---

① 吕国昭 . 从保护法规的角度探讨上海太平桥地区及新天地地块的开发与保护［J］. 时代建筑，2007（5）：130
② 冯路 . 新天地：一个作为差异地点的极端体现［J］. 时代建筑，2002（05）：34

观念，以及对于空间生产的控制。

表 2.13　新天地系列项目

项目	地点	开业时间	总建筑面积（平方米）	特色
上海新天地	卢湾区淮海中路东段	2001 年	38.7 万	上海里弄文化的保护与利用
上海虹桥天地	虹桥商务区	2015 年	39.4 万	与交通枢纽直接相连，利用区域优势
上海瑞虹天地	虹口区瑞虹路	2017 年	21.8 万	推动上海内环历史名镇转型
上海创智天地	杨浦区五角场地区	2006 年	36.2 万	开放的知识型社区
武汉天地	汉口中心永清片区	2007 年	40.6 万	保留 9 幢历史建筑 演绎武汉历史文化
重庆天地	渝中区化龙桥片区	2011 年	19.4 万	山城传统建筑特色 中西文化融合，现代与历史对话
佛山岭南天地	禅城区祖庙东华里片区	2012 年	15.7 万	延续佛山的历史文化风貌与城市脉络

来源：http://www.xintiandi.com/

在全国各地也出现了类似的城市景观现象（表 2.14），虽然不属于瑞安集团的新天地系列，但由于消费定位的一致，以及所表达出的相同的怀旧意向，因此也可以称为“泛新天地”现象①。

表 2.14　表现“怀旧意向”的其他项目

项目	地点	竣工时间	总建筑面积（平方米）	备注
南京 1912	南京市太平北路	2004 年	4 万	依托于总统府，体现民国建筑的精神
宁波老外滩	三江口北岸	2005 年	8 万	目前浙江省唯一现存的能反映中国近代港口文化的外滩，是百年宁波的重要见证地
成都宽窄巷子	四川成都	2008 年	4.4 万	完整的城池格局与兵营的结合，北方胡同与四川庭院的结合，民国时期的西洋建筑与川西民居的结合
北京前门历史街区	北京市东城区	2008 年	36 万	前门位于环绕紫禁城的密集的胡同肌理中，处于皇城轴线之上和邻近天安门广场的地理位置，有着复杂丰富的城市肌理和极其珍贵的建筑遗产价值

① 丁广明．泛“新天地”建筑怀旧思潮评析［D］．南京：东南大学，2006

续表 2.14

项目	地点	竣工时间	总建筑面积（平方米）	备注
宁波莲桥街	浙江宁波	2014 年	9.1 万	是宁波申报“海上丝绸之路”世界文化遗产极为重要的历史遗存和文化风貌协调区，以唐宋时期“一塔两寺”宗教文化遗存为核心
临夏八坊十三巷	甘肃临夏	2019 年	41 万	融合回族砖雕、汉族木刻、藏族彩绘，集民族特色、休闲旅游、绿色生态、人文科教为一体，呈现出穆斯林的生活画卷

图 2.18　南京 1912 总图，立面图，1912 中的屋顶、青砖、拱券

来源：齐康，杨志疆．民国文化的坐标［J］．建筑学报，2006（1）：14

（1）南京 1912

南京原国民政府“总统府”旧址是我国现存规模最大、最完整的近代建筑群之一。2002 年，由江苏省政协出资，以“总统府”旧址为基础，对整个景区进行了彻底的修缮和改造，从而成为现在的中国近代史博物馆。南京 1912 的功能定位是中国近代史博物馆（总统府）的配套服务设施。开发商希望能借助于“总统府”这样一块金字招牌，借助于这一地段在城市中所特有的文化属性及历史渊源来构筑成集餐饮、娱乐、休闲、观光于一体的，中高档次的文化型商业街区。

设计者以合院为基本骨架，用街的方式将各幢建筑串联起来，并在关键节点处整合出一些广场空间，通过以新补旧、新旧穿插，甚至弱化轴线节点等手法，使得街道、界面、广场都以相对混沌的态势出现，以增加街区的空间体验性和空间的复杂性[①]。它舍弃了纯理性化、逻辑化与图案化的设计模式，转而呈现为开放的、追求体验性的、复杂性的格局，同时多条街巷与建筑实体的交织也更有利于商业的开发与运营。由于总统府所定格的历史氛围，设计者在形态上借鉴了坡屋顶、拱券、青砖等基本“原型”，加以组织和强化（图 2.18）。希望能

① 齐康，杨志疆．民国文化的坐标［J］．建筑学报，2006（1）：14

达到体现“民国文化坐标”的目的。

（2）宁波老外滩

坐落于宁波三江口北岸的宁波老外滩于 1844 年开埠，地处宁波市中心，位于甬江、奉化江和余姚江的三江口汇流之地，唐宋以来就是最繁华的港口之一，曾是“五口通商”中最早的对外开埠区，比上海外滩还早 20 年，也是闻名于世的宁波商帮的发源地。

图 2.19　宁波老外滩

来源：http://lwt.nbjb.gov.cn/

宁波老外滩，通过保存历史建筑和街区风貌，植入新都市文化，将厚重的历史与发展的愿望完美结合在一起。整个场地从甬江开始向内分成三个区段，对上述历史风貌试图作不同的诠释。从严格的历史风格的保护，到对历史风貌的引申，再到创新性的设计，对原有的“巡捕房”“宏昌源号”“严氏山庄”“朱氏洋房”“太古洋行”等一批市、区级文物保护建筑进行修缮加固，并在其内部进行局部改造。由文物、旧、渐旧、新的建筑物构成了不同历史时期的见证和载体，改造者着意打造出 20 世纪三四十年代的韵味（图 2.19~ 图 2.20）。

图 2.20　老外滩的旧、渐旧与新建筑

来源：http://lwt.nbjb.gov.cn/

在老外滩计划中，历史既是实在物，表现为旧建筑的遗址，又被当成一种语法和单词来造句。所以，重整后的景观极富戏剧性，一些旧建筑的残破立面如同澳门大三巴的牌坊一样用钢梁支撑起来；另一些建筑则按原样修复外壳，在青砖和石库门老宅的符号语言中汇入玻璃加钢的现代主义元素，商业目的和功能性巧妙地整合在这个一幕幕展开的怀旧戏剧之中。这一出空间多幕剧在宁波城市展览馆落下帷幕，它本是一幢老旧的苏式仓库建筑，据说因其特殊性而上了马达思班的历史保留清单，不过被套上了构成式的玻璃外壳之后，反而成了这片街区的现代主义建筑。毕竟，老外滩计划仍然是一个投资庞大的商业开发项目。如今的老外滩骨子里透出现代意味，是一个集吃、住、玩、休闲、购物、娱乐为一体的时尚消费中心。

3）新天地的意义

（1）怀旧——新的空间想象

詹姆逊曾说，怀旧，就其本质而言，是作为对于我们失去的历史性以及我们生活过与正在经验的历史的可能性，是力图重现“失落掉的欲念对象”[①]，总之，是一种历史感匮乏的表现。在怀旧潮流中，怀恋的对象单一化为 20 世纪 30 年代繁华四溢的上海，一个曾经似乎有过但又消失多年的旧上海形象。上海这个不断在不同层面上被转喻意义的城市，终于在 20 世纪 30 年代上海的“全球化”“现代性”当中重新获得意义。新中国成立后不断赋予上海的“社会主义工业化城市”“工人阶级的老大哥”“文化大革命的中心”等符码，让位于“国际大都市”“十里洋场”“冒险家的乐园”等“世界”身份，凝聚着中国人渴望进入世界和与西方“接轨”的现代身份诉求。新旧上海在一个特殊的历史瞬间构成了一种奇妙的互文性关系，它们相互印证，交相辉映。

图 2.21　新天地的石库门

来源：http://weibo.com/shanghaixintiandi

新天地所保留的石库门建筑因为其与西方历史性的关联，经过时尚包装后，作为上海本土的一种文化想象继续保持着这种暧昧关系（图 2.21）。对于 30 年代的上海，人们之所以会对上海的都市风景线啧啧称奇……是它作为一个符号，指涉着西方 / 欧洲 / 巴黎，上海在这里是他们的摹本，一个折射出来的飘忽不定的投影[②]。新天地也是作为这样一个载体，承担着同一时间的不同地域的空间想象力。上海与西方新的空间距离，是建立在一种新的全球化财富权力的逻辑之上。它并没有遵循上海作为中国城市的常识，却再一次放在了与巴黎、纽约、伦敦、法兰克福等国际都市的身份比较与认同之中。这种关于对中国大都市的国际性身份表达正形成全国性风潮。

新天地系列，毫无疑问表达着城市景观的一种新的文化倾向，受全球消费文化的影响而折射出他者的影子，还致力于一种地方性知识的重新建构。“中国世界主义”“上海式现代性”，指明了这样一种全球、地方的双重意义，“石库门”“新天地”“旧上海”是一种想象中的符号。

---

① 弗雷德里克·詹姆逊.晚期资本主义的文化逻辑［M］.陈清侨，译.北京：生活·读书·新知三联书店，1997

② 包亚明，王宏图，朱生坚，等.上海酒吧：空间消费与想象［M］.南京：江苏人民出版社，2001

正如王安忆在评论“上海怀旧”时说的：“看见的是时尚，不是上海”“又发现上海也不在这城市里”“再要寻找上海，就只能到概念里去找了”[①]。

（2）历史风貌+时尚元素+现代化设施=城市新名片、新坐标

“怀旧”在现实中所反映的是历史建筑成为消费对象的事实。鲍德里亚认为，消费的对象不在于物质本身，而在于其作为符号代码所表现出的某种关系。对历史建筑的消费，不在于历史建筑本身所记载的真实内容，而在于一种文化姿态，一种把历史作为地方性资源纳入当代文化的商业策略。

“新天地”将原来作为生活居住为主要功能的两个街坊改造成以公共活动为主的商业性场所，替换了街坊的社会特征。就“新天地”的建设而论，在原有的以里弄生活为基调的地区引入了当代时尚生活场所，与原有的生活方式具有鲜明对比。在零星分散的市民生活场景中引入了大规模的商业活动空间，在以近邻熟人式交往为主的地域空间中引入了陌生人式交往的场所……这种嵌入的途径则是以私人开发的方式提供了类似于公共空间的场所。这种公共空间尽管具有极强的私人拥有的特征，但在相当程度上，还是满足了各种人的不同欲求。商业地产开发为城市的转型做出了贡献，同时也以场所的创造推动了对场所的消费。

在多重因素的作用下，尤其是在媒体的鼓噪下，将消费和身份的识别与建构统领在一起，从而将“新天地”妆饰成既顺应市场规律、与世界大都市接轨，又能满足许多人自我想象的场所。而这一切又恰好是上海在建设国际大都市的过程中所急切希望找到的。无论是出于政府和开发商的有意识运作，还是出于媒体本身对新出现的生活方式的追逐或隐藏于其中的差异性，而当这种差异成为城市的文化符号时，一方面体现了城市空间拼贴性的形成和强化，另一方面则又引发了单一性的无限扩张和加强。

作为典型的消费空间，新天地系列创造了多个完美的神话，成为城市中的休闲目的地和消费圣地。在新天地系列的扩张复制中，人们可以清楚地观察到消费文化已经成为控制城市空间生产的一种有力手段，成为城市发展重要的建构性力量。与城市意向、集体记忆相关的独特的城市生活体验，引领的不再是对地域性的鲜活认知，它们只是作为城市的标签，配合着资金和人员的流动。

（3）开发性保护模式

为对新天地地段建筑进行修整、改造，瑞安集团出资13亿元在3公顷的地块内精心设计、精心施工，得以保留、改造、新建5.7万平方米的建筑，以致每平方米建筑面积综合费用高达2.28万元。瑞安集团参与太平桥地区开发的目的是通过对该地区的全面开发、改造来提升该地区房地产项目的品位和价值，从而获得较好的经济效益。

正如莫天伟教授所指出的：“历史文化保护是政府行为，新天地地段的模式实质是房地产开发，关注的是再生上海里弄生活形态所带来的商业机会。然而正是这种关注，带来了建筑保护的机会。”[②]这就道出了新天地开发模式的两面性。一方面，开发商为历史建筑的保护和更新提供了资金保障，长久以来，经济因素一直困扰着历史建筑的保护和更新：少数珍宝型的文物，耗费巨资维护，却很难短期带来经济效益，甚至难以维系正常的运营；大量的历史

---

① 王安忆．寻找上海［M］．上海：学林出版社，2001

② 莫天伟，岑伟．新天地地段：淮海中路东段城市旧式里弄再开发与生活形态重建［J］．城市规划汇刊，2001（4）：2

风貌性建筑因为缺乏足够的资金而得不到有效的保护，有很多被拆除以让位于新的地产项目。另一方面，开发商是以营利为目的，"新天地"系列遵循的是"经营文化资本"的思路，在整个项目运行中成功地进行了商业操作，历史文化要素、地域特色，最终都沦为消费空间的辅料。这就导致了历史建筑与街区原有的城市人文定位，与现有的消费功能存在着戏剧性的偏差与错位。

"新天地"的建设可以说是在探寻一种城市改造的方式，但至少在改造之初，投资者、设计师还是城市管理者并不渴求这一模式具有普适效应。在其获得巨大商业成功后，创意探索变成了模仿对象，创意的收获转变成了复制的实惠，其操作的方式便被模式化①，在不同城市中被统一推广。

2.3.4 商业街区二：表参道现象

2007 年 6 月 16 日晚，在北京国家图书馆古籍馆广场上，"再生策略：北京旧城——西四新北街概念设计国际邀请展"正式开幕，现场不仅各国明星建筑师云集，并且进行了一场华丽的品牌时装展示。展览由荷兰的雷姆·库哈斯、意大利的弗拉维奥·阿尔巴内西（Flavio Albanese）等 8 家国际建筑师团队以及朱锫、马清运等 3 家中国建筑师团队参展，11 个针对北京西四北大街具体街块所做的传统街区再生策略研究，以及国际名品文化展示中心和国际名品品牌形象旗舰店的设计成果，在古老的文津楼做了为期 4 天的展出。

世界上旧城改造的成功案例不胜枚举，历史街区的再生已经成为近年来世界性的潮流，成功的如东京、纽约、马德里、米兰等城市，通过将衰落历史街区与当代创意产业的嫁接，实现了历史文化区域空间价值的增值。西四新北街，不仅是单一的旧城改造项目，已然属于商业地产的操作思路。投资方表示："更新西四北大街原有商业布局，塑国际品牌商业街，……形成与胡同尺度相当的、纵向的、复合的步行商业街区，我们希望与高档品牌合作，在北京做一个中国的'表参道'。"②西四新北街是要仿照表参道，采用"历史街区 + 奢侈品牌旗舰店 + 明星建筑师"的模式，依靠三重符号的叠加来激发街区活力。

1）表参道的奢侈品牌旗舰店

日语中，"表"是门前的意思，"参道"是指为了参拜神社或寺庙而修建的道路。表参道是位于东京的时尚中心原宿的一条人车混行的商业街道，享有"步行者天国"的美誉。原本是 1920 年明治神宫建成时整治门前街区而形成的道路。为了体现神宫的威容，参道采用直线长约 1 公里、宽度 36 米的规模铺石植树。它是属于近代日本"明治"这个特殊时代的林荫大道。

如今的表参道是东京最重要的服装和设计中心，也是喜爱建筑、室内设计，喜好时尚之人心中的朝拜圣地。表参道没有巨型商业中心，以品牌旗舰店、时尚小店、餐饮为主要消费业态，成功经营着"奢侈品牌 + 明星建筑师"模式，街道上不时耸立起新的作品（图 2.22，表 2.15）。

---

① 孙施文. 公共空间的嵌入与空间模式的翻转：上海"新天地"的规划评论［J］. 城市规划，2007（8）：31

② 北京西四再生实验：老城区 + 旗舰店 + 明星建筑师. 中国房地产报，2007-06-25. http://www.china-crb.cn/

图 2.22　表参道上建于 2000 年后的部分旗舰店 · 明星建筑师 · 品牌宣传海报

有关本小节表参道相关建筑的图片来源：http://www.flickr.com/photos/、http://www.kkaa.co.jp/；http://takekonbu.fc2web.com/index.html；http://figure-ground.com/prada_tokyo/；http://www.0lll.com/lud/pages/architecture/

表 2.15　表参道建于 2000 年之后的部分奢侈品牌旗舰店

编号	项目名称	开业时间	规模（平方米）	楼层		设计
				地下	地上	
1	普拉达（Prada）青山店	2003 年 5 月	2 800	2	7	赫尔佐格和德梅隆
2	One 表参道	2003 年 9 月	7 690	2	8	隈研吾
3	托德斯（Tod's）表参道店	2004 年 11 月	2 548	1	7	伊东丰雄
4	路易 · 威登（Louis Vuitton）之家	2002 年 8 月	3 327	2	8	青木淳
5	迪奥（Dior）表参道店	2003 年 12 月	1 492	1	4	妹岛和世 + 西泽立卫
6	Hhstyle.Com/CASA	2005 年	470	1	2	安藤忠雄
7	表参道之丘	2006 年 1 月	33 916	6	6	安藤忠雄

注：按照道路由东至西参拜顺序排列。

（1）普拉达青山店（Prada Boutique）——赫尔佐格和德梅隆（Herzok & de Meuron）

这是意大利顶级奢华品牌普拉达在亚洲最大的旗舰店。普拉达的“新旗舰店计划”希望借助与世界知名建筑大师的合作，在全球特定地点开设几家风格独树一帜的新店，以此开创奢华品牌与建筑设计相结合的新理念。赫尔佐格和德梅隆一向注重建筑自身的逻辑，虽然普拉达青山店在外观上是一座不规则的水晶状几何体，但事实上这个6层建筑的最终形成是建立在对东京的复杂街区和城市规划法则的充分研究之上的。在考虑到区位、法规、日照以及与周边环境的协调等因素之后，建筑物的外形和表现方式也就随之而定。

这座建筑最引人注目的特征是通体覆盖的网格状表皮，它由840块菱形玻璃组成，其中205块是向建筑外侧弯曲的凸形，16块为凹形。整座建筑都没有设置通常意义上的窗，也可以讲表皮自身即形成了一个巨大的窗体（图2.23）。在不同的时间和位置，由于光线的照射角度不同，凹凸不平的玻璃表面呈现出一种变幻莫测的光影效果，充满着戏剧性。尤其在夜晚，室内光线透过网格状表皮，将店铺空间和商业气氛完全地呈现在城市之中，实现了内部与外部的交流。柱子、梁板、框架等传统意义上的建筑元素在这里被消隐，作为连接室内外空间的表皮承担着统摄全局的作用。

图2.23 普拉达青山店外观·表皮·室内

来源：http://www.prada.it/、http://figure-ground.com/prada_tokyo/、http://www.flickr.com/photos/

（2）One表参道——隈研吾（Kengo Kuma）

One表参道位于交叉路口附近，包含了3~4个法国时尚品牌。5楼以上是路易·威登的总部。

在设计中，隈研吾贯彻了他对建筑与自然的独到见解。一是为了减小尺度，二是为了和榉树产生共鸣而不是冲突，在建筑表皮上隈研吾设计了一种“竖框”，450毫米厚的落叶松薄片支撑在玻璃幕墙上，安装间距600毫米。木质材料加上竖向线条，和街道上的榉树交相呼应（图2.24）。隈研吾希望运用木材的独特能量恢复东京的城市吸引力，并创造一个更加“人性化”的城市景观。

（3）托德斯（Tod’s）表参道店——伊东丰雄（Toyo Ito）

托德斯是意大利著名手工皮鞋品牌，基地成L形，前部狭小。为了与地域性相关，伊东丰雄选取榉树作为设计的原型，将9棵榉树的剪影进行重叠，树形的剪影既是建筑物表皮的“图案”，也是支撑结构，它们由300毫米厚的混凝土及镶嵌其中的无框玻璃和铝板构成（其中200个空隙填充双层玻璃用来通气以及结露，剩余的由铝板填充），支撑着跨度10~15米的空间。采用树枝分叉结构后，由于主干和枝干的疏密不同，随着楼层越往上，树枝越细越密，

图 2.24　One 表参道外部 ·“竖框”构造

来源：隈研吾 . One 表参道 [J]. 建筑与文化，2007（7）：46-47

这就使内部空间从一层到七层产生了微妙的变化（图 2.25）。

如此具象的形态通常会被责问是简单的象征手法？伊东是这样解释的：希望创造一种“本来就不存在”的虚构意象，他认为“极其具象的行道树与极其抽象的建筑表层的共存对我们来说非常有诱惑力……我们的目的是将具象性与形式性在前所未有的层面上进行统合”。统一的结果是生动地呈现一个时尚的品牌形象。

图 2.25　Tod's 表参道店 · 树形表皮兼结构

来源：http://www.tods.com/；http://www.flickr.com/photos/；http://www.kkaa.co.jp/

（4）路易 · 威登（Louis Vuitton）之家表参道——青木淳（Aoki Jun）

路易 · 威登是以做航海时使用的直方体手提箱而起家的法国品牌，其箱包产品体现了优质的触感、色彩和精密的工艺。日本对 LV 的迷恋创造了全球销售 50% 的业绩，因此全球第一座 Louis Vuitton Maison 就选址于表参道，以 Maison 为名的路易 · 威登之家融合 LV 品牌形象和当地文化特色，包含 LV 全部系列，陈列形式与规模犹如一栋博物馆，展示路易 · 威登的过去、现在与未来。

在这个设计中，青木淳试图延续表参道的性格，特别是街道的生活感。在设计时，街对面的“同润会青山公寓”还没被改建，因此青木淳想要延续青山公寓的尺度感。加上路易·威登的事业原本就起源于旅行箱，于是在外立面、空间构成、室内设计上重复使用“摞起的箱子”这一概念。一些走廊，不分天花、地面、墙面，都用三种拼花木板覆盖着，就像箱子的衬里（图 2.26）。

建筑表皮进行了特殊的构造处理。里层共有三种材料——镀铜的镜面玻璃，或是预制加强玻璃、略带粉红的镜面不锈钢板，距玻璃 500 毫米外，悬挂不同肌理的金属网帘，细细的钢丝弯曲成像织布一样的纹理，不同的网帘图案和幕墙材料的组合，使得各个方块之间各不相同，这种组合就产生了奇特的视觉效果。

自 1998 年设计路易·威登名古屋分店以来，青木淳已经设计了表参道、六本木、银座（两座）五家分店和一家纽约分店，每每出手都能给人意想不到的细腻表现。Brand 集团评价青木淳是个很好的倾听者，并不是简单地接受功能等基本要求，而是创作性地倾听。尽管为了跟集团利益取得一致，采用与品牌相符合的旅行箱外观和路易·威登特有的标识图案，但青木淳同时也在贯彻自己的设计理念，他认为“各种表现集合成一个实体存在，从实存中真正感受到多样的形式，是城市之所以为城市的根据”“表参道的性格很难用一句话概括，个人可以捕捉到不同的特点，据此有不同的演绎”。

图 2.26　路易·威登之家表参道店·双层表皮构造

来源：http://www.louisvuitton.com/；http://figure-ground.com/prada_tokyo/

（5）迪奥表参道店——妹岛和世 + 西泽立卫（Kazuyo Sejima & Ryue Nishizawa）

这是克里斯汀·迪奥（Christian Dior）在日本的第一家旗舰店，设计者是妹岛和世与西泽立卫以及他们的 SANAA 事务所。妹岛和世非常注重研究事物与其相关领域之间的关系，她关注的范围涵盖了人的行为、物质的属性以及空间关系的形成。尤其令她感兴趣的是处在临界状态下的事物，在建筑学上表现为如何确立边界，以及边界的模式与可能性，因此她曾经被称为是“平面建筑师”。她的作品常常会打破人们对建筑空间的惯有体验和透视观感，带有一种简约、冷静、精致，甚至暧昧的风格。

克里斯汀·迪奥是个经营女性用品的法国品牌，为了强调“必须要有迪奥风格”，建筑师最终确定双层表皮的设计，外层是透明度极高的层压玻璃（Laminated Glass），内层是褶皱状的半透明压力板（Acrylic），两层之间设置照明。建筑共 7 层，运用楼板等水平元素将建筑体量划分为普通、极高与极低三种高度单元，提供了多于常规作法的楼层空间，以此来组织各种不同的使用功能，降低了商业空间的密度，同时也创造出了一种模糊的、非均质的建筑体量横向分割模式。妹岛对媒体的解释是：“迪奥的产品资料中有非常优雅的、带有迷人褶皱的经典女装照片，从而联想到像布一样柔软的建筑外皮。”建成的房子秉承其一贯的灵动、轻盈、透明、反重力的特性（图 2.27）。

图 2.27 迪奥表参道店·双层表皮构造

来源：http://www.dior.com/；http://takekonbu.fc2web.com/index.html

（6）Hhstyle.Com /Casa——安藤忠雄（Ando Tadao）

这是阿玛尼下属的卡萨家具店，基地位于表参道旁的步行区。安藤 + 阿玛尼，可以说是超明星组合，不过建筑也很特殊，首先特殊在时效性，土地使用期仅为 10 年的建筑，称得上是个临时建筑。由于未来将有一条道路穿过基地，法规限定周边的建筑物都只能是钢或木结构，且不得超过两层。基地一部分可与政府签租 10 年，另一部分只有 5 年。针对这些条件，建造方式与外观朝“轻”方向发展。建筑布置在租赁期为 10 年的那部分，将公共空间放在租赁期 5 年的部分。这次安藤没有采用任何轴线或几何学，而是平衡基地、日照、结构多项因素后，采用不规则的体量，像折纸艺术一样，以钢板折出房子的轮廓。每片厚 16 厘米的钢板提供稳定效果，与钢板搭配的狭长窗户则形式自由，似乎不受重力的影响，并创造了短期租赁店面与时间赛跑的速度感（图 2.28）。

图 2.28 Hhstyle.Com /Casa 外观·室内

来源：http://www.twarchitect.org.tw/

（7）表参道之丘（Omotesando Hills）(同润会青山公寓改建）——安藤忠雄（Ando Tadao）

1923 年关东大地震后，以建设“抗震防火的集合住宅”为目标，担任复兴计划的财团法人成立“同润会”，在日本首次尝试用钢筋混凝土来建筑集合住宅，住宅的外观、细部、环境都充分细致地进行设计，被称为日本早期最优秀的“城市文化型集合住宅”“日本集合住宅的先驱”。位于表参道的10栋被称为“同润会青山公寓”，共有住户138户（图2.29）。

图2.29 “同润会青山公寓”建成之初·改造之前
来源：http://www.doplus.org

建于1927年的“同润会青山公寓”不可避免的老朽化。从20世纪70年代起，产权人们就开始讨论重建的计划。最终就再开发达成了一致，问题是重建怎样的建筑呢？正式投入一个新项目前面临三个课题：首先和“榉树”一样作为表参道的象征的“同润会青山公寓”的历史意义如何去体现；其次要平衡多位产权人的要求，有的要“确保安静的居住环境”，有的要“提升资产价值实现商业繁荣”，有的要“获得稳定的租金收入”等；第三需确保持续性的项目赢利。

安藤的“表参道之丘”是在同润会青山公寓旧址上兴建的大型复合设施。安藤认为即使是改建，也不能失去延承了近半个世纪的“都市记忆”。他致力于将“都市记忆”这一概念融入这个建筑中（图2.30）。

一是“最大限度地利用地下空间，将建筑物一半以上的体量埋入地下，使建筑物的高度压低到和沿街的榉树相近”。新建部分包括本馆与西馆，分别为地上6层与4层、地下6层与4层。并保留同润会公寓的38个住宅单位，保持结构不变，依靠新建的天桥与本馆联系。

二是“直接把表参道的平缓坡道移植到建筑内部的公共空间”。建筑物沿表参道而建，外立面绵延约250米，内部空间最大特点是沿着从西向东的方向以斜坡的方式逐渐向上，在都市空间里勾勒出新型的公共空间。人流可以不经过自动扶梯系统，沿着店铺外的斜坡通道螺旋状上下来回，增添购物逛街的乐趣。

2）表参道的意义

（1）模式：奢侈品牌+明星建筑师

扎哈·哈迪德（Zaha Hadid）曾经说，购物是参观一座城市的好方法，旗舰店的建筑确实越来越有趣了，“顶级品牌”与“明星建筑师”两种符号逐渐对应起来。

奢侈品牌是一种符号，对奢侈品牌的消费是一种具体的操纵符号的系统性行为，人们消费的并不是对象本身，而是它所代表的品牌以及由此衍生出来的自我满足感。社会与媒介不断地向个体传递着这样的信息：即普通个体如果要获得高级的文化公民资格，首先要建构个体的文化身份，而消费某些特殊类型的商品，享受某些特殊的服务是可以实现这个目标的。

图 2.30　安藤的“表参道之丘”方案 · 建成效果

来源：http://www.doplus.org；http://www.omotesandohills.com/

在消费文化和资本利益的双重驱使下，建筑外在的符号意义打破了功能与形式的逻辑平衡，评价一个旗舰店建筑成功与否的标准在于它是不是制造出了令人过目难忘的形象，是不是与品牌的历史和文化相契合。消费者津津乐道于普拉达青山店的水晶造型，认为这座建筑为普拉达品牌带来了新鲜的活力，这正是普拉达的初衷之所在，一种建立在前卫建筑风格运作上的商业策略。在消费文化的主导下，风格与个性成为旗舰店建筑设计的出发点，消费者的感官愉悦和由此被激发出的欲望则是终极目的，这也可以被理解为一种对不断变换和调整的社会产业结构的现实应对。

“奢侈品牌 + 明星建筑师”的表参道模式反映了当前消费文化语境下的趋势：建筑师介入时尚营销。顾客购买商品的同时也在消费店铺的设计，在此意义上建筑师也为品牌销售做出一定贡献。店铺既具有品牌的姿态，也是建筑师在其理论领域的新探索。品牌集团希望通过高品质的店铺设计影响销售，而建筑师则从中获得展示构想的舞台，二者互利互惠。普拉达集团愿意委托库哈斯、赫尔佐格等建筑师来设计他们的时装店，这种关系也揭示出大众的焦点不在改变目前社会状况的艺术，而是当今流行趋势的外在形式。

尽管作为资本的商业工具，建筑师在这场胜利中掌握了部分话语权，但其意义首先在于建立了一种资本与建筑师之间的新型关系。在这种关系下，明星建筑师就像那些精致漂亮的建筑外表，帮助奢侈品牌实现了更高的商业价值。作为具有独特风格的真实个体，明星建筑师的社会学意义非常符合差异消费的需求，这种需求使其最终不可避免地被转换为一种消费符号，建筑师的独立身份则消隐于这些符号之后。在设计师本人天赋之外，“姓名”具有了权力与价值。

（2）表皮策略

伊东丰雄认为：在东京这样的城市中设计建筑类似于下象棋，是一种不可预料结果的游戏。在形象上则表现为对模糊性、透明性和浮游感的追求。这种存在形式的“刹那的魅惑”是对经典的挑战，是对永恒性的消解。在消费社会中，建筑经常与时尚合谋，通过不断地形式更新，以差异建构认同，以奇特标榜个性。经典建筑存在的社会基础和社会意义在改变，建筑永恒性、耐久性的需求被消解。建筑以轻盈、透明、光滑的时尚外表取代了厚重的体积感，成为一种流行的建筑语言。

表参道上的建筑师们不约而同地选择表皮这一策略大做文章，场地条件的限制是一个不容回避的客观原因。作为超高密度城市空间里的极端代表，这些建筑的边界别无选择地占满用地，它们与城市的关系被挤压为一层二维的面，它们所要传达的信息也都汇聚于此。

商业利益的驱使则是旗舰店建筑成为表皮展示的内在原因。在全球化时代，消费主义对很多人来说成为一种明确的文化活动和一种新的社交方式。奢侈品消费无疑触摸到了人们的欲望顶峰，对于为奢侈品代言的旗舰店建筑来说，在内部使用空间不具备明显差异性的情况下，表皮自然会成为体现建筑个性化的选择。

当代材料技术与数字技术的发展也为表皮的表现自由提供了强大的支持，特氟龙、液晶显示面板、反射聚碳酸酯膜等材料的出现极大地丰富并提高了人们的审美预期。这种潮流的后果之一就是表皮与空间的对应关系逐渐弱化，体现在旗舰店建筑设计里就是表皮作为一个独立的建筑学概念占据了统治地位。建筑师的兴趣在于材料表达的可能性，在于内部与外部的对话，体量与空间则略显次要。这也许是建筑师应对今天建筑学所面临的信息时代挑战，通过“尽量缩减建筑学与外部相冲突的界面，以更精妙的方式化解外界压力”。

（3）表参道再生的启示

表参道从一条参拜祭祀的林荫路，发展成如今闻名遐迩的商业街（表 2.16）。成为历史街区再生的“楷模”。这其中有历史的偶然性，但其发展模式也确实给人不少启示。

除了原宿区厅舍（相当于区政府）拥有多年来表参道建设情况的基本资料，包括地图、商业分布、店铺统计以及景观设计图文等，众多的民间组织也掌握了更为丰富多彩的资料：既有专门成立保护同润会公寓的网站，也有在表参道开店的店主们自发成立的宣传性网站，还有表参道导游购物类网站等。此外，生活类杂志也异常活跃。每月一期的《AOYAM——PRESS》报道青山地区的最新发展情况，定期举行沙龙，邀请建筑师对街道、建筑进行品评，搭建了专业与民间、街道设计与街道使用的桥梁①。综上所述，对表参道各方面的观察和分析，可以得出这样的结论：一条充满活力的街道既是顺应自然规律、历史沉淀的结果，也是官方、民间、建筑师长期共同努力的结果。

表 2.16　表参道的发展历程

时间	大事件
1920—1922 年	明治神宫建成，修路植树
1923 年	关东大地震
1927 年	同润会青山公寓竣工
1945 年	战败后，周围驻扎美军
1960—1970 年	1964 年东京奥运会后，新新人类“原宿组”游荡在大街上
1970—1990 年	成为日本年轻人巡礼的时尚圣地，1974 年成立“原宿表参道榉树商业会”
1990—2004 年	成为世界奢侈品牌名店街，Louis Vuitton、Prada、Christian Dior、Tod's 纷纷进驻
2004 年至今	同润会青山公寓改建竣工，表参道之丘落成

来源：http://www.omotesandohills.com/

表 2.17　同润会青山公寓改建历程

时间	事件
1927 年	同润会青山公寓竣工
1968 年	开始重建青山公寓
1998 年	邀请安藤忠雄设计
2001 年 4 月	成立神宫前四丁目地区市区再开发准备组合
2002 年 3 月	决定有关开发事业的城市规划
2002 年 10 月	成立神宫前四丁目地区市区再开发组合
2003 年 3 月	批准有关开发事业的权利变换计划
2003. 年 8 月	工程开工
2006 年 1 月	建筑物竣工

来源：http://www.omotesandohills.com/

图 2.31　榉树是表参道的象征

维护表参道整体发展的民间组织是——“原宿表参道榉树商业会”，成立于 1974 年，是一个由街道商家共同组成的非营利组织。现在的成员有 215 家公司、800 个加盟店。榉树会以

① 邹晓霞 . 商业街道表层研究［D］. 北京：清华大学，2006

“维护街道环境，给造访者带来乐趣”为目的，立志守护表参道的独特魅力。1993—1997年间，榉树会参与了“表参道景观整备工程”，完善了街道的景观设施，包括花岗岩铺装、景观小品、街灯、护栏、电话亭、垃圾箱、指路牌等。最终榉树会负担了工程费用的30%，并常年组织美化、宣传表参道以及组织街道文化生活等方面的工作。

1921年，伴随明治神宫的营造工程，表参道上种植了201棵株径4.5厘米的榉树苗，在战争与台风破坏后，只留下11棵（80年以上树龄）榉树，其余为战后补栽（60年以上树龄）。现在163棵榉树和5棵银杏树是表参道的象征（图2.31）。榉树会从1981年起，依次为它们做了体检，并采取相关措施。

对于同润会青山公寓的改建工程，各方态度均是认真谨慎。从工程接手到开工，安藤就花了10年的时间，在创作、调整工作中投入大量精力（表2.17）。最终的方案对“榉树”和“同润会公寓”都表示出极大的尊敬。建筑地面高度不超过榉树，并在一角重现了一栋同润会公寓，力图将“都市的记忆”这一概念融入这个商业与住宅复合的建筑中。

2.3.5 城市：奇观现象

“奇观”的概念源自德波的《奇观社会》，对奇观与消费、符号的关系见后文论述。本节重点在描述城市景观中的奇观现象。

1）奇观之城——迪拜

20世纪50年代，迪拜还是阿拉伯湾一个朴素的海滨小镇，之后因石油而富庶，发生了脱胎换骨的变化，并大力发展旅游业。据迪拜旅游局统计显示，2018年入境迪拜过夜的国际游客数量为1 592万人次，同比增长0.8%。迪拜政府希望2020年吸引的国际游客数量达到2 000万人次[①]。如今迪拜人雄心万丈，做什么都力争世界之最，以创造众多商业神话著名，从全球唯一的七星级酒店——迪拜帆船酒店、世界最大的人工室内滑雪场，到号称世界第八大奇迹的全球最大人工岛、全球第一高楼、世界最大的游乐园、世界最大人工港、世界第一座“太阳城”，还有不久将兴建的世界最大机场。占了9大世界之最，迪拜因此被世人誉为“沙漠中的奇迹之城”。

在20世纪90年代，迪拜所有的沙滩均被开发，发展遭遇瓶颈。如何在这个海岸线只有72公里长的酋长国产生更多滨海区？填海成为当然的解决方案。棕榈树的概念源自迪拜的传统文化，几何形状能最大限度地延长海岸线，将使阿联酋的海岸线增加120公里，增幅166%。棕榈岛工程由朱迈拉棕榈岛（The Palm，Jumeiram）起步，填海工程于2001年8月开始，但工程规模很快被扩大，由原来的一个岛屿群逐步扩大到4个，增加了阿里山棕榈岛（The Palm, Jebel Ali）、代拉棕榈岛（The Palm, Deira）和世界岛（The World）（图2.32）。所有的岛屿全部由人工喷砂填海完成，岛上总共将建造1.2万栋私人住宅和1万多套公寓，上百家豪华酒店、主题公园、餐馆、众多的码头以及无处不在的购物中心。此外，一个水下酒店、一栋世界上最高的摩天大楼、一处室内滑雪场、一个与迪拜城市大小相当的主题公园，也在计划之内。迪拜和明星建筑师合作，建成或者在建一批地标建筑（表2.18），表述城市拒绝平凡、创造奇观的雄心。

① 东方网. http://news.eastday.com/w/20190225/u1ai12277289.html.

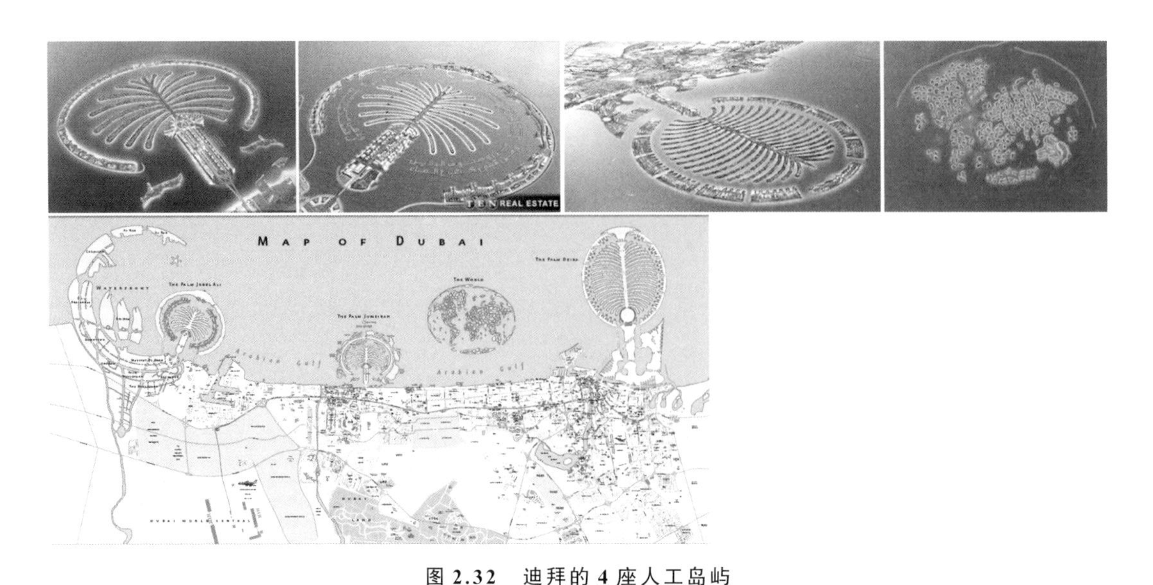

图 2.32　迪拜的 4 座人工岛屿

来源：http://www.palmjumeirah.ae/

表 2.18　迪拜建成及在建的部分奇观建筑

项目	设计者	备注
迪拜帆船酒店（BurjAl-Arab）	汤姆·赖特（Tom Wright）	世界上唯一的七星级酒店，将浓烈的伊斯兰风格和极尽奢华的装饰与高科技手段、建材完美结合
哈利法塔（Burjkhalifa Tower）	SOM	世界第一高塔，是迪拜成为世界之城的新标志
舞蹈大厦（Dancing Towers）	扎哈·哈迪德（Zaha Hadid）	利用了舞蹈动作的流动性的概念，将 3 座建筑融合成为一个整体
卡延塔（Cayan Tower）	艾哈迈德·阿尔哈	设计灵感来自人类 DNA 的双螺旋结构，每一层楼扭转 1.2 度，上升到顶端时，刚好扭转 90 度，使得顶楼与底层楼角度正好对齐，并且每间房间的视觉都是独一无二的
迪拜之框（The Dubai Frame）	费尔南多·多尼斯（Fernando Donis）	迪拜之框外表全部贴金，不仅提供了天际线的全景，还能看到迪拜塔等标志性建筑的景观。
Opus 大楼	扎哈·哈迪德	表达了一种雕塑性的情感，它重新创造了实体与虚空、不透明与透明、内部与外部之间的平衡
达·芬奇塔（Da Vinci Tower）	戴维·菲舍尔（David Fisher）	采取整合旋转、绿色能源和高效的建设，改变建筑传统的印象

2）奇观在中国

（1）摩天楼——高度追求

摩天楼一直都是都市现代化的标志性描述。短短的几十年，中国兴建了比许多发达国家百年积累下来的更大量的摩天楼。在目前已经建成的世界十大高楼中，位于内地的有 4 座（图 2.33）。它们已经不再仅仅是土地价值最大化的工具，而是成为都市中工作与生活的模式，具有了社会文化的意义。与其说高度的追求是为了最大限度地利用土地，不如说其所象征的现代化、财富与成就的消费欲望是追求高度的最大动力。无论是在政府、企业、开发商还是在大众的心目中，摩天楼永无止境地生长，成为现代化与富强的表征。每一个公司都希望以与众不同的摩天楼来表征企业形象，大众亦将高层作为城市中的一种视觉消费，甚至旅游消费，因此对于摩天楼更高、更大、更新奇的追求愈演愈烈。分析家指出，经济的发展，从一个成功的大型建筑推进了一个城市的基本“积累”，这比它是否是世界上最高的建筑物重要得多。吉隆坡的“国家石油公司双塔大厦”早就不再是世界上最高的建筑物，但它改变了世界对马来西亚和吉隆坡的看法。这也是摩天楼在中国掀起热潮的根本原因。

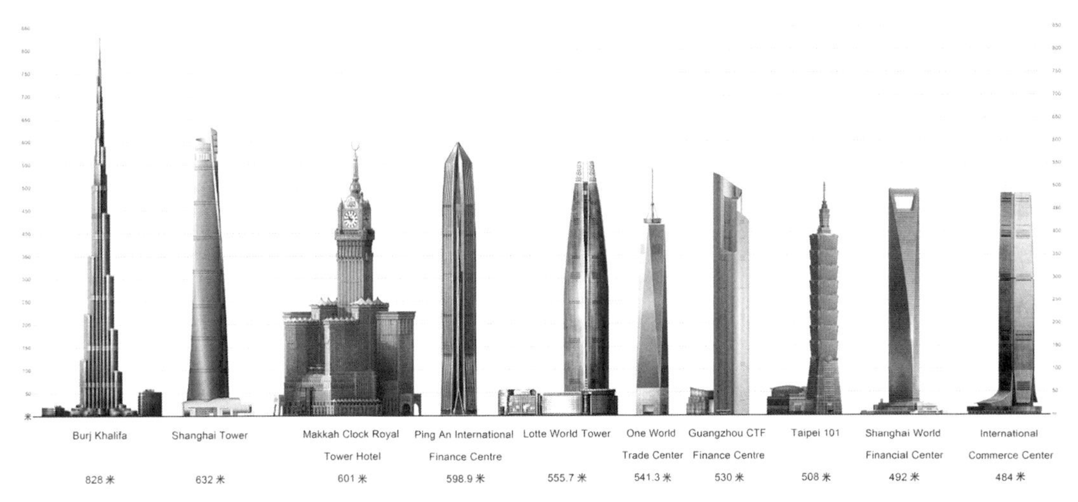

图 2.33　目前已经建成的世界十大高楼（至 2019 年）

来源：http://skyscraperpage.com/

全世界各个大城市建造摩天楼的竞赛已进行了一个多世纪。20 个世纪的竞争主要是在纽约和芝加哥之间进行。现在，亚洲成了一个建造摩天楼的新领地，中国摩天楼最集中地区是上海。从 1990 年以来，上海建成的高层建筑，足以填满曼哈顿很大一块地区（图 2.34，表 2.19）。

图 2.34　陆家嘴三大高楼

来源：http://www.gensler.com

表 2.19　陆家嘴三大高楼比较

名称	高度（米）	楼层（地上）	楼层（地下）	总建筑面积	落成时间	设计单位
金茂大厦 Jin Mao Tower	420.5	93 层	3 层	27.87 万	1999 年	美国 SOM 建筑设计事务所
环球金融中心 Shanghai World Financial Center	492	101 层	3 层	37.73 万	2008 年	美国 KPF 建筑事务所
上海中心 Shanghai Tower	632	121 层	0 层	38 万	2015 年	美国 GENSLER 建筑设计事务所

来源：http://skyscraperpage.com/diagrams/?cityID=6

根据近期的建筑发展情况，一些城市的摩天楼高度纪录保持时间越来越短暂。纽约的“帝国大厦”（Empire State Building）建成于 1931 年，保持高度世界纪录 40 多年。但建成于 1973 年的芝加哥“西尔斯大厦”（Willis Tower），保持世界纪录的时间下降到 25 年。现在，一个城市能够在 5 年内保持世界最高建筑物的纪录是幸运的。吉隆坡的“国家石油公司双塔大厦”（Petronas Twin Towers）建造于 1998 年，其高度为 452 米，仅在 6 年以后，就被“台北 101 大厦”（Taipei 101，高度是 509 米）超过。当“迪拜塔”建成时，“台北 101 大厦”仅建成 4 年便失掉了它的世界最高建筑的头衔。

今天以西方物质形式为代表的摩天楼正在迅速地改变着中国的城市景观。摩天楼是作为一个基本发展完善了的西方“产品”被引入中国的，我们接受的是其结果而不是过程，因此它作为富裕和权力象征的意义，图景被强化和放大，个体解放的表达被转化为集体愿望和象征——城市和国家的形象与实力。摩天楼并不是中国建筑自身技术发展的结果，而是对技术成果的引进和再生产，技术更多地成为象征意义表达的工具。中国摩天楼可以说是柯布西耶和库哈斯的模式的结合①。然而，根植于中国城市特定的政治和经济的条件下的运作，摩天楼事实上形成了中国式的功能模式，并回应着中国现代性的表达。摩天楼引发了城市国际化还是本土化的争论与忧虑，然而这种忧虑似乎并没有影响到实践领域里摩天楼的大量建造，也似乎无法阻止城市里对建造更高、更大和更奇特的摩天楼的狂热追逐。

（2）地标建筑

为了实现和世界的接轨，中国对国际上的新生事物抱有一种急切的企盼欲望。一些在发达国家不能实现的建筑思想和形式，反而在中国这样的发展中国家有实现的机会，形成一系列的地标建筑。地标建筑一般都包含以下特征：具有一个新颖的、高度概括的形式，使其能从城市众多建筑背景中脱颖而出；这个形象要更加有力，必须能产生隐喻的效果，即以某种方式使人产生联想，从而成为值得崇拜的象征物。在历史上，著名的地标建筑要数尤恩·伍重（Jorn Utzon）设计的悉尼歌剧院，它独特的形象引发了众多的争议和联想，40 年后，弗兰克·盖里（Frank Owen Gehry）为毕尔巴鄂创造了更大的奇迹，古根海姆博物馆的兴建将一个濒临绝境的小城转变为一个世界闻名的旅游胜地。“悉尼歌剧院神话”和“古根海姆效应”是

① 沈康，李扬．现代的幻像：中国摩天楼的另一种解读［J］．时代建筑，2005（4）：14-17

世界各地地标建筑热的主要动力和参照对象。

1998 年上海大剧院建成后，中国国家大剧院、广州大剧院、重庆大剧院、杭州大剧院、武汉大剧院……在各地组织的各种国际竞赛中纷纷高调登场（表 2.20，图 2.35），在“文化搭台，经济唱戏”的口号下，每个项目都以高额的投资、新奇的外观、先进的设备吸引着人们的眼球。

表 2.20　中国十大剧院（2013 年）

剧院名	落成时间	总建筑面积（平方米）	设计师	外观
首都剧场	1954 年	1.5 万	林乐义（中）	欧式、俄罗斯风格
上海大剧院	1998 年	6.4 万	夏邦杰（法）	天地之间、开放的宫殿
东莞玉兰大剧院	2005 年	4.0 万	卡洛斯·奥特（加）	旋转的裙摆
中国国家大剧院	2007 年	16.5 万	保罗·安德鲁（法）	外壳＋生命＋开放
武汉琴台大剧院	2007 年	6.6 万	黄捷（中）	琴键飞奔，水袖飞舞
广州大剧院	2010 年	7.3 万	扎哈·哈迪德（英）	圆润双砺，珠江边的两块石头
青岛大剧院	2010 年	8.7 万	麦哈德·冯·格康（德）	两架白色钢琴
甘肃大剧院兼会议中心	2011 年	3.2 万	郭杰（中）	黄河水
山东省会大剧院	2013 年	13.6 万	保罗·安德鲁（法）	岱青海蓝，三股水“涌”出地面
大连国际会议中心大剧院	2013 年	14.7 万	蓝天组（奥地利）＋大连市建筑设计研究院	海水的形状＋波浪的动感

来源：2013 年“第十届艺术节剧院建设与综合运营高峰论坛”

图 2.35　按照表格 2.20 顺序由左至右排列

来源：各大剧院官方网站及政府官网

近十余年来，在世界各地包括中国，陆续出现了一座座地标性建筑，它不仅功能影响面广，意义重要，而且规模宏大，造型新颖、奇特。有学者以调侃的方式用“跳逍遥舞、乱照相”（表 2.21）加以概括总结。

被媒体称为“四大奇观建筑”的“鸟巢”“水立方”“国家大剧院”“CCTV 新大楼”无不在此描述之中。总结起来，地标建筑往往有三个关键因素：新颖、奇特的建筑外观，明星建筑师的参与和大众媒体的炒作。一方面，“新、奇、特”的形象能吸引媒体和大众的广泛关注，引发注意力经济效应，对政府或是开发商而言，地标都是刺激经济增长并行之有效的文化策略；另一方面，地标应该被视为传统社会那些公共纪念碑的当代形式，它是信仰世俗化的一种体现。应该说，在很大程度上，地标建筑是作为资本和权力的象征符号而兴建起来的。在《癫狂纽约——曼哈顿的宣言》中，库哈斯曾为全球资本主义描绘过一幅城市图景——一群形式各异、互不相干，宛如超现实主义雕塑的高层建筑，这无疑也是对地标建筑的一种写照。

表 2.21　地标建筑的特点

跳	出挑、超级悬挑
逍遥	切削、摇摆、旋转、扭曲、错位、滑移
舞	舞动、流动、动感
乱	杂乱、无向度、怪异、不可理喻
照	罩、笼罩、包络
相	象形、象征、寓意

来源：曾繁智．跳逍遥舞 乱照像：当前地标性建筑形象特点简析［J］．建筑技术及设计，2005（12）：112–117

2.4 小结

随着“购物”转变为“消费体验”，非物质形态的商品在消费中占据了越来越重要的地位，城市传统的商业空间由此扩大并形成现代消费空间。消费文化在整合了现存的消费空间后，进而作用于城市景观。消费文化在城市景观的生产、中介以及消费三个阶段对不同的主体发生作用，致使城市景观产生与以往不同的新特征。从公园到住区，从街区到城市，消费文化影响下的中国当代城市景观新现象主要反映的是经济、社会、文化转型的结果，由于消费文化的超前性和移植性，中国经济、社会和文化发展的不一致性，中国当代城市景观呈现更为集聚、混杂、片断的图景。

在理清城市景观的表面现象之后，接下来又面临一个新的问题——“消费文化如何影响城市景观？”这就需要从景观与文化的对应关系出发，透过城市景观的表面现象，挖掘背后的文化本质。

3　城市景观的文化诠释

文化是历史的积淀，它存留于建筑间，融汇在生活里，对城市的营造和市民的行为起着潜移默化的影响，是城市和建筑的灵魂。

——《北京宪章》

3.1 景观与文化

3.1.1 景观的文化内涵

1）文化的内涵与结构

在西方，“文化”一词来源于拉丁文 cultura，原义是指农耕及对植物的培养。后来一般指对人的身体、精神，特别是艺术和道德能力及天赋的养成；同时也指人类通过创造性的劳动所创造的物质、精神和知识财富的总和。进入 20 世纪以后，文化的概念产生了新的含义和用法，英国文化批评学家雷蒙·威廉斯（Raymond Williams）在其著作《漫长的革命》中，对“文化”的定义或内涵进行了归纳[①]。

其一是理想性定义，文化是指人类的完美理想状态或过程。

其二是文献性定义，文化是指人类的理智性和想象性的作品的记录，即凡是人类创造的理智的或想象的成果，如文字、绘画、雕塑、音乐、历史、修辞、语言等都可以称之为文化。

其三是社会性定义，文化是指有关人类的特定生活方式的描述，它将文化的内涵扩展到群体的整个生活方式。

在有关文化的结构的理论中，美国文化学家莱斯特·阿尔文·怀特（Leslie A White）的理论无疑是富有启发性的。怀特认为，如果把人类看成一个整体，那么同样可以把各种文化也设想为一个整体——人类文化系统。在这个系统内，可以区分出以下三个亚系统[②]：

其一是技术系统，由物质的、机械的、物理的和化学的仪器以及使用这些仪器的技术构成，人类作为一种动物，依靠技术系统使自身同大自然的生息之地紧密联系。

其二是社会学系统，由人际关系构成，这种人际关系是以个人与集体的行为方式来表现的，在该系统内有社会关系、亲缘关系、经济关系、伦理关系、政治关系、军事关系、教会

---

① 约翰·斯道雷. 文化理论与通俗文化导论［M］. 杨竹山，等译. 南京：南京大学出版社，2006

② 夏建中. 文化人类学［M］. 北京：中国人民大学出版社，1997

关系、职业关系、娱乐关系等。

其三是意识形态系统，由思想、信仰、知识构成，它们是以清晰的言语或其他符号形式表现的，其中包括神话与神学、传说、文学、哲学、科学、民间智慧以及普通常识。

三者之间是相互贯通的，每一个亚系统影响着另外两个亚系统。不过，各个亚系统在人类文化系统中的作用是不一样的。底层是技术的层次，上层是哲学的层次，社会学的层次居中。技术的系统是基本的，社会系统是技术的功能，而哲学则在表达技术力量的同时反映社会系统。

威廉斯与怀特对文化或文化结构的理解，有助于我们加深对景观文化内涵的理解。自下而上，文化被分成了物质、制度、精神三个层次。而文化与城市景观的相互作用，也按照结构层次关系，体现在三个层面。

2）景观的文化结构诠释

“城市景观”与“文化”之间具有亲密关联，既可以说城市景观是人类文化的产物，同时又是人类文化的载体；而文化则是城市景观得以发展的内在力量和品质。文化不仅通过城市景观来反映，而且还改变着城市景观，二者在一个反馈环中相互影响。对城市景观而言，物质层面是文化的“外貌”，是文化的功能发挥的物质基础；而制度层面是“骨架”，为哲学、观念的体现与景观社会功能的发挥提供保证；精神层面是景观的“灵魂”与“内核”，统帅制度与形式，把握物质形态。

（1）物质层面——材料与技术

物质层面指具体的景物，是城市景观的表层，是文化发挥各种功能的基础，往往受时空条件的限制。在特定的时代和地域内，人们可以获取或者使用的物质景观是受限制的。物质层面受科学技术发展的影响，景观技术与材料不断更新，景观要素形式逐渐多样化、科学化。“生活方式是文化的内容”，即强调生活方式作为文化物质基础的重要。

生活方式是城市景观演变的物质基础，包括社会成员通过学习而获得的能力和日常习惯。对于城市景观而言，能力体现在工具、材料、地方建筑构造等技术方面；习惯则产生了空间地域特征及文化多样性。科学技术日新月异，生活方式不断改善。物质层面是城市景观中最活跃的元素。

（2）制度层面——形式与结构

制度层面落实在城市景观上，表现为形式、结构、形态、布局等。物质和价值在该层面上得以结合，深层的价值观念在表层物质形态表现出来，通常也称为“心物结合层”。对城市景观的意境、文脉研究均属于该层面。制度层面是景观设计师关心的重点。

城市景观的制度层面是具有双重属性的。一方面，城市景观结构、形式、形态、布局构成了城市景观的物质实体，其背后承载着城市的历史文化发展；另一方面，城市景观也存在于人们的头脑中，人们通过各种途径形成对城市的印象。这些途径可以是亲身体验，也可以是通过互联网、电视、电影、报刊、书籍和杂志等媒介而在头脑中再现。它不仅局限于人们所亲眼看到的物质的城市，它还是“看的方式”。

（3）精神层面——价值与意义

精神层面指有关价值观念、思维方式等深层的意识层面，是价值观念在景观中的反映，它具有很强的独立性和延续性，是景观文化的相对稳定层面。一旦价值层面发生变化，影响是深层与广泛的。城市景观不仅反映了一定历史时期人们的经济价值，而且反映在整个历史过程中形成景观的那些精神价值、伦理价值和美学价值等。可以说城市景观也是意识形态的表现。

“文化尤以价值观最为重要”，因为价值观起着行为取向、评价标准、评价原则和尺度的作用。价值观念是城市景观演变的精神动力。凯文・林奇（Kevin Lynch）在《城市形态》[①] 中，提出价值观在空间领域的功能就是评价和决策，林奇认识到城市过于复杂，是因为城市人口有着太多不同的文化背景。文化对于城市的回应，都免不了要用好或坏的标准，于是他提出了价值标准这一概念，并试图找出实体环境形态与价值标准之间的关联。

值得指出的是，景观的文化背景虽然客观存在，但城市景观的文化意义却是由人们的感知来塑造的。并且不同时代，人们的感知、认识、美学准则和价值观念的变化，体现出的城市景观的文化意义也不尽相同。

上述景观的三个层面，并不是孤立地存在，而是相互影响、相互作用、互相联系的，它们共同形成了一个有机整体。

3）人与景观文化的关系

如果说景观是一个主、客体相互结合的过程，那么景观文化作为主体的人与客体的景物之间的联系中介，需要从以下几个方面来理解。

一方面景观文化实际上就是人类价值观念在景观建造过程中，人们所获得的能力和景物；而另一方面景观使用者在使用景观的过程中，受景观传达的文化意识的影响逐渐地被塑造成拥有该种景观文化意识的“文化人”。因此，人与景观文化的互相促进包含两个过程——建造过程与使用过程。建造过程中，人类不断地熟悉物质、掌握技术，了解如何建造，使之满足自身的需求，体现社会观念意识、民族特性、地域特性等，也就是说创造了景观文化。使用过程是景观文化对使用者和观赏者的反作用过程，它影响人们的生活方式、思维方法，塑造人们的社会观、价值观。建造过程和使用过程的共同作用，使得景观文化得以传承和持续。从物质、技术、制度到价值观念、思维方式等多个层面，景观包含丰富的文化内涵。同时，景观文化受多种因素的影响，如政治、经济、社会形态、科学等。

3.1.2 消费文化的构成

如前文所述，消费文化是指在一定的历史阶段中，人类在物质与文化生产、消费活动中所表现出来的消费理念、消费方式和消费行为的总和，包括影响现代人生活伦理、观念、价值的消费主义文化意识形态。不同的历史阶段，消费文化有不同的内涵。消费文化作为一种社会文化现象，一方面，它是建立在一定的社会经济基础之上，并受上层建筑所倡导或限制的，因而与社会的宏观结构相联系；另一方面，消费文化又直接渗透到人们的生活方式之中，对后者有着导向和定位作用，因而又与人们的微观生活行为相联系。

消费早已不再是一种满足物质需求的简单行为，它同时也是一种出于各种目的需要对象征物进行操纵的行为。在生活层面上，消费是为了达到建构身份、建构自身以及建构与他人

---

① 凯文・林奇．城市形态［M］．林庆怡，等译．北京：华夏出版社，2001

的关系等一些目的；在社会层面上，消费是为了支撑体制、团体、机构等的存在与继续运作；在制度层面上，消费则是为了保证种种条件的再生产。从这个意义上说，被消费的东西并不仅仅是物品，还包括消费者与他人、消费者与自我之间的关系[①]。可以说，消费文化尤其是消费主义造就了一种不同于传统社会结构的别样的社会形态。在这个通常被称之为“消费社会”“后工业社会”或“后现代社会”的文化中，似乎一切特权和区分都被消解了。高雅与通俗、艺术与生活、艺术品与商品、审美与消费，传统的边界断裂了。

“消费文化”还有许多变种的称谓，如“大众文化”“市井文化”“娱乐文化”“商业文化”“视觉文化”“媒介文化”等。显然在每一种运用的情形里，对于消费文化一词的理解都有所不同，每一种运用的情形以及它的每一种变种的称谓都揭示了消费文化的某一方面的特性，由此也从另一方面说明了消费文化内涵的复杂性。不同概念的提出，并非是研究的对象发生了根本变化，主要是研究的视角和立场有了转变。消费文化的研究对象可能就是上述的部分或全部，重要的是这里突出与强调了商品世界的结构化原则与符号化使用。

身为时代的预言家，麦克卢汉（Marshall McLuhan）认为：“文化（在严肃的领域）已被颠覆资产阶级生活的现代主义原则所支配，而中产阶级的生活方式，已被享乐主义所支配，享乐主义摧毁了作为社会道德基础的新教伦理。严肃艺术家所培育的一种模式——现代主义，文化大众所表现的种种乏味形式的制度化，以及市场体系所促成的生活方式——享乐主义，这三者的相互影响构成了资本主义的文化矛盾。”[②] 揭示了消费文化及消费主义价值观对社会具有颠覆性影响。

若要触及消费文化的矛盾本质，首先要分析它对社会产生了哪些影响？其颠覆性体现在哪些方面？改变的重点往往最能体现矛盾的焦点，消费文化及消费主义价值观是这些改变背后的全部或部分动力。那么，发生在近几十年文化领域最重要的变革到底有哪些呢？理清思路后，以下三种重要变革便跃然纸上：精英文化→大众文化；旧媒介文化→新媒介文化；语言 / 文字文化→视觉文化。

因此，本书认为大众文化、媒介文化、视觉文化是消费社会文化的最重要组成部分（图 3.1），三者分别从人、技术、感知三个视角对消费社会的文化现象加以研究。三种文化变革的产生到发展具有“如影随形”的亲密关系，三者的研究内容有大部分重叠，并且相互依存、相互影响、相互作用，共同组成了消费社会的文化图景。哪怕在着重分析其一时，都不可避免要涉及另外两者。

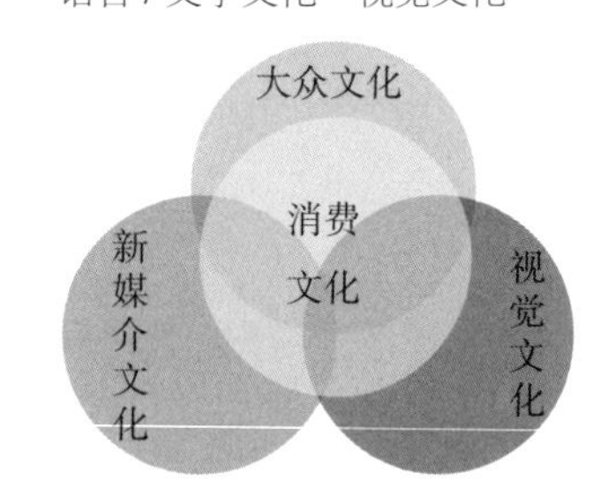

图 3.1　消费文化的构成

3.1.3 城市景观与消费文化的对应

城市是大众生活的场所、是媒介指涉的焦点、是人类感知的重点，对城市景观的描述表达了人们对城市的一种认知。描述的重点并不局限于物质层面对城市及其生活的客观反映，

① 包亚明．消费文化与城市空间的生产［J］．学术月刊，2006（5）：11

② 丹尼尔・贝尔．资本主义的文化矛盾［M］．赵一凡，译．北京：生活・读书・新知三联书店，1992

更在对城市及其景观价值层面的意义探寻。

城市常被看作是一幅地图，社会特征不同的各种机构有机地分布其中，活动、居住与迁移也有着固有的模式。人们根据经济、政治、文化等原则来分配城市资源、组织城市格局、营造城市景观，形成既相互依赖又有所区别的社会存在方式和生活方式。

前文论述了文化在物质、制度、精神三个层面赋予景观内涵。城市景观的营造是在价值观念、生活习惯以及审美情趣的操纵下进行的，在消费文化和消费主义价值观的支配下，城市景观的物质与制度层面悄然发生变化，人、技术、感知三个视角主要体现在大众性、媒介性、视觉性三个方面（表 3.1）。

表 3.1 消费社会中的文化变革及城市景观具体表现

	1	2	3
变革	精英文化→大众文化	旧媒介文化→新媒介文化	印刷文化→视觉文化
层面	主体（人）	技术（媒介）	感知方式
社会事件	波普艺术	新媒介（网络媒介）产生	影像暴力
文化模式转变	理性文化→快感文化	时间模式→空间模式	话语中心模式→图像中心模式
客体（景观）新特点	大众性	媒介性	视觉性
城市景观具体表现	娱乐性 流行性 主题性 审美泛化	空间意义转变 制造消费空间 数字化 同质化	图像→影像→数字 表皮性 景象化 影像暴力与交流危机
矛盾焦点	深度→平面 时间→空间 整体→碎片		

3.2 城市景观的大众性

在消费文化影响下，城市景观的大众性主要表现在消费主体——大众审美需求的变化。大众对理性的摒弃，对快感的追求，导致了城市景观对娱乐、流行、主题的追求，并引发城市景观的审美泛化倾向。

3.2.1 精英文化→大众文化

大众文化是与社会生产大工业相伴而生的文化工业的产物，具有一定的商品性。它依存于高科技的传播媒介（包括广播、影视、多媒体、报刊、出版发行等），受众具有全民性和普泛化，功能以娱乐性为主，是把流行、民主和机器结合为一体的一种文化。

大众是这一文化的主要受众，这一个历史范畴是市场经济的产物。同质性是大众最突出的特征，指人在个性被消解之后，彼此之间表现出明显的一致性或相似性。这种同质性的形成，源于现代社会科学技术突飞猛进的发展。现代技术产生了一个精密的运输和交往网络，使社会的各个部分得以经常联系和接触。个人比任何时候都更依附于社会，或者说被整合进社会。在日趋标准化和同一性的社会生活中，个人逐渐成为大众，成为被操纵的社会原子和单位。大众是“平均的人”“彼此没有差别的人”，拥有一种共同的社会特质、共同的欲望、共同的趣味和共同的生活方式。

“大众文化”的对立面是“精英文化”“高雅文化”。它以文化或受教育程度较高的少数知识分子为受众，旨在表达他们的审美趣味、价值判断和历史使命感。大众文化与高雅文化有着特定排他性关系和对抗关系，处于一个对立的文化格局。

首先，内外差异。精英文化是自律的，而大众文化是他律的。自律性的精英文化关注人类的命运和终极价值，以及对现存社会的反抗和颠覆功能。而他律性的大众文化则关注商业价值，并有可能潜在地维护现存制度。文化朝着“类物本质”转变，越发具有“商品的拜物特征”。

其次，趣味对抗。趣味是一定文化内在属性的具体特征，它不但表现为个体的判断力与选择，而且更集中地昭示了群体乃至某种亚文化的共性。精英文化旨在创立和维护某种优秀规范及标准，大众文化旨在创造短暂流行的时尚，以实现其商业价值的必然要求。因此，两种文化各有其不同的话语形态，前者可称之为“雅趣”，后者称之为“俗趣”。精英文化追求的是内在的创造性、个性风格和历史意识，因而形成了不断超越自身的内在动力。大众文化与此相反，它是一种可复制的话语，它服从市场运作的内在规律，形成了标准化、无个性、程式化和媚俗等特征。

最后，文化形态不同。一般来说，精英文化是一种严肃文化，其道德关怀和审美追求通常构成了它对现存文化的反思、批判和重建功能。大众文化是一种体现出他律的商业文化，它往往起着维护现存文化、助长消费主义意识形态、强化消费文化霸权的功能。

城市作为聚集性场所，其大众性是不容回避的一个特质。城市的发展已经离不开大众的参与，或者说大众已经在某种意义层面成为城市发展的舵手。受大众传媒的影响、与日常生活紧密联系、迎合大众心理的建筑观正改变着城市景观的外貌。表演性、体验性、娱乐性、流行性是消费时代城市景观的真实写照。城市景观以大众为服务对象，注重大众心理研究，表现出它易于理解、无主无从、共娱共乐、自我体验和共同参与的平民化倾向，但也容易流于媚俗庸俗路线。

3.2.2 波普艺术

新兴艺术家致力于对大众文化的关注，他们努力要把“大众文化”从娱乐消遣、商品意识的圈子中挖掘出来，上升到美的范畴中去，这就产生了“波普艺术”。波普艺术，兴起于 20 世纪 50 年代初的英国伦敦，60 年代中期盛于美国，并以纽约为中心，逐渐在欧洲、亚洲等地广为流传。

从艺术的发展史来看，波普艺术是对 50 年代占统治地位的抽象表现主义的精英观念做出的回应。1956 年在怀特查波尔艺术画廊举行的展览“这就是明天”中，理查德·汉密尔顿

图 3.2 理查德 · 汉密尔顿：
是什么使今天的家庭如此独特、如此具有魅力？
来源：http://www.artknowledgenews.com/

（Richard Hamilton）展出了他的一幅拼贴壁画的照片《是什么使今天的家庭如此独特、如此具有魅力？》(Just What Is It That Makes Today's Home So Different, So Appealing)（图 3.2）， 他的这幅题目冗长的拼贴画是英国第一幅波普艺术作品，将目光投向日趋发达的商业流行文化，用极为通俗化的方式直接表现物质生活。在一个“现代”的室内，那里有许多语义双关的东西：波普这个词写在一个肌肉发达、正在做着健美动作的男人握着的棒棒糖形状的网球拍上，上有三个很大的字母“POP”，“POP”既是英文棒棒糖“lollipop”一词的词尾，又可以看作是“流行的、时髦的”(popular）一词的缩写（有人据此认为这是“波普”一词诞生的由来）。汉密尔顿用这样的词汇定义他创作波普艺术的素材和方式：通俗的（为大众而设计）、短命的（稍现即逝）、消费性的（易被忘却）、廉价的、大批量生产、年轻的（为都市青年而生产）、诙谐的、性感的、噱头的、刺激的、大企业的……①

波普艺术尝试新的材料、新的主题与新的形式，以流行的商业文化形象和都市生活中的日常事物为题材，创作手法也往往反映出工业化和商业化的时代特征。波普艺术作为对抽象表现主义的反动，作品中往往使用超级写实的手法，或者干脆就采用印刷、黏贴创作作品，因而带有许多时代性的符号：在安迪 · 沃霍尔的作品中，无论是可乐瓶子、罐头盒还是彩色的玛丽莲 · 梦露（图 3.3），都让大众产生既熟悉又惊异的情愫。此外，饱和以及强烈对比的色彩、逼真到甚至夸张的形体、堆砌的符号都满足了现代人对信息的渴求。

图 3.3 安迪 · 沃霍尔的作品
来源：http://www.warhol.org/

① 1959 年，汉密尔顿在伦敦的当代艺术学院发表演讲，这篇演讲的缩略发表在 1960 年 2 月的《设计》杂志上。

波普倾向的城市景观就如同波普艺术的拼贴画，它是时尚的、片段的、多元的、可以随意更换的。相对于理想城市，波普的城市是包容性的，不拒绝任何内容、形式和语汇；相对于被历史主义包裹的城市中心，波普的城市是不定型且灵活的。

在波普的世界里，天空总是蓝的，商品和服务总是应有尽有，主妇总是笑容可掬，乐观主义的情绪不仅表现在艺术与图形中，也反映在城市景观中。第2章分析的主题公园就是景观设计与商业、旅游业、娱乐业联姻的产物，是波普艺术在城市景观中最显著的投射。除了主题公园之外，波普的影响也渗透到城市景观的各个方面。常常以强烈对比的色彩、夸张的尺度、堆砌的符号，使大众在娱乐的同时获得超度饱和的信息量。

图 3.4　新奥尔良的意大利广场

来源：http://www.waymarking.com

1980年查尔斯·摩尔（Charles Moore）为新奥尔良的一个商业和工业综合区设计的意大利广场（Plaza D'Italia），他以历史片断的拼贴、舞台剧似的场景、戏谑式的细部处理，赋予场所“杂乱疯狂的景观”体验。广场地处市区边缘的意大利裔居民集中地。它的中心部分开敞，一侧有带有拱券的祭台，祭台两侧有数条弧形单面采用不同罗马柱式的“柱廊”，祭台下部是呈不规则形的台阶，前面有一片浅水池，池中是石块组成的意大利地图模型。设计中还吸收了附近一幢摩天大楼的黑白线条，将之变化为一圈由大而小的同心圆，范围到达周围的马路上，增强了广场的领域感。广场上的这些形象明确无误地表明它是意大利建筑文化的延续，但设计师却加入了象征美国通俗文化的蓝色和橙色霓虹灯，还对罗马柱式做了戏谑的改动，如用闪亮的不锈钢、水泥、氖灯管组成的镜面材料来代替石头柱身，降低了古典柱式的庄重性（图3.4）。与波普艺术一样，也有人讽刺这个五颜六色又加上霓虹灯照明的环境显得滑稽且老套，但是它的热情欢快感染着使用人群。

3.2.3 城市景观的娱乐性

在1930年的新感觉派文艺刊物《新文艺》上，曾登载过一篇署名“迷云”，题为《现代人底娱乐姿态》的文章，以饱胀着热情的辞色，对这种文化形态进行了礼赞：

娱乐，这个写在过去的历史中不知道受过几许世间的白眼和凌辱——好一个有决断力的，壮胆的，幽秘着魔术似的，并且包满着肉底表现呀！

半世纪以前连影子都未曾出现过的新时代的产物——银幕，汽车，飞机，单纯而雅致的圆形与直线所构成的机械，把文艺复兴时代底古梦完全打破了的分离派底建筑物，asphalt的道路，加之以彻底的人工所建造的街道，甚至昼夜无别的延长！我们的兴味癫狂似的向那个目标奔驰着。

SPORTS，侦探小说，短篇和小品上的嗜爱——这也是求着极点之刺激的我们心境的一断片。

生命是短促的。我们所追求着的无非是流向快乐之途上的汹涌奔腾之潮和活现现地呼吸着的现代，今日，和瞬间。富于生气的，原色而壮丽的大协调！

（迷云：《现代人底娱乐姿态》，载《新文艺》一卷第六号）①

艺术欣赏需要付出努力，艺术需要感觉，为的是服务于心智与灵魂。娱乐当然也需要心智，但它仅仅服务于直觉和感情，这似乎是一种被动的反应，快乐便是它的回报。以大众为受众的城市景观设计越发注重愉悦，强调可娱乐性，注重公众参与、行为体验和多元化表达。在这些方面，拉斯维加斯无疑是一个典范。

图 3.5　拉斯维加斯的夜景

来源：http://www.visitlasvegas.com

算起来，“向拉斯维加斯学习”的口号也有四十多年的历史了。这是一座花俏、俗气，由消费符号堆砌的城市，处处充斥着舞台场景与演出道具。这里不存在需要运用经验、知识、文化素养、专业训练来分辨的美学关系。种种现象似乎都预示了这座城市的失败，但是事实相反，拉斯维加斯是一座成功的城市，“娱乐之都”的审判权掌握在消费者（市民与游客）手中，他们才是这里的“上帝”。他们判断城市景观运用的是直觉，来自他们的第一反应，那是一种很简单的判断：“我喜欢。”

在这里，大众对环境的要求似乎都有一种“拉斯维加斯”的倾向——重视感官享受，不在乎教条原则。人们希望能看到与日常街景不一样的城市景观，希望能获得一种纯粹的感官享受，不必从中去体验优雅的空间，不必去思考某些主义与某些流派。甚至于对模仿和抄袭也毫不经意（图 3.5）。在他们看来，克隆一个别的城市中的漂亮立面实在是无可厚非。

在这个快节奏、高频率、加速度、大压力的现代都市生活的“跑马场”中，大众一直处于紧张的“耗尽”状态。在精神与体力深度透支的时候需要宣泄情感、松弛神经。于是，享乐主义的心理起主导作用，成为不少娱乐场所的环境所要表达的主题。城市景观的任务是传递大众喜闻乐见的信息，最好是可远观亦可近玩。

---

① 王文英，叶中强．城市语境与大众文化：上海都市文化空间分析［M］．上海：上海人民出版社，2004

3.2.4 城市景观的流行性

“昨天我曾是你现在的样子，明天你将是我现在的样子”[①]，说的是流行的魅力。

流行是社会变动的一种表现形式，它提供一种把个人活动变成样板的普遍规则，但同时又满足了对差异性、变化、个性化的要求。流行不仅表现为一种物质样式、一种行为方式，更包含着一种意义、一种文化。它是根据历史变化着的各种代码、样式和符号系统制造出来的[②]。

对于城市景观而言，其流行元素可分为两个层次：一是景观形式自身的流行，如民族式、欧陆风、现代国际式、KFP 风格、白色派等；二是观念的流行，往往表现为一种理论思潮，如现代主义、后现代主义、极少主义，或建构、表皮等。流行离不开商品的销售与媒介的宣传，当前中国的城市景观适时地呈现出流行的样式不仅是时代的体制性产物，是建筑经济系统良好运转的动力，也是一种意识形态上的要求。城市景观要展现当今中国的现代性，一种崭新的、大都会的繁荣形象。

流行实现了从个性到共性的转变。流行的过程是事物中心——边缘地位的不断转化，是人们接受与反思不断进行的过程，对于在共性中寻求变化的流行景观，常会走入一个悖论：流行一面促进创新与个性，一面消解创新与个性[③]。先锋设计师不断在流行中寻求新的出路，促进城市景观整体的发展，流行消解经典的同时，又不断地创造出新的经典。走在时间最前沿的城市景观具有标志性，其他只不过是其跟随者。当一种新的形式出现并为大家接受和追随，成为一种流行时，这也就意味着其寿命终结日子的到来，同时意味着更新的形式即将出炉，新一轮的流行即将开始。流行就像一个新陈代谢的过程，永无停止地更新着自己的生命周期，好像“上河美墅”在焦虑与迷惘中选择变身为“运河边的院子”。

在一轮又一轮的流行潮流中，不断地有新的流行元素出现。城市化改造曾经呈现一种“多、快、好、省”的跃进时期，片面追求速度和变化。为了解决数量、质量和效率之间的矛盾，最务实的解决方式似乎是采用流行的语汇。加速更新的流行频率更使得城市景观呈现“混搭”的趋势，许多景物甚至还未建成就已经落后潮流了，落伍即被无情地抛弃，就像丢弃过时的服装一样。最糟糕的结果是整个城市变为一堆曾经流行、即将过时的大荟萃。

作为不同时代的见证，城市景观既有时间的向度，又具有空间的线索，它在社会的一体化与差异化之间不停地转换。而流行的何去何从，反映了一个时代或者一种风格被认可的程度。无论形式或思想的流行使其成为一种风格，还是自行没落和消失，都可以促使新的反思。城市景观每一天都在流行中改变，对流行的把握和体验是个体对自身与环境相互关系的确认，也是对自身存在的把握和肯定。黑格尔主张把过程本身视为目的，而不是为其他目的服务的手段。在流行中，城市景观与大众的体验在不断地更新，以期望获得新的生命周期。

---

① 罗兰·巴特. 流行体系：符号学与服饰符码［M］. 敖军，译. 上海：上海人民出版社，2000

② 苟志效，陈创生. 从符号的观点看：一种关于社会文化现象的符号学阐释［M］. 广州：广东人民出版社，2003

③ 谢天. 流行现象与当代中国城市建筑［J］. 中外建筑，2006（2）：25

3.2.5 城市景观的主题化

城市景观的主题化设计，就是赋予场地指向性明确的主题，运用景观手法围绕主题展开设计的一个过程。景观主题是景观设计的前提与统领，并贯穿整个景观设计的始终，主题一是表现在景观的形式上，即形象、空间组合、装饰、质地、色彩等；二是表现在景观的内容上，如生态性、功能性、文化性、舒适性、经济性等。它主要以文化复制、文化移植以及文化陈列等手法给城市景观注入文化附加值，迎合、满足消费者的好奇心，提高景点的参与性和互动性。

从开发商立场出发，主题就是对基于市场调研做出的市场定位而提出满足目标客户群需求的消费理念。是在规划、建筑、景观三个方面进行诱导设计，将项目地块潜在的最大价值发挥出来，同时运用成熟崭新的设计理念营造出一系列的"卖点"的过程。主题是用通俗、简明的消费者术语对消费场所或住区的品质、功能、价格、服务等方面的特殊的优势因素的概括。

消费文化支配的商业逻辑是追求利润的最大化原则，麦当劳的四大运作原则——效率（efficiency）、可预计性（predictability）、可计算性（calculability）及操控（control）①，恰恰也说明了主题的商业操控价值。迪士尼乐园就是一个最典型的"麦当劳化"（McDonaldization）机构，而其成功的关键全都体现在对"主题"的把握。是麦当劳所强调操控原则的一种再现，消费者进入这个主题场所之后，在反应、感受、行为上就要服从于场所的主题安排。主题往往就是卖点，它可以是一个纯粹吸引消费者注意力的噱头，也可以包含实际运作内容。可以说，消费者只要一步入这些主题场所，就只能束手就擒，被主题所操控。

在市场开发项目中，"主题化的消费场所"是最常见的类型，除了主题公园外，主题购物区、主题酒店、主题商场、主题餐厅，这种类型化的景观正被世界各地的大小城市复制。值得关注的是"主题化"的趋势正不断扩展，住区、街道、城市都可以被主题化。整个城市都仿佛是一个大主题公园，在媒介协助下，开始分门别类，各有主题。

在当前中国城市政府"经营城市"观念十分流行的宏观背景下，一方面，市民、游客对具有幻想、象征和娱乐色彩的主题环境需求日益增长；另一方面政府急于提高城市竞争力，塑造城市品牌，于是主题性环境的塑造已经成为一种趋势，"主题性开发"建设逐步成为一种潮流，从某种意义上说，已成为城市或区域的一种生存和发展策略。

在强调主题化的城市景观中，总是费尽心思营造"主题场景"，为了能让消费者产生体验的冲动。除了功能上的划分外，核心和主题的明确增强了场景的可识别性，也相应增强了大众进入的兴趣。空间形式、标记、建筑造型、场地铺砌等均可形成区域的特征。"场景设计不能独立而总是要特定地指向表演本身，去掉演员、观众等任何一个因素后的空间都不能算是真正意义上的'场景'。场景需要人去激发其中的潜能，一切悬而未决的因素都在人进入到这个神圣的空间时具有了动态的张力，找到了自身的位置，我们就是要找到这些位置和张力，它们才是场景设计的要旨"②。消费时代的城市景观强调"主题场景"，目的就是要取悦大众。

---

① 乔治・里茨尔．社会的麦当劳化［M］．顾建光，译．上海：上海译文出版社，1999

② 罗伯特・爱德蒙・琼斯．戏剧性的想象力［M］．王世信，译．台北：原点出版社，2009

在这个表演舞台的台前幕后，只有大众的存在，他们既是演员，又是观众，“表演的条件本身应被理解成为倾向于鼓励或期盼着偶然性和不稳定性”。对大众而言，“消费，再消费”是最终的鼓励或期盼。消费环境的成功塑造如同是一个有待阅读的文本，它是一个邀约或诱惑，它必须等待读者进入文本进行阅读，进入进而消费，其价值才能最终得以实现。

主题化的消费场所作为群体尺度的公共空间，以谋利和满足需求为目标。但是如果商业性成为唯一的表述内容，那它的公共性就会引起质疑，影响人们对于场所活动意义的理解，从而削减自身价值。因此主题化的消费场所借助“场景设置”，将不同用途的设施混合在一起，吸引多种消费群体和提供多时段的空间使用，从而客观上有助于激发高频率、高质量的交往活动，目的是营造多层次的场景，从而产生相对应的交往行为，依靠建筑、景观和人之间的相互交流和体验，避免“动机危机”。

在主题化决策的影响下，城市景观的创作过程成为可预计，尽量用非人工技术追求最佳资源配置。这些方式提高了工作效率，缩短了建筑产品生产的周期，节约了制造成本。主题的初衷是为了提高城市的个性与竞争力，但过度的主题设计却易造成城市文化的物化现象，反而形成城市景观的雷同。

3.2.6 城市景观的审美泛化

审美泛化就是日常生活审美化，是指审美从艺术领域向日常生活领域急速拓展的现象。它打破了审美活动与日常生活的界限，使得审美活动与审美要素大举进入日常生活空间，在极大丰富了审美内涵的同时，也使审美活动与生活的互动性更加突出。尤其随着媒介技术的高速发展、经济全球化的加速和消费文化的兴风作浪，审美迅速由过去封闭狭窄的精英文化走向广阔而具体的日常生活，而日常生活也借助艺术日益趋于审美化。其中审美客体不限于艺术作品，审美主体也不限于经过专业训练的文化精英。鲍德里亚把这一现象称为“超美学”，即美学已经渗透到经济、政治、文化以及日常生活当中，艺术形式已经扩散渗透到一切商品和客体之中，以至于从现在起所有的东西都成了一种美学符号。唯美主义者在一个世纪之前所梦想的日常生活的审美呈现已经成为司空见惯的现实，而且其形象化、艺术化的程度远远超出他们当年的想象。

迈克·费瑟斯通在《消费文化与后现代主义》一书中尝试在三种意义上谈论审美泛化的现象①。一是艺术的亚文化，即在一次世界大战和20世纪20年代出现的达达主义、历史先锋派和超现实主义，在这些流派的作品、著作及其生活事件中，追求的是消解艺术与日常生活之间的界限；二是指将生活转化为艺术作品的谋划，赞成享乐与体验，对标新立异持经验与试验的开放态度；三是指充斥于社会日常生活之经纬的迅捷的符号与影像之流。

在符号与影像大量复制和充斥的现实条件下，审美主体与客体、创造与接受的界限也日渐模糊。新型的都市消费空间得以快速成长起来，成为推行消费主义的一大阵地。消费主义将一切都纳入商品的领域，眼球经济的原则需要艺术审美的外衣来为所有的商品包装，而艺术同样不愿在物质消费的时代受到冷落，从精神殿堂走入消费场所，它装扮着消费品，也必

---

① 迈克·费瑟斯通.消费文化与后现代主义[M].刘精明，译.南京：译林出版社，2000

然成为消费品的一部分。

当这种审美取向作用在城市景观上，即借助大众传媒的发展与批量化的文化生产方式，着力追求审美的大众化、世俗化、感性化和享乐化，本书称之为城市景观的审美泛化。从某种意义上说，它也在一定程度上消解了传统艺术文化借助政治、意识形态控制等手段所确立的特权或领导权，突破了艺术审美的阈限，进而在审美感官层面上建立起了一个较为平等的关系。审美从艺术殿堂走入芸芸众生，美与艺术不再是精英阶层的专利，审美也不再局限于音乐厅、美术馆等传统审美活动场所，而是借助媒介技术逐渐普及化、民主化了。“顾客审美更加洗练”，普通人对建筑产生了兴趣，对城市景观展现前所未有的热情，艺术品位更加高尚。艺术审美由圣坛走向世俗，由少数人专有的精神特权变成普通人习以为常的精神消费。设计师变成大众文化的参与者和阐释者。

艺术经由设计被引入生活的整个层面，主体和事物的一切外观都趋向于美或风格化，从人的形体和形象到家居装饰，从服装设计到图书装帧，从产品设计到平面图像，从建筑设计到景观规划，“美”似乎成为共同的追求。汪洋大海般的影像和符号，生活和艺术的界限在消费社会已然消失，原本由艺术家承担并创作的启蒙性、拯救性的现代生活秩序已经崩溃。用费瑟斯通的话说是：“具有崇高艺术规则的、有灵气的艺术，以及自命不凡的教养，被‘折价转让’了。”①

3.3 城市景观的媒介性

从传者到受者，从信息到传播，人们需要一个中介或载体，这就是“媒介”。“媒介”（单数为 medium，复数为 media，也译“媒体”）的含义是使事物之间发生关系的中介体。媒介是承载传播的方式，并逐渐以技术的方式呈现，在不同的时期呈现出不同的形态。

城市景观的媒介性包含两层含义：一是城市景观受媒介全面及深入的影响；二是城市景观自身作为媒介传播信息。

3.3.1 媒介技术的发展

媒介技术发展可以归结为：技术再造传媒，媒介推动社会。媒介技术的演进，通常是由于可感知的需要、竞争和政治压力，以及社会和技术革新的复杂相互作用引起的。从历史演进上看，媒介技术的发展经历了口语媒介、文字媒介、印刷媒介、电子媒介和网络（数字化）媒介五个阶段（表 3.2）。文字的产生使人类告别了口耳相传的原始传播阶段，进入了文字传播阶段；18、19 世纪欧洲工业革命带动了印刷机械化，近代出版和发生的工业化奠定了大众传播的雏形，推动廉价报纸面向更为广大的受众；到了 20 世纪，电子技术的产生和进一步发展，电报、电话技术实现了远距离点对点的信息传输，广播、电视通过文字、声音、图像延伸人体的感觉器官；20 世纪后半叶，在现代科学技术发展的背景下，一系列新兴技术（如计

---

① 迈克·费瑟斯通. 消费文化与后现代主义［M］. 刘精明，译. 南京：译林出版社，2000

算机信息处理技术、光纤通信技术、卫星通信技术、无线通信技术、数字通讯技术、多媒体技术等）为媒介技术的飞跃式发展创造了条件，出现了新的媒介——网络传播。

表 3.2 媒介技术演进

<table>
<tr><th>发展阶段</th><th colspan="2">呈现与格式</th><th colspan="3">接受与限制</th><th colspan="3">流动与控制</th></tr>
<tr><td>口语媒介</td><td>一维</td><td>口头 / 表达</td><td>图像 / 声音</td><td>同时</td><td>交互</td><td>无中介</td><td>双向</td><td>参与者</td></tr>
<tr><td>文字媒介</td><td>二维</td><td rowspan="2">文本 / 可视</td><td>文字</td><td>半自由</td><td>半主动</td><td rowspan="4">有中介</td><td rowspan="3">单向</td><td>记录 / 寻访者</td></tr>
<tr><td>印刷媒介</td><td>二维</td><td>文字 / 图形</td><td>自由</td><td>主动</td><td>编辑 / 寻访者</td></tr>
<tr><td>电子媒介</td><td>三维</td><td>可听 / 可视</td><td rowspan="2">图像 / 文字 / 声音 / 图形</td><td>即时</td><td>被动</td><td>制造者 / 观众</td></tr>
<tr><td>网络媒介</td><td>多维</td><td>可听 / 可视 / SMS</td><td>同时</td><td>交互</td><td>双向</td><td>参与者 / 编辑 / 用户</td></tr>
</table>

注：SMS（Short Messaging Service）是最早的短消息业务，也是现在普及率最高的一种短消息业务。

网络媒介的独特之处在于：向上兼容性、普适性与多向互动。网络技术的外延又保证了信息的实时性、准确性、大容量、易检索和多通道传播。网络媒介扩展了传播范围，提高了传播速度和传播效率，它集报刊、广播、电视等媒介的优势于一身，使几乎所有的传统媒介都受到不同程度的挑战。其意义和挑战在于打破了传统的地缘政治、地缘经济、地缘文化的概念，形成了一个全新的以信息为中心的跨国界、跨文化、跨语言的开放性虚拟空间。

网络媒介的兴起和蓬勃发展还改变了人们的生活方式、思维方式和语言方式，对社会生活的各个领域和个人自身的生存与发展产生了广泛而深刻的影响。网络媒介多点状分布带来的高度表达自由在很大程度上瓦解了权威和经典，呈现出前所未有的开放性和多元化。各种新观念猛烈冲击着传统的意识形态和道德观念，新生代越来越依赖并接受媒介所传递的价值观和思维方式。

加拿大著名的传播学家麦克卢汉在 20 世纪 60 年代出版了《理解媒介：论人的延伸》一书，希望把人们从对控制技术的极度自信中唤醒过来，使人们意识到媒介技术本身的产生就是社会变革的动力[①]。其核心思想是，从人类社会的漫长发展过程来看，真正有价值的讯息不是各个时代的具体传播内容，而是这个时代所使用的传播工具的性质及其开创的可能性。每一种新的媒介的产生都开创了人类交往和社会生活的新方式。媒介对人、对社会所产生的巨大影响不是传播内容本身可以实现的，媒介作为一种文化的力量，扩展了文化的空间，改变了文化的生产、流通和接受方式，塑造着大众的社会交往和文化习性。

3.3.2 媒介文化对城市景观的作用

“从延伸和代替手臂的棍棒演变到赛博空间中的虚拟现实，技术发展到今天，已经对现实进行模仿、倍增、多重使用和改进”[②]。身处消费文化之中，就是面对由各种媒介所传递的符

① 马歇尔·麦克卢汉 . 理解媒介：论人的延伸［M］. 何道宽，译 . 北京：商务印书馆，2000

② 波斯特 . 第二媒介时代［M］. 范静哗，译 . 南京：南京大学出版社，2000

号。伴随着媒介的继续发展，不是媒介来适应主体，而是相反，是主体不断地适应媒介。

所谓媒介文化，是指在现实文化中，媒介不但广泛地制约着受众的观念、价值和意识形态，而且使人处于一种越来越依赖媒介的交融情境之中。麦克卢汉说："我们的感觉器官和神经系统凭借各种媒介得以延伸。"[①] 这一著名论断极度扩大了媒介的指涉对象，并构起更为广阔的媒介空间和生动多样的媒介景观。无论是存在于真实还是想象中的世界，媒介在城市景观的呈现和创造过程中都承担起越来越多的功能。进入消费社会，随着媒介形式的扩张、触角的伸展，传统的地域界限不可避免被打破，原本异域的风景也借助全球化的媒介而被更多的人所了解，虚拟与现实的情境更是相互渗透，建构起全新的城市景观。

人的感官触角借助媒介延伸，世界在媒介的作用下变得越来越小。尽管人与人之间的交往更加容易，但实际上我们能切身体验的生活空间仍然不可避免地受到地理条件的限制。对非本地的人与事物的认知，很大程度上都依据媒介提供的信息得以形成。外部世界的观念与形象在媒介的语言与符号中得到完整而生动的再现。所以对于大多数人而言，媒介中呈现的便是现实。在传媒日益发达的今天，不仅是个人，整个社会都加深了对媒介塑造的经验世界的依赖。

随着社会的进步和科技的发展，始终与人类相伴随的传播活动，已深入社会的每个角落和人类的每一项活动中，成为贯穿社会结构体系的一股无形而巨大的力量，信息无孔不入，传播则无处不在。媒介是连接传播者与受众的工具和手段系统，是信息流动的渠道和途径。如果说文化的存在离不开传播的话，那么传播者的文化是以具体的文化媒介为前提，从一定意义上讲，是媒介成全了文化。媒介不仅在执行传播的环境监测、管理、指导和教育以及娱乐等功能方面具有无可替代的价值，而且对信息的共享、共同意识的建立、社会价值的传递、大众文化的形成和改变等具有无法替代的意义。

媒介文化是在传播过程中逐渐形成的，通过拼贴和组装，充满着偶然性与不确定性。因此媒介文化永远是一个开放体系，在传播过程中吸收着来自各方面的营养，借用着传统文化的各种资源，然后加以整合，再吸收，再整合。媒介文化的生命力源于传播过程之中，它是在传播过程中逐渐扩展自身的，那么这一文化的鲜明的特点就是巨大的包容性和多元性。

由于符号生产与传播的需要，导致一种专业知识分子——"新型文化媒介人"（new intermediaries）群体的扩大，他们主要存在于市场取向的消费文化领域，如媒体、广告、设计、时尚等。布尔迪厄指出，通过他们的文化实践，原来只有知识分子所独有的文化商品使用以及生活方式创造已经被传播到广泛的人民大众之中[②]。新型文化媒介人的兴起在于"他们试图以霸权的方式扩大自己在知识、符号产品方面的福祉，以文化资本对抗经济资本"[③]。莎伦·佐金（Sharon Zukin）通过对纽约苏荷区（SOHO）的调研指出：由于国家和企业对艺术文化事业投入的增加，导致了艺术家和艺术媒介人数量的增加。结果是"艺术与其他职业之间的距离减小，艺术中相对稳定、有保障的职业发展起来，其艺术视野也更加贴近普通中产阶级的生活了""艺术很少'精英化'，而更多'职业化'与'民主化'""纽约的苏荷区成为

---

① 马歇尔·麦克卢汉．理解媒介：论人的延伸［M］．何道宽，译．北京：商务印书馆，2000

② Pierre Bourdieu . Distinction: A Social Critique of the Judgement of Taste［M］. Cambridge：Harvard University Press，1984

③ 古德纳．知识分子的未来和新阶级的兴起［M］．顾晓辉，蔡嵘，译．南京：江苏人民出版社，2002

文化消费中心、'美学家的迪士尼乐园'"[①]。当设计师（景观、规划、建筑）都朝所谓的"媒介人"身份转变时，就势必加速城市景观的媒介性。

城市景观的媒介性首先表现在受媒介的影响愈发全面与深入：从设计理念到设计工具，从数字美学到外观形式。城市景观走进人们的日常生活，通过媒介传播出去的形象才是它的公众形象，有时比作品本身的真实形象具有更重要的作用。费菁在《超媒介》中将这种现象称之为"概念化"——艺术和建筑对视觉形式的有意义的探索，它的本质是艺术和建筑的媒介化[②]。网络时代的数字革命，交流可能性的极大增长给创造设计提供了新方法，为城市景观带来崭新的面貌。为了不被充斥世界各个角落的信息所淹没，城市景观必须成为大众传媒的组成部分，甚至成为混合媒介装置的作品。

城市景观媒介性的第二层涵义表现在自身成为媒介，在网络媒介与信息技术支撑下，城市景观与周围发生的一切相互反射、相互参照、相互调整。城市景观除了给人们提供生存与活动的空间和视觉愉悦以外，还是社会中人与人之间关系的重要联系纽带。城市景观传播的信息包括：生活方式、审美方式以及各种文化特征，甚至还可以传播包含具体事件的实时信息。传播生活方式的信息是与人的关系最密切、与人们的日常生活息息相关的信息，城市景观对人们的居住、工作、娱乐等社会行为方式产生了深刻的影响。城市景观在为人们的活动提供空间的同时，也就在一定程度限定了人们怎么样去从事这些活动的方式。从历史的经验来看，一种环境的形成，开始是和人的需求相互作用的产物，而一旦它形成以后，就会对人的生活方式和社会心理产生持久的约束力，人们会非常顺从地按照环境所营造的生活方式去生活。它在一定程度上，也能起到统一社会思想、建立社会关系的作用。可见，城市景观既是可以直接作用于人的一种实体，又是一种存在于一些人于另一些人之间的媒介，城市景观本身就是信息的载体。

3.3.3 空间意义的转变

对于空间的解读，往往取决于观察和描述的方式。空间感觉来自人对物体进行定位、测量尺寸和距离的过程，而这些过程从来都是不确定的，它们依赖于感知者的状况。城市中的空间多种多样，并与不同的路径交织，形成一个个地点的集合。但是，媒介的介入，尤其是电子媒介和网络媒介的作用，使得大众的空间感也在发生变化。所以，媒介在成为社会发展的重要因素之外，也影响着人们对空间的建构与认知。关于媒介对空间意义的影响，最著名的有以下三种理论。

1）地球村——麦克卢汉的空间想象

"地球村"是麦克卢汉对媒介影响的空间想象，极为形象地展示出电子媒介所构建的空间状态，同时也作为人的延伸的各种媒介，将人的触角伸向了更为广阔的外部世界。眼睛所不能看见、耳朵所不能听见、手不能触碰的地方，都借由各种各样的媒介得以展现。在电子媒介出现之后，信息的传播瞬息便达千里之外，事件的发生与传播已同步化。电子媒介使得人

① 迈克·费瑟斯通．消费文化与后现代主义［M］．刘精明，译．南京：译林出版社，2000

② 费菁．超媒介：当代艺术与建筑［M］．北京：中国建筑工业出版社，2005

与人之间的交往频密，而且传播中对地域的突破表现得更为明显。新的媒介样式促使了“地球村”的形成，全球时空已经缩小，人类再次结成联系紧密的小社区。

2）消失的地域——梅罗维茨（Joshua Meyrowitz）的空间观

作为媒介分析领域的一个代表人物，梅罗维茨结合麦克卢汉的媒介技术决定论，指出电子媒介影响社会行为的机制是：角色表演的社会舞台进行了重新组合，并由此带来了人们对“恰当行为”观念的改变，指出媒介对于空间的作用能够改变人的行为表现和角色扮演。电子媒介绕过以前传播的种种限制，改变传播变量中的空间、时间和物理障碍的重要程度，并且越来越多地介入了空间结构划分的场景①。

在以往的人际交流中，行为的发生地与进行交流的空间往往是重合或者相同的，电子媒介则打破了物质空间和社会场景之间的固有关系。新的空间被电子媒介创造，新的交流方式也随之形成，归属感和隔离感不断地形成与消除。传统的地域边界被电子媒介无情地打破，原先需要遵守的情景规则就被颠覆，其结果可能是人们获得了前所未有的广阔交流空间，但也可能是在新的传播环境之下无法准确找到自身的位置。电子媒介出现之后，面对面交流所依赖的地域场景突然消失，原有的空间隔离不复存在，于是习惯发生改变，角色扮演的界限也逐渐模糊。

3）赛博空间——威廉·吉布森（William Ford Gibson）的空间逻辑

“赛博空间”（Cyberspace）一词，又译为网络空间、虚拟空间等，最早由加拿大科学幻想小说家威廉·吉布森所造②。1984年，吉布森发表了小说《神经浪游者》（Neuromancer），首次提出了赛博空间的概念。赛博空间的基础是全球电脑网络，人可以通过电极使神经系统与之相连，用意念控制其他事物，并产生各种脱离躯体的交感幻觉。赛博空间的基本特点：一是有条理的信息构成了一个非物质的虚拟的空间；二是身体的虚拟化。由此，网络空间被设想为网、基质③、逻辑网格等由信息构建的场域，此场域虽非物理意义上的场域，却是赛博朋克们（cyberpunk）可以感知的。

威廉·吉布森的幻想正逐渐走向现实。依赖数字化的网络媒介，虚拟空间正在快速地融入现实社会、文化和经济生活中，并对实体空间产生冲击。虚拟技术手段快速普及，提高了实体空间建成的有效性和认可度；为设计师提供了新的灵感源泉与先进的设计手法，拓展了创作的思路，创作出符合时代特点的新空间形态；为使用者提供了三维的直观感受，是对实体空间的一种有益补充。甚至在一定程度上渗透、收纳、结合甚至替代具有相应功能的现实空间，对实体空间提出挑战。

通过网络媒介，人与人的交流方式产生了巨大的变革，进而影响了相应的空间设计。在虚拟空间中没有“营业时间”和“空间容量”的限制，任何人可以随时从世界的任何角落来到这里“面对面”地交流。此时，空间由真实、三维空间变为虚拟、多维空间，其界面由墙、地板屋顶变为无边界，速度由静止变为瞬间，时间由永恒变为随时建立与拆除，容积由有限到无限，文化由地方的变为全球的。虚拟空间位于传统的实体空间结构内部或上层，其自身

① 约书亚·梅罗维茨.消失的地域：电子媒介对社会行为的影响［M］.肖志军，译.北京：清华大学出版社，2002

② 威廉·吉布森.神经浪游者［M］.雷丽敏，译.上海：上海科技教育出版社，1999

③ “基质”（matrix）又译为点阵、矩阵，吉布森赋予它的新意涵为：电子交感幻觉世界。

的重要性与日俱增，虚拟与现实的碰撞引起设计师对空间本质的讨论与思考。

网络媒介在信息传播时效上的及时性、信息存储上的极大丰富性、传播的交互性以及信息传播结构所具有的开放性上都使传统媒体望尘莫及。互联网的开放性和全球化原则使麦克卢汉“地球村”理论在这一全新的媒介支持下也得到了验证。人人都是“地球村”的村民，便于形成人们新的“社区观”。在某种程度上，传播技术是加速全球经济一体化的“催化剂”。

3.3.4 城市景观的数字化

城市景观的数字化倾向是伴随着媒介技术的发展而产生的，它实际上是媒介性的一种具体体现。城市景观的数字化主要产生于两个方面：一是设计工具的改进，二是数字美学的产生。两者的叠加又促进了先锋设计师的探索与大众对声光影像的体验需求。

1）工具改进

信息革命带来的新工具克服了以往设计技术上的不足，其在数据采集、空间形体设计，以及模拟现实效果方面的优势是传统工具所无法企及的，开拓了设计创造上更多的可能性及更大的想象力。对景观规划而言，越来越多的设计师借助信息时代的卫星技术、信息技术和网络技术来实现高效率、高质量的数据采集。目前，遥感技术（RS）、地理信息系统（GIS）、全球定位系统（GPS），被广泛应用在对地理空间信息进行数据采集、分析评价、精确定位上。

传统的设计工具包括笔、尺、图纸、实体模型等，传统工具在操作中最难解决的是形体的复制、转换以及对最终环境的把握环节。而随着计算机工具的发展，这种缺憾有了明显的改善。

计算机技术所带来的冲击，除改变设计工具之外，更影响设计师的思考方式。在计算机技术的影响之下，传统的“空间塑造”开始渐渐地发展出“空间诱导”的观念，即利用主客观的事物或数据等因素，循序渐进地引导或诱发出全新的空间形体。也就是利用计算机技术，将设计师对于空间的无限想象，输入复杂的空间形体生成操作中，使其生成的空间除了可提供人们感知外，同时隐喻了设计者的设计意念（图 3.6）。

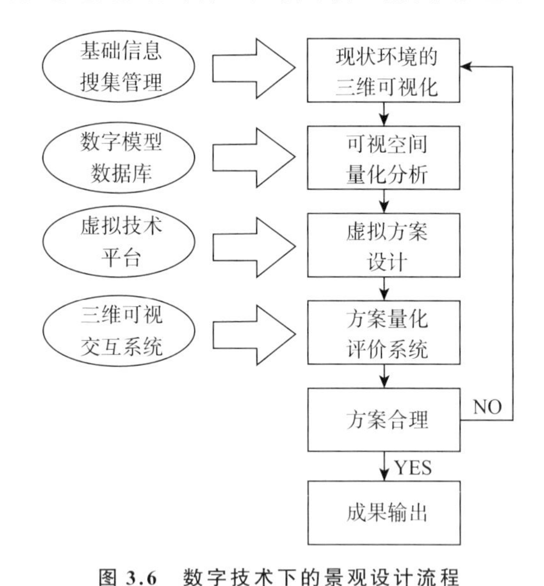

图 3.6 数字技术下的景观设计流程

参考：姜峰．基于数字技术的城市景观空间规划设计初探［J］．武汉大学学报，2004（12）：133–136

对于设计成果的展示也实现真正的三维化、立体化，它可以让观察者在其中任意漫游，多角度、多方位、多种运动方式进行观察，可以使人产生身临其境的真实感觉，而且通过与虚拟现实环境的结合将使设计方案更具说服力。

2）数字美学

技术所赋予的虚拟能力，正逐渐改变人们在塑造空间时的思考方式。由于在电脑里所建

图 3.7　分形艺术
来源：http://baike.baidu.com/view/

图 3.8　格拉茨现代美术馆
来源：https://www.arch2o.com/kunsthaus-graz-peter-cook-and-colin-fournier/

构的空间，很容易被实施切创、扭曲、滑动等操作，从而使空间建构达到空前的复杂和自由。信息时代的艺术家试图将尖端科技与先锋艺术思考相结合，探索新的艺术空间和对世界感知的新方式。而电脑网络游戏的出现，以听觉、视觉和触觉在多层次、多重的空间中同时交互作用，将人的感官经验推至一种忘我的境地，分不出现实还是虚拟。

伴随着媒介技术渗透到大众生活的各个层面，城市景观的空间从形态到结构以至价值层面均发生相应改变，空间的界定更为宽泛，出现虚拟空间与实体空间的共存和互动；空间的结构趋向动态。数字美学拓展为虚拟时空观念，非对称、反均衡、分形[①]（图 3.7）等新颖的美学概念大量出现，它把形式美拓展到数字美学领域。在科技和媒介的滋养下，城市景观势必形成与之同步的空间形态和表现方式。先锋设计师不仅追求时空的更迭与流动，也力图实现真实与虚幻时空的交织；继承既存的空间美学标准，又力图对空间进行全新建构，如复制、扭曲、折叠及诱导等。他们创造出前所未有的自由的、液态的、流动的、有机的数字空间美学。

传统的城市景观追求的韵律、比例、对称等具有秩序美的静态理想空间正逐步被数字技术生成的切割、扭曲、滑动、重叠等动态新奇的空间所取代。信息时代的设计师尝试把媒介艺术结合到现实中来，形成了实体空间与虚拟空间之间的交互联系。在视觉效果上，给人们带来全新的多重感官体验，城市景观成为与特定的时间、空间、地点、场所等相联系的，多层次的、抽象的、可变化的、表情丰富的多种因素和媒介作用的复合体。先锋设计师依据数字技术沉浸在崭新观念之中——技术正在创造一种全新的美学。新趋势所带来的特征是形式的极度自由化和曲线化。

2003 年，在穆尔河畔出现了一座不同于以往的建筑，这是格拉茨现代美术馆（Kunsthaus Graz），是英国建筑师彼得・库克（Peter Cook）的作品。它以蓝色的塑料玻璃拼贴而成。与周围传统建筑的视觉反差和突兀也使该馆被形容为“城市怪兽”“外星人入侵”，而不规则的前

① 分形（fractal）一词，是曼德勃罗（B. B. Mandelbrot）创造出来的，本意是不规则的、破碎的、分数的。分形几何学是一门以非规则几何形态为研究对象的几何学。用来描述自然界中传统欧几里得几何学所不能描述的一大类复杂无规的几何对象。由此衍生出的“分形艺术”被称为是科学与艺术的完美结合。

卫造型又被人们称为是“有鳃的巨兽”“巨型膀胱”“毛毛虫”等。如今，坐落在格拉茨市中心的超现实主义建筑与红顶尖塔的古堡、钟楼所形成的强烈反差成为格拉茨最经典的标志景观。被当地人称为“友善的外星人”（图 3.8）。

同年 3 月在匹兹堡卡内基艺术博物馆的海因茨建筑中心举办了一个名为“折褶，滴状+箱形：数字时代的建筑”的展览，旨在展示新一代的建筑美学是个什么样子，它与当代文化的其他部分及 20 世纪的建筑又是什么关系。“美观、比例、对称这些曾被用于描述前数字建筑的整合、接合、构造的名词，已让位于平滑、柔顺、变形这类形容词，它们都源于数字化时代的方言”①。

“一切都是……褶子的事！没有形式，没有内容，没有容器了，什么都没有了，只有褶子！”吉尔·德勒兹②将“折叠”（fold）带到了一个新的高度，“折叠”概念打破了传统观念中水平 / 垂直、图形 / 场地、内 / 外结构之间的关系，并改变了传统的空间观。相对于传统的投影平面作为空间调节的机制，“折叠”优先考虑的是时空中的可变因素。建筑界的理论文章的确也从德勒兹理论（比如变形、折叠、关联、可塑性、平滑空间和纹状空间等）那里借用了很多概念。关于构建数字技术的哲学和文化内涵与设计方法，理论界已有大量的研究，这并非本书的研究范围，不再赘述。本节强调的是从先锋设计师对数字建筑的探索及实践中，数字化由工具转变为一种设计理念及设计美学，并由先锋走向流行，逐渐深入人心，其身份逐渐由先锋探索转变为时尚流行。

身处消费符号顶端的奢侈品牌敏锐地觉察出这种流行趋势，最新的奢侈品牌旗舰店是先锋建筑师数字探索的试验品。LV 的东京银座店选择与联合网络工作室（UNStudio）合作。从 UNStudio 出道起，他们的名声就一直与“cutting-edge”（先锋的、边缘的、跨界的）联系在一起。这栋 10 层建筑以叶片串连整个建筑结构，叶片图案将会出现在建筑的外观、楼面等处，每层楼还会分散出四个叶片（图 3.9）。如叶片般轻盈的线条，展现的是流畅与优雅。

图 3.9　UNStudio 的 LV 东京银座店

来源：https://www.unstudio.com

① Charles Jenck. The Architecture of the Jumping Universe. New York: John Wiley & Sons, 1997

② 吉尔·德勒兹（Gilles Deleuze，1925—1995），法国后现代哲学家，20 世纪 60 年代以来法国复兴尼采运动中的关键人物，他喜欢将哲学放在一个多领域的交叉中理解，如艺术、建筑、政治、神经科学。他认为哲学就是同时从多个方向行进，在领域之间建立未曾预知的联系。代表著作有《反俄狄浦斯》（1972）、《一千个平台》（1980）、《福柯》（1986）、《褶子》（1988）等。

3）交互体验

媒介技术产生的新的交流形式越来越广泛地被用于城市景观的设计中，例如：作为标识、娱乐和教育功能的城市大屏幕，正在被网络连接起来，以多媒体的叙述方式形成能够捕捉公众想象的交流系统。随着对各种媒体形式的集成技术的日趋成熟，数字展示装置不仅为商业、娱乐空间所选择，也被博物馆和公园等场所采用，这使得设计者可以将建筑、景物、装置、虚拟形象和声光影像整合在一起，创造一种前所未有的交流平台，获得全新的城市景观体验。

数字技术的普及正在改变公共交流环境，各种数字装置技术被引入城市景观：LED广告牌、商业橱窗中的等离子屏幕、公共交通系统中的信息展示装置、全息屏幕投射装置、整合进建筑立面结构中的动态的智能表皮等为城市景观带来新的元素。David Rokeby认为"数字美学是关于关系的创造而不是固定的艺术品"①。也就是说，数字艺术作品不是为了建构一个客体或意象，而是为建构一种社会关系。

目前最为普及的形态是多媒体广告牌，它涉及个人和集体机构之间的对话和交流。这种媒介与技术的结合使公共信息通过多媒体演示得到传播，取代了传统的、固定的公共符号模式。实时更新是多媒体广告牌的一大优势，它可以持续地传达多重的、并列的信息。大屏幕是近年来媒体与城市结合的一个特色元素，这些屏幕支持公共空间作为文化创造和交流的场所，其数字与网络状态使屏幕化的平台成为一种虚拟与现实相交融的城市公共空间的实验区。当数字屏幕与建筑密切结合时，预示着建筑师对建筑外表控制能力的减弱，但它却开启了一种新的公共领域设计的可能。有关媒介与视觉影像以及建筑表皮的结合将在下文详细论证。

城市景观的数字化并不仅仅局限于视觉方面的体验，先锋设计师尝试着更深入的交互体验。由于城市景观的传受双方固有身份的性质，交互性一定程度上受到制约，尤其是二次传受过程，即由景观设计者将景观受众的编码系统通过译码再次转化为景观传播者的编码系统，最后再引导景观的视觉符号系统随从民意地发生有利转变。数字技术发展与媒体的功能多样化与高效化为这种交互性的实现提供了可能性。阿德里安·高伊策（Adriaan Geuze）在这一领域做出了积极的探索，他将景观作为一个动态变化的系统和过程，让时间使设计丰富完善。高伊策借助于综合的空间体验，把几何形体、建筑传感和传感触发式多媒体装置融为一体。设计的城市景观自身有着内部逻辑的感觉能力，这样就能直接感应大众的需求心理，向参观者传递情感和梦幻般的意境。

在交互体验方面，阿德里安·高伊策有一个作品——鹿特丹的舒乌伯格广场（Schouwburgplein），1.5公顷的广场下面是两层的车库，其设计方案是用"路灯"装饰代替种树，整体设计强调了广场中虚空的重要，通过将广场的地面抬高，保持了广场是一个平展、空旷的空间，不仅提供了一个欣赏城市天际线的地方，而且创造了一个"城市舞台"的形象（图3.10）。路灯由4个大型液压传动红色灯杆、不同区域的超轻型面层、喷头、数字时钟构成。液压传动红色灯杆高35米，每两小时改变一次形状，市民也可投币，操纵灯的悬臂的高低位置，以形成一组运动的机械芭蕾。广场铺装的不同区域运用不同的面层，广场的中心是一个穿孔金属板与木板铺装的活动区。夜晚，白色、绿色的荧光从金属板下射出，形成了广

① David Rokeby. Transforming mirrors:subjectivity and control in interactive media［M］//Simon Penny. Critical Issues in Interactive Media. Albany：SUNY Press，1995

场上神秘、明亮的银河系，木质铺装允许游客在上面雕刻名字和其他信息，使广场随着时间不断发展来承载记忆；花岗岩的铺装区域上有 120 个喷头，每当温度超过 22 摄氏度的时候就喷出不同的水柱，供孩子玩耍。地下停车场的 3 个通风塔伸出地面 15 米高，三个塔上各有时、分、秒的显示，形成了一个数字时钟。

广场没有被赋予特定的使用功能，但却提供了日常生活中必要的因素。在这个空间中，广场可以灵活使用，如同一个舞台，人们在上面表演，孩子们在上面踢球，形形色色的人物穿行于广场，每一天、每一个季节，广场的景观都在变化。高伊策期望创造互动式的广场气氛，伴随着温度的变化，白天和黑夜的轮回，或者夏季和冬季的交替，以及通过人们的幻想，广场的景观都在改变着。

图 3.10　舒乌伯格广场

来源：http://www.melk-nyc.com/work-portfolio/schouwburgplein/

作为体验与感知的对象，今天的城市景观若要保持生命力，就必须融入大众传媒与信息流中，必须在速度、光亮、声音等方面与媒介结合。

3.3.5 制造新的消费空间

1）媒介引导消费

媒介不是仅仅为市场制作类似广告这样的消费神话而存在，也不是亦步亦趋为具体的资本和商品销售服务，它更多的是开拓消费文化的整体意义。媒介、信息和科技在社会中的作用大大超过了商品生产本身，彰显了符号、影像的传播所能产生的巨大能量。媒介技术“将图像和瞬息时刻的结合发挥到了危险的完美境界，而且进入了千家万户”[①]。

① 尼尔·波兹曼. 娱乐至死［M］. 章艳，译. 桂林：广西师范大学出版社，2004

按照传统的观念，消费的基本要素是其实用性或有效性，但是从大众传播的角度来看，人的需求是需要培养的。大众的消费需求在不断被发明、制造、培养，消费本身是一个构筑意义的过程，影像展示、媒介技术的发展以及不断衍生的商品需求构成一个符号的世界，居伊·德波称之为“奇观社会”。他认为消费、媒体、影像所造成的虚像代替了真实的事件与社会关系，人与人之间形成了以技术为媒介的关系。在“奇观社会”里，个体的消费行为不是自己产生而是由他人去构造的，个体在没有积极性和创造性的复杂情况下被动地消费商品景观和服务于商品。

从信息传播的角度来看，作为媒介的城市景观，除了传统的功能或形式意义外，更在于它与公众之间的信息交流是否有效，它不但反映着一个时代的社会、经济、文化等多元的信息，而且也在一定程度上决定着社会的生活方式和审美取向。城市景观成为社会事件的一部分，其核心价值在于是否占据了足够多的社会注意力资源，借助媒介的力量，消费文化的地位迅速提升。媒介和文化的商品化不断制造各种可见的影像和表征，充斥了社会生活的各个角落，城市景观传递出足够丰富和多元的消费信息。

之所以说城市景观是传播媒介，首先在于它塑造并重新安排人的组合模式和所属的空间模式[①]。以前文分析的旗舰店现象为例，奢侈品牌用消费主义的时尚语言结合最新的设计潮流，制造属于富有阶层的审美标准和权利形式。旗舰店作为一种媒介，除了给人们提供消费活动的空间场所和视觉愉悦外，还是信息社会中人与人之间关系的联系纽带。通过这些景物实体，一个人群可以向另一个人群传播生活方式、审美方式以及文化特征，在一定程度上还承担着塑造相同社会思想、建立共同社会关系的任务。

影像也从原先“呈现”事物，变质为“促销”事物。在现代社会中，消费文化具有“霸权”的色彩。由全球资本主义体系控制并创造的各种新的消费需求，实际上就是在言说一种整体性的消费文化。消费文化为了维护符号秩序和组织的完整，必然要对消费者进行调教和规训，使得这一体系能够有效地运作起来并长期维持下去。所以鲍德里亚会说：“消费社会也是进行消费培训、进行面向消费的社会驯化的社会——也就是与新型生产力的出现以及一种生产力高度发达的经济体系的垄断性调整相适应的一种新的特定社会化模式。”而承担消费培训、进行面向消费的社会驯化的重任落到了大众传媒的头上。

2)“生活方式”消费

媒介的巨大影响更是表现在对生活方式的消费诱导上。所谓生活方式的消费，首先是指总体的消费或者是配套的消费，在这一消费过程中，消费的具体行为不再是孤立的、不相联系的或者是心血来潮的，而是体现出相互间的种种关联，这种种关联与其说与消费者的地位身份，或者气度修养相匹配，不如说是与时尚和流行趣味的关系来得更加紧密。

消费文化与媒介所鼓吹的“生活方式的消费”不是指在一定的经济和社会地位中渐渐养成的牢固的消费习惯和态度，它是指消费个体认同某种社会时尚，跟随流行趣味的轨迹前行，并在消费过程中获得新的社会身份和相关形象。担任消费引导的媒介文化是通过不断地提出新的消费概念和消费模式来吸引大众的。这类消费概念和消费模式旨在勾勒出新的与社会时尚相表里的形象，比如“成功人士”“新新人类”等形象。现在的消费系统通过其严密

---

① 马歇尔·麦克卢汉.理解媒介：论人的延伸[M].何道宽，译.北京：商务印书馆，2000

的运作（如以按揭或借贷的方式）可以预支消费能力等，因此新的消费概念和消费模式更加关注的是消费现象的表征，而不是某种经济实力和社会地位背景。因此所谓白领、粉领或金领的生活方式，不是指一般意义上的生活方式，即仅仅与经济和阶级地位相称的生活方式或者是由个体的文化修养所反映的那种生活方式，它们是指消费新概念引导下的生活方式。它由一系列消费行为组成，这一系列消费行为看似随意，出自消费者自身的生活需求或文化需求，实际上是经过媒介文化精心设计的，并通过诱导或隐喻的方式来启动消费者的心灵。这一系列消费行为有时关注的是消费品的质地，有时关注的是消费对象的品牌，有时关注的是消费的气氛和环境，还有时关注整个消费过程以及它所能给消费者带来的符号意义，诸如“气质”“风度”“格调”等。

媒介诱导大众热爱一切有“品位”的商品，热爱一切有“格调”的生活，然后又引领大众学会用高雅的消费方式来享受这些有品位和格调的商品，地产广告就是最典型的实例。下面以万科第五园的广告为例，看看媒介是如何通过广告来诱导大众的。

图 3.11　万科第五园的平面广告
左：心有中国一点通，右：开门见中国
设计：深圳马一丁广告有限公司
荣誉：第 13 届中国广告节最高奖
来源：http://sz.house.sina.com.cn/sznews/2006-11-08/

“骨子里的中国”（图 3.11）——万科·第五园简洁、响亮而又卓有成效的广告语，准确地把握住了第五园的神髓，让大众知道了第五园的价值所在；这个广告也理所当然地得到了广告界的肯定：荣获 2006 年中国广告最高奖——“中国广告长城奖”平面类金奖。此广告的主创马一丁认为，如果从营销学角度来讲，第五园的成功最主要的是“产品差异化”。第五园其实是制造了一种回归故乡的心理，向大家讲述了一个关于故乡的故事。也正因为是在深圳这样一个没有故乡的地方，所以这个故事才格外生动、格外吸引人、格外有震撼力。由于建筑本身采用的是新中式风格，在平面广告上，把中国字的元素、方块字的结构，还原成跟建筑的关系，用这种关系来解读建筑和媒介的关系，从文字里找到了“前庭后院”的关系，通过语境，而不是用飞檐窗花等建筑元素来表达现代中式特色。第五园的产品与媒介成为一个整体，而且传达得如此清晰与协调：“我认为这个是房地产里面最经典的一个稿子。现在还没有看到超过它的。可以说，第五园从规划设计到营销及广告推广所做的一切，都是经典的案例。”①

第五园是属于精英文化的高级居住形态，是由精英建筑师为小部分社会精英所创造的极端个性化居住方式。有人总结近 10 年来中国房地产广告的发展时指出：“房地产广告运动越

① 万科第五园广告设计者马一丁．城市地产杂志，2007-12-12. http://blog.soufun.com/cre

来越注意从综合、细微和软性的差异入手，实现更加有效的市场区隔，广告作品越来越注重创意的巧妙性、文化意味和分众化，广告投放越来越注意媒介选择和组合的时机、技巧，讲究持久效益。另外，包括广告传播、文化、建筑、社会学等多门学科的各种理论在房地产广告中得到运用。”[①]

3）毕尔巴鄂效应

弗兰克·盖里的位于西班牙偏僻小城毕尔巴鄂的古根汉姆博物馆（Guggenheim Museum Bilbao）（图 3.12）标志着当代消费文化作用于城市景观的一个范式转移。博物馆为城市赢得了文化声望，成为文化经济的象征。一座博物馆带动一座城市的复兴，毕尔巴鄂成为一种现象，成为艺术拯救经济的典范。

图 3.12　毕尔巴鄂的古根汉姆博物馆

来源：http://www.bilbao.net/

毕尔巴鄂，这个西班牙北部巴斯克地区的城市，曾经是欧洲最重要的工业基地之一。但高度的工业化却带来了环境的污染，随着工业时代的结束，传统经济衰退，在 20 世纪 80 年代已经到了崩溃的边缘。而这座新古根海姆博物馆是盖里“艺术包装”的成熟之作，也是他在 20 世纪最轰动的作品。毕尔巴鄂接受了这一备受瞩目的建筑。1997 年，博物馆的建成迅速增加了城市的知名度和吸引力。该馆首年接待游客超过 140 万人，远超过预计的 40 万人，带来超过百亿美元的观光及周边效益，足可以为城市居民创造出 3 800 个新的就业机会。直接门票收入和带动的相关收入占该市当年收入的 4% 和 20%。到 2017 年为止，博物馆已吸引了 2 000 万名参观者，其中超过 60% 来自海外。毕尔巴鄂因一座博物馆而再显勃勃生机。

毕尔巴鄂的积极影响更多地体现在技术与媒介方面。它以一种奇特的策略重新唤醒了公众对建筑学的热情。相比蓬皮杜文化中心作为 70 年代资本主义大都市中心的“都市奇观”，毕尔巴鄂在大都市之外构筑了“奇观”的典范。它如此成功地复兴了一个没落的工业城，从局部出发，赢得了整个世界文化和市场的注目。如今，“毕尔巴鄂效应”已成为开发商、政客和学者们一致喝彩的模式。每一个城市都开始构想，通过一个新的性感的艺术博物馆来吸引游客，刺激当地的经济，提升自身的文化地位，从寂寂无名的小城到已无须在地图上标明的众人皆知的大都市[②]。

毕尔巴鄂的历史可以追溯到中世纪，但直到盖里的具有带状流动立面的古根海姆美术馆的建成，这座大西洋沿岸的巴斯克港口才获得了国际声誉。这种声誉不仅仅是城市创立者有

① 陈璐．从产品至上到以人为本的转变：近十年国内房地产广告的发展变迁历程综述［J］．中国广告，2004（07）：33-36

② 朱涛．信息消费时代的都市奇观：世纪之交的当代西方建筑思潮［J］．建筑学报，2000（10）：17

意识地将毕尔巴鄂推向世界舞台的重新定位的结果，而且还是一个惊人的原创形式的影响力。这座锈蚀的城市，它需要一座纪念碑，一座独一无二的建筑，需要一张像埃菲尔铁塔、悉尼歌剧院那样的明信片来象征当时其在欧共体及全球化经济格局中的参与。毕尔巴鄂如今已经成为国际城市的竞争者，全世界许多第二、第三等级的城市都拜访了盖里的办公室，希望获得类似于毕尔巴鄂的、灰姑娘式的转变。

毕尔巴鄂也为盖里赢得真正的声誉。此后，“沸腾的天际线”成为盖里作品的独特符号，在其后多年的设计中重复出现（图 3.13，表 3.3）。盖里也成为“辛普森一家”中出现的第一位建筑师。

毕尔巴鄂的影响甚至波及时尚界，三宅一生（Issey Miyake）推出了一款毕尔巴鄂条纹包（Bilbao Striped Bag），这个手提包的表面结构启发自钢铁工人用来搭建各种结构的铁板，黑白灰的合成板附着于网格布料上，带来光感和动感（图 3.14）。

表 3.3　盖里 2000 年之后的作品

1	2001 年	巴德学院的费舍尔表演艺术中心 （Bard College Center for the Performing Arts Annandale–on–Hudson, New York）
2	2003 年	Vitra 家具设计展览馆
3	2004 年	剑桥麻省理工学院史塔特科技中心（Massachusetts Institute of Technology Stata Center Cambridge）
4		芝加哥的普里茨克音乐厅（Jay Pritzker Music Pavillion in Chicago Illinois）
5		华特・迪士尼音乐厅（Walt Disney Concert Hall in Los Angeles California）
6	2005 年	德国哈特福特 MARTa 博物馆（´MARTa´ Museum in Herford Germany）
7	2006 年	酿酒厂改造工程——葡萄酒城（Marquesde Riscal）
8	2007 年	纽约 IAC 大楼（IAC Building New York City）
9	2010 年	路易・威登基金会（The Louis Vuitton Foundation Museum）
10	2010 年	拉斯维加斯脑健康研究中心（Lou Ruvo Center for Brain Health Las Vegas）
11	2011 年	新世界中心（New World Symphony Center）
12	2015 年	悉尼工商学院（University of Technology Sydney（UTS）Business School, Australia）
13	2020 年	卢玛・阿勒尔艺术中心（LUMA Arles）

来源：http://architecture.about.com/od/greatbuildings/

2007 年，酩悦・轩尼诗 – 路易・威登集团（LVMH）也携手盖里，投资建设 LVMH 艺术中心。计划本身就是一个梦想，77 岁的盖里表示“设计概念是一片玻璃组成的云彩，法国人以他们的玻璃创作闻名于世，所以这是令人感到兴奋之处”。这朵彩色的“玻璃云”（图 3.15）于 2014 年正式向公众开放，建造耗时整整 6 年。艺术中心又叫“路易・威登创作基金会”，虽然巴黎的世界级古典和现代艺术博物馆林立，但总是缺乏一座世界级的当代艺术中心。时尚界、艺术界的人心知肚明，LVMH 此举是要巴黎能和伦敦、纽约及其他中心看齐。

图 3.13　盖里 2000 年之后的作品（由左至右、由上之下按照时间顺序排列，具体名称见表 3.3）
来源：http://architecture.about.com/od/greatbuildings/

图 3.14　毕尔巴鄂效应波及时尚界
左："辛普森一家"中的盖里
右：三宅一生设计的毕尔巴鄂条纹包

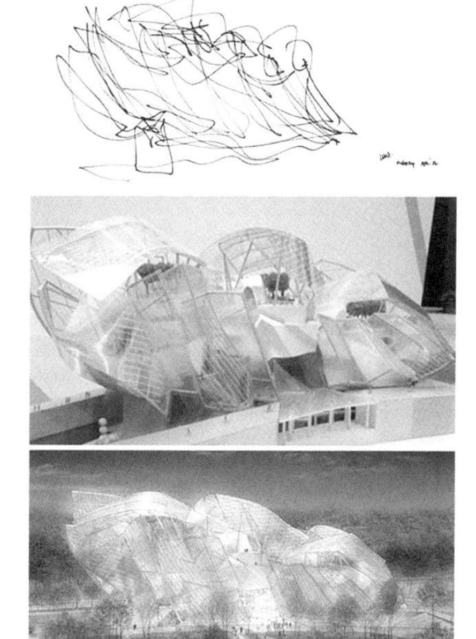

图 3.15　LVMH 艺术中心
来源：https://www.egodesign.co.za/

"符号胜过实物，副本胜过原本，表象胜过现实，现象胜过本质"，是居伊·德波借费尔巴哈之语，对这个奇观堆聚的时代做的最为精辟的描绘。人们跟着大众传媒所撒播的信息与意象来感知世界和建立个人生活模式，生活在一个幻想的、自我的影像奇观中。消费文化为了达成再生产的最终目的，极力扩大消费，制造消费欲望。改变消费者的消费心理——即对物品、消费行为的意识形态，建构一整套新的行为模式（或者说兜售新的消费行为模式），开发新的欲望领域和消费领域，鼓动大众参与其间，并在参与过程中不断地制造出新的意义空间来。媒介成为消费文化与消费主义的推行者、建构者与同谋者。正是媒介的反复宣传与强化，强化了商品的象征与符号意义。

卡尔维诺（Italo Calvino）在《看不见的城市》中，提到了一座名为瓦尔德拉达的城市。人们可以看到两个瓦尔德拉达，一个在湖畔坐落，一个是湖中倒影。无论湖畔的瓦尔德拉达出现或发生什么，都会在湖中的瓦尔德拉达再现出来。这对孪生的城市并非一模一样，虽然瓦尔德拉达会在湖中留下相应的城市外观与市民的姿态，但每个点都是颠倒的或者相反的。用卡尔维诺的话来说，“这两个瓦尔德拉达相互依存，目光相接，却互不相爱”①。在现实中，两个瓦尔德拉达无处不在。因为我们对于城市的各种体验，除了亲身经历之外，大部分的感受都是来自媒介的传递。而媒介中的城市就犹如那个湖中的瓦尔德拉达，清楚地映照着真实城市的每一个细节，并且按照不同的要求放大或者缩小城市的某些特质。现实中的城市与媒介中的城市相似，却又不完全相同，经过了媒介的中介，城市的外观与内涵都可能发生变化。

无论城市如何发展，城市的过去、现在与未来，都与媒介无法分割。城市的有形与无形，都可以在媒介的层面上进行阐释。在媒介的推动下，设计师加入由消费文化驱动的对一个又一个的“都市奇观”的制造中。于是乎，产生了主题公园现象、表参道现象、泛新天地现象等。这些现象是否合理？是否成熟？这种市场模式究竟能够持续多久？这些带有批判性的思考已经被淹没在狂热的消费文化的浪潮之中。

3.4 城市景观的视觉性

3.4.1 视觉文化

海德格尔（Martin Heidegger）早在20世纪30年代就指出了这样一个事实：我们已经进入了一个“世界图像时代”。他写道：“世界图像并非意指一幅关于世界的图像，而是指世界被把握为图像了。”② 法国作家雷吉斯·德布雷（Regis Debray）更是明确地将人类社会分为三个时期——书写时代、印刷时代和视听时代，与这三个时代相对应的，则是偶像、艺术和视觉。偶像是地方性的（起源于古希腊），艺术是西方的（起源于意大利），然而，视觉是全世界的（起源于美国）。

自20世纪60年代起，人们越来越切身感受到文化的这种变迁——曾经雄霸世界若干世纪的“语言与文字文化”正在滑向边缘，取而代之的是影像与形象占据主导地位的文化形态（表3.4），视觉文化不断冲破视觉艺术、视觉事件、视觉媒体的范畴，向整个社会文化渗透，波及人类生活的每一寸空间。电影、电视、广告、摄影、形象设计、印刷物的插图化等，被形象地称之为“读图时代”。

---

① 伊塔洛·卡尔维诺．看不见的城市［M］．张宓，译．南京：译林出版社，2006

② 海德格尔．海德格尔选集［M］．上海：上海三联书店，1994

表 3.4 视觉文化的新特点

话语与文字文化	图像与影像的文化
认为词语比形象更具有优先性	是视觉的而非词语的感性
注重文化对象的形式特质	贬低形式主义，将来自日常生活中的能指并置起来
宣扬理性主义的文化观	反对理性主义或“教化的”文化观
赋予文本以极端的重要性 我思故我在	不去询问文化文本表达了什么，而是询问它做了什么 我看故我在
是一种自我而非本我的感性	用弗洛伊德的术语来说，原始过程的扩张进入了文化领域
通过观众和文化对象的距离来运作	通过观众沉浸其中来运作，即借助于一种将人们的欲望相对说来无中介地进入文化对象的方式来运作

参考：梅琼林．论后现代主义视觉文化之内涵性的消失［J］．哲学研究，2007（10）：85

视觉文化向传统的语言模式提出了挑战，从以“语言”为中心转向以“图像”为中心，从理性范式转向感性范式。它最显著的特点是视觉化——把本身非视觉性的东西视像化。文化脱离了以语言为中心的理性主义形态，日益转向以图像与影像为中心的感性主义形态。

20 世纪 70 年代以来，社会形态从以生产为中心的模式，向以消费为中心模式转变。在转变过程中，“视觉文化可被看成一个战术，而不是一门学科——它是一个可变的、解释性的研究机制，主要是考察日常生活中个人和群体对于视觉媒介的反应”①。视觉文化异军突起，深层的原因在于：“其一，现代世界是一个城市世界。大城市生活和限定刺激与社交能力的方式，为人们看见和想看见（不是读到和听到）事物提供了大量优越的机会。其二，就是当代倾向的性质，它渴望行动（与观照相反）、追求新奇、贪图轰动。而最能满足这些迫切欲望的莫过于艺术中的视觉成分了。”② 如果说前一方面是强调的视觉环境的客观层面的话，那么，后一方面则集中于主体方面的内在欲望和冲动。“行动”取代了传统的审美“静观”，当下的即时反应代替了意味无穷的体验，这必然转向“追求新奇、贪图轰动”。这种“当代倾向”乃是消费文化对主体的塑造，视觉比语言表达更直观和更有效，它所导致的“不是概念化，而是戏剧化”。而技术与这种视觉偏好的结合，更强化了大众对视觉的迷恋和欲望。“现代性的主要特征——按照新奇、轰动、同步、冲击来组织社会的审美反应——因而在视觉艺术中找到了主要的表现”③，加剧了大众对“视觉快感”的迷恋。

对应媒介技术的发展，视觉文化进程大致分出三个部分：图像视觉、影像视觉以及数字视觉。图像视觉是指以静止的、非时间性的、无声音的视觉媒介形式出现导致的社会变革；影像则加入了声音的元素，产生了视觉的空间感和延时感，可谓“超级图像”；而数字视觉则有着明显的特征——非自然性与超现实性。这些视觉文化的进步对社会产生了巨大的影响，而且同时影响到了城市景观这个艺术与经济、功能与形式的集合体的领域。

---

① 尼古拉·米尔佐夫．什么是视觉文化［M］．王有亮，译 // 文化研究：第三辑．天津：天津社会科学院出版社，2002

②③ 丹尼尔·贝尔．资本主义的文化矛盾［M］．赵一凡，译．北京：生活·读书·新知三联书店，1992

3.4.2 图像——静态片断

在摄影术被发明和平版印刷出现以前，城市景观的观众只局限于使用者。自1893年摄影术发明以来，摄影改变了人们观看世界以及观看自我的方式。随着摄影术、照片、插图、杂志、旅游的普及，大众对于城市景观的接受开始通过另外一种社会形式来发生——消费。越来越多的消费者成为观众：包括前来亲身体验的游客、杂志的读者、展览或报纸广告的观赏者。消费群的扩大势必影响到景观作品本身。在旅游指南中、大幅图书中和旅行杂志中，城市景观变成了大众的消费对象，照片比真实的景观更多地作为旅行和游览的催化剂和促销手段。

1）摄影

摄影是将城市景观介绍给大众的主要途径，它将三维的物体投影到光敏表面形成二维的图像，摄影比绘画显示出更强的写实性和公众性。对于大部分“静止”的绘画艺术而言，摄影的观看方式具有片段性、偶然性，这一与生俱来的特点影响了后来随着电影发展而形成的影像世界的特征。摄影，使人们捕捉和记录瞬间影像的愿望成为可能，而这种瞬间捕捉的行动，可以是有意味有目的的，也可能是偶然的、随意的。呈现出时间的某个节点中的空间片断，甚至，为了追求这种非常奇妙的时空片断，有些摄影者还要精心营造和利用这样一种偶然。摄影图片总是以共时性的方式呈现在大众面前，一如亲临其境地看见这些已经发生（或许不曾那样发生）的事物，并且在潜意识中被说服。

本雅明认为照相机是打开视觉无意识状态的一种机器，“诉诸照相机的自然不同于诉诸眼睛的自然：这种差异在于（在照相机里）出现的是由无意识织成的空间，它取代了由人的意识织成的空间”①。摄影不断地通过偶然记录和图片并置组织产生新的意义，并不断地将观众置身于事件的当下时间之中，从而改写了时空的结构。

照片从物理位置到它的媒介表达（比如书或美术馆）的环境展示了城市景观。现代社会中越来越多的城市景观并不是在它们真实的空间中被感知的，而是在另外的空间中。图像在世界流通，并借助互联网络传播得更远和更宽广，加剧了景观的视觉化与全球化。

照片促使景观在形式和本体上都发生了自我改变，一面提升了作品的声望，一面消解了真实的重要性。由于照片的二维性必须依赖观众感知空间和时间来传达广度和时限，照片使观众在一个更大的文化范畴想象景物。因此在可见与不可见之间，在想象与现实之间，照片起着暗示与遮蔽的双重作用。同样的景物，不同的角度、不同的取景，其结果可能是明星与笑话般天壤之别。像流水别墅、朗香教堂那样的神话般的图像往往比实物本身更有影响力，有时，作为已消失景物的唯一记录，图像几乎取代了景物自身，成了“真正的”原版，这样的图像存在于我们想象与记忆的中心，是基于图像对景观的理解。

2）图像再造

随着摄影技术的不断发展，摄影的机动性也在不断地提高。摄影也因此得以以一种前所未有的高度机动性来及时涵盖都市的飞速变化。对于现代都市快速变化的现实，也许具有高度机动性的摄影比较能够胜任及时跟踪并涵盖其变化的要求。摄影照片通过并置、重叠、分

---

① 瓦尔特·本雅明．摄影小史＋机械复制时代的艺术作品［M］．王才勇，译．南京：江苏人民出版社，2006

解、重组等方式将记录的现实加工成“另一种新的真实”[①]。从而在更为复杂多义的层面上，完成对传统价值观念、社会、秩序、权力等级、审美趣味的质疑与重新解释，以多义性的形象暗喻与象征，来表达对现代社会的复杂感受与体验[②]。

本雅明指出摄影是一种可大量复制的手段，模糊了“原作”和“副本”的定义，将导致“原作”的缺席。今天数码影像技术的普及使得连“正片”“负片”的概念都消失了，曾经被深刻讨论的制造与再造、原件和副本的话题已经彼此重叠，成为不可避免的文化现象。

当代影像的复制和传播速度令人无法驾驭，数码相机、扫描仪、打印机的普及与家庭化，使得制造副本的过程非常廉价易得。艺术也由于其操作技术的简单与易于普及，使得过去成为一个艺术家所必需的长时期的手工技艺的训练不再成为影像制作的障碍，无论本雅明、鲍德利亚，都指出摄影使得大众的广泛参与欣赏和生产成为可能。在这种双向的制作传播和欣赏的过程中，原作失去了中心地位，也意味着艺术的社会功能将发生重大的改变，大众对艺术的接受从礼仪式的膜拜转向对社会事务的关注和参与，同时人们的日常生活实践真正地凸现出来。

图像的大众生产促进了图像和信息的消费。照相机就像是经验与现实领域中的巨型装置，将图像的生产和消费实践为现代生活的基本活动。

3）上镜

大量图像信息的包围，使得个体的感知机制无法对每一个图像加以沉思，只能接受视觉的引导完成对图像的快餐式消费。在图像的世界里，惊诧、奇异的角度，陌生的组合，被无限放大的细部，夸张、艳丽等都分外地适合镜头乃至眼球，在原造和再造无法分辨引人疲倦的世界里，锐利而新鲜的图像是感人的，在照片上，城市景观的宏大的尺度被镜头和复制机器缩微到正好供消费的大小，宛如海报一般，和艺术品的灵韵一样，从前由于不可比拟和掌握的悬殊感带来的艺术的特殊性消失了，城市景观与建筑单体，需要和很多别的消费品一样，带有强烈的形式诉求和信息，在照片上传达自己和征服观众。

照片将景物定格在缩小的图像上，平面的、二维的图像暗示着形状的厚度和空间的深度。广角镜头和特定角度的选定使景观显得比实际更加高尚、宽广与雄伟。那些平常人不可能具有的视点的透视效果可以让景物变得离奇而锐利，给人新鲜感。而很多照片的效果是虚假的，之所以这么说，是因为那些角度如此特殊，除非你贴地行走或有着一层楼的身高。照相机由一个取景框来限定图像，现实景观被裁剪为片断化图像，并被有动机的重新组合。摄影师将二次创造后的景观呈现给观众，通过框架来看，城市被体验为图画的，这在一定程度鼓励了景观效果的戏剧化和图像性，大众对景观的认识更加表现为一种观看，甚至是不可能的观看。对城市景观的照片阅读使得今天的设计师们空前地重视景观的透视和立面效果，对照片的体验进一步将其从它们的本土文化中剥离，变成理解它们作为图画的特点——其中承载的信息、结构和意义。

① 高蓓．媒体与建筑学［D］．上海：同济大学，2006

② 伊安·杰夫里．摄影简史［M］．晓征，筱果，译．北京：生活·读书·新知三联书店，2002

3.4.3 影像——动态片断

作为视觉对象与视觉场所的双重载体，城市景观包容的元素多、传达的信息量大。它所包含的形、色、体、空间、时间以及场所等，绝非一种媒介可以穷尽，现场体验当然是解读的首选。但是，时空的阻隔限制了现场解读的可能，而平面印刷媒介在对景观的还原能力和交流能力方面有着明显的局限，以致在传达中造成多种信息的缺失和变异，最终导致对景观的误读。

于是视觉消费特征又从静态的摄影向动态影像转变。影像作为表达媒介在完整性、真实性方面具有长足优势，从某种角度讲，影像艺术的优点正在于它能有效地把大众直接带到现实本体之前——“电影这个概念与完整无缺的再现现实是等同的，他们所想象的就是再现一个声音、色彩、立体感等一应俱全的外部世界的幻景”①。影像作为城市景观的表达，修正了传统印刷媒体的不足，更有很多城市学者认为，城市的体验更加类似于观看电影——由一座座建筑、一组组景观组成的定格画面，由行走组成了时间运动的体验；真实的城市不是静止的，它应该是在时间的流动中连续的城市空间，从这个意义上讲，城市具有电影的特征。

1）电影

电影具有视象性和逼真性，它是诉诸视觉为主的视听艺术，主要以画面塑造形象、叙述故事、抒发感情、阐述哲理，又以活动摄影作为自己的基本表现手段，所以它能逼真地纪录现实生活中的人及物的空间状貌及流动演变形态，同时又能再现事物的声音和色彩，拥有其他艺术形式难以达到的直观性真实效果。同时，电影能以任何一种艺术或娱乐形式都无法企及的方式渗透现实生活。视象的连续运动可以模拟观众直接经历环境的过程，这综合成为电影的特点：亲历性。电影具有强大的虚构能力，可以通过场景将虚构的东西变成可以亲历的环境。人们从现实走入电影的幻象中，直到两者浑然一体，虚实难辨。

电影的叙述方式包括：顺叙、倒叙、插入叙述，重复叙述等，是对时间的裁减、取舍和瓦解，对时间因素的观照成为电影（包括其他形式的动态影像如电视、录像）的突出特点，它的表达成为时间—空间的建构，从而具有“时空一体”的梦幻效果。电影利用不同速度的运动性创造时空体验，也因此成为现代主义的卓越媒介，成为更为静态的、希冀制造动感和时间—空间互相渗透的那些艺术形式效仿的对象。

时间和空间自然也是电影这门“运动的艺术”的存在形式。时间是电影运动的延续性，空间则是电影运动的广延性，即电影的运动占有位置、体积和规模的性质。电影的艺术思维，也离不开对电影空间的思维。电影运动的发展，既推进了也依赖于电影空间思维和电影空间观念的发展。电影空间与绘画空间有所不同，正如安德列·巴赞（André Bazin）在《电影是什么?》中阐述的：“画框与周围空间毗连，形成一个与自然空间相对立的，与真实空间相对立的内向空间，这个关照性空间仅仅向画内开放……银幕的边缘不是画框，银幕展现的景色似乎可以延伸到外部世界，画框是内向的，银幕是离心的。”电影和建筑都使得感知的空间和时间动起来，“电影最特别的可能性在于空间的动感化和时间的空间化”，要想将一种动感的感觉灌输给静止的观众，从而实现空间的运动，靠的是摄影机的镜头，而不是扭曲了的背景。

① 巴赞．电影是什么?［M］．崔君衍，译．北京：中国电影出版社，1987

"不仅是人可以在空间中运动，空间自己也应该可以通过控制镜头的运动和对胶片的剪辑从而前进、后退、旋转、溶解和结晶"。这样，电影就可以将城市景观与建筑从透视图的观点中解脱出来，自由地表现运动中的建筑与城市，重申改变中的世界和现实。更重要的是，在电影中的这种有力的建筑感知唤起观看者的经历，它可能是全新的，并且可以反复地被观看。

2）让·努维尔（Jean Nouvel）的实践

让·努维尔是鲍德里亚消费社会理论的实践者，他认为："建筑学的未来是非建筑的。"努维尔的建筑形式则是在识别、理解与包容当代消费社会与建筑中矛盾的基础上，去制造一种更模糊、更神秘的移动影像。努维尔的建筑通过它们在视觉形象上的复杂性与一致性吸引着我们的注意，将他的建筑比作电影或许是合适的："多场景的构图，持久和顺序，对比和光线的处理，速度和运动的感觉——电影中能发现的品质——同样可以在努维尔建筑的静止状态中找到"[①]。

图 3.16 努维尔的里尔开发区工程的表皮上的影像设计
来源：http://www.jeannouvel.fr/

图 3.17 阿格巴塔楼成为巴塞罗那的地标建筑
来源：http://www.jeannouvel.fr/

努维尔的建筑形式波动于二维与三维之间，用一种移动与演变的视角与深度的视野代替了通常的透视。空间维度的含糊使他重视建筑的表面，努维尔常在立面上叠印文字与图像，使建筑立面成为移动影像的传递者，使界面成为消费社会媒介符号的反映。这种方式在支配城市街道空间的局部立面与显示大都市公共意象的整体界面之间制造了基于真实时间中信息传递的"虚拟现实"。努维尔说并不是建筑物成为吸引人的中心，而是建筑物抓住和理解了它周围的事物。他在法国里尔火车站商业中心（图 3.16）的建筑表皮设计中运用了全息技术来表现大比例图片和周围环境，以适应城市环境的大尺度并营造商业氛围。

光线对努维尔而言是弱化实体感与制造非物质感的手段。他常运用多种光线的重叠，包括人工光线的运用，以及过度曝光与隐藏的双重技术，制造物体从透明到黑暗的无衔接转变。在阿格巴塔楼（Torre Agbar）中（图 3.17），努维尔则将色彩、材料、层次和像素的概念结合起来，每一个窗扇如同银幕或影像的一个像素，如同印象派中点彩的手法：四千多扇窗户和五万多个透明和半透明的玻璃板组成了这幅富于流动感和层次并可不断变化的银幕影像，就像摄影机的连续拍摄一般。这种与影像和镜头相联的方式在其最为著名的阿拉伯世界文化中心设计（图 3.18）中表达得更为完满：建筑整个南立面使用高技术的

① 康威·劳埃德·摩根．让·努维尔：建筑的元素［M］．白颖，译．北京：中国建筑工业出版社，2004

类似光圈的“控光装置”作为东方文化的现代表达，而建筑所具有的对比以及复杂性使得参观建筑就像走过一个电影的连续镜头。

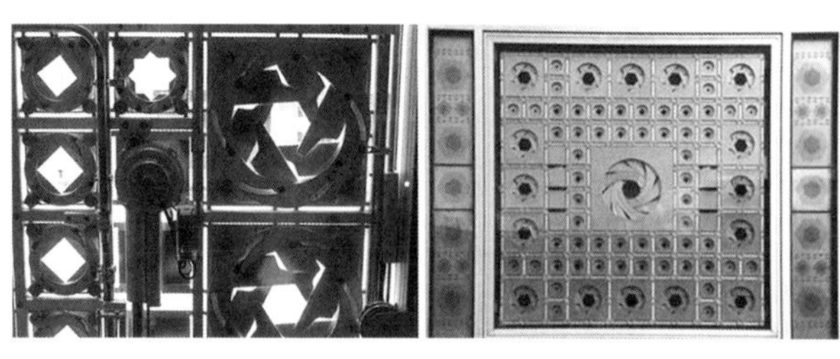

图 3.18 阿拉伯世界文化中心的“控光装置”

来源：http://www.jeannouvel.fr/

图 3.19 拉斐特百货公司

来源：http://www.jeannouvel.fr/

拉斐特百货公司则被设计为一面镜子，因为这里环境的影像几乎替代了建筑自身。建筑中内置了巨大的倒锥形的采光井（图 3.19），建筑的内部实际上是夹在两层具有透明性的玻璃之间，这让一切反射、折射和透射因此繁复而扑朔迷离。室内和室外都成为投影屏并展现着不断变化着的影像，画面于是充满了变化性、运动感与时间值。这让它在真正意义上最大限度地接近了电影。

2007 年，被让·努维尔称作“视觉机器”的 100 11th 大厦破土动工（图 3.20），它位于纽约曼哈顿的哈德逊河畔。这栋 23 层公寓楼最显眼之处在于 1 647 片不规则玻璃框拼贴而成的幕墙，每块玻璃被赋予了独一无二的大小、透明度以及角度，在不同观赏点、不同时间，呈现令人眼光缭乱的光影视觉，犹如蒙德里安的几何抽象画。

努维尔尝试运用建筑形式语汇来解译当代消费文化的变异。努维尔的建筑是短暂的、神秘的、易变的，它们将具体的规则与无尽的视觉世界相融合。“每次要在正确的地方建设正确的建筑，就好像是在寻找缺少的拼图”[①]，努维尔在谈及自己的设计感受时这样说。现代生活的多层次体验，要求建筑摆脱复制与承袭，建筑本身应该能与环境对话，带动周边朝好的方向转变。

图 3.20 号称“视觉机器”的 100 11th 大厦

来源：http://www.hi-id.com/

① 雷鑫．让·努维尔：影像与建筑的对话［J］．电影评价，2007（7）：74-76

3）声、光、影像的新体验

除了先锋建筑师在电影与建筑方面的探索外，目前城市景观在视觉影像方面最突出的特点是将电子屏幕从室内移至室外的城市空间。这已经成为大都市城市景观的普遍现象（图3.21），给城市大众提供了一种移动性、变化性和临时性的新体验。

表参道的 Media Ship 是在建筑内部将这种体验做到了极致。利用声音、照明、影像等最尖端的科技和日本国内最高水平的技术，表现无形的空气感和空间的魅力。Media Ship 作为传送信息的空间，具有崭新的可能性。楼内外的设备有机地结合，调动视觉、听觉、触觉，向所有感觉直接诉求，向来访的人们传送立体的信息。贯穿 Media Ship 中心的巨大的挑空中庭，利用可向从天花板下吊的旗帜和整个宽阔的楼梯放映图像的投影机，实现前所未有的空间展示。

图 3.21 纽约时代广场
来源：www.picturecorrect.com/wallpaper/

LED 在室外方面广泛应用，最著名的是拉斯维加斯的“天幕”。佛雷盟特步行街（Froment ST）位于旧城区，为了吸引游客借助科技手段，用“LED 天幕”来与新城区竞争。每当夜幕降临之时，五彩缤纷的灯光一下子激活了老城区的活力。由树状结构柱支撑的巨大拱顶，长 450 米，上面有 210 万个 LED，能够产生各种颜色，并具有音乐会音效的 550 千瓦电量。拱顶上每小时都有 6 分钟不同的动画展演，展演由空间框架中的 30 台电脑和一台总控电脑及 218 台扬声器控制，产生一种全新的视听效果，成为著名的景点。

消费空间乐意将自己化身为影像的实验地，在尖端技术的支持下，影像扩大了消费场所的体验。声、光、影像的综合作用，给消费者创造新鲜刺激的体验，其最终目的还是刺激消费欲望。这体现了库哈斯宣扬的“豪华”理论——豪华已不再是高级材料流光溢彩，如今的豪华是一种不同的体验，这些新媒体技术带来的新鲜感成为一种附加的价值。除了在空间内部与景观装置之外，影像在建筑表皮上一样颇具潜力。有关数字技术与媒介及表皮的关系，将在下文专门论述。

3.4.4 极少主义视觉倾向

在纯艺术领域，极少主义（The Minimalism）兴起于 20 世纪五六十年代的美国，又被称为 ABC 艺术或硬边艺术。它源于抽象表现主义，是当时以美国为中心的一种艺术流派。极少主义主张把绘画语言削减至仅仅是色与形的关系，主张用极少的色彩和极少的形象去简化画面，摒弃一切干扰主体的不必要的东西，主要反应在绘画、雕塑等领域。70 年代极少主义曾一度衰危，但从 80 年末再次焕发青春，在绘画、雕塑、戏剧、音乐、舞蹈和时装等艺术的各个领域都有丰富的体现，在城市景观、风景园林、建筑艺术、室内设计等实用艺术领域中也出现越来越多的追随者。极少主义仍具有旺盛的生命力。

确切说来，极少主义不是一种单一的风格，而是多种风格的集成。它运用技术的力量，企图包含和抛弃一切风格，是没有任何风格倾向的风格。它在很多方面做了大胆的突破和相当程度的极端化和绝对化。设计更多地考虑时尚心理、艺术形式和设计师个人风格等因素，而不是完全建立在对功能性、经济性的优先考虑上。极少主义摒弃作品中丰富多彩的具体内容，而偏向极端纯净和几何抽象性。当代景观设计师中受极少主义影响的最具代表性的人物是彼得·沃克（Peter Walker），20 世纪 60 年代末，沃克开始了极少主义景观设计的探索，随后风格日趋成熟，乔治·哈格里夫斯（George Hargreaves）、玛莎·施瓦兹（Martha Schwartz）等设计师也对极少主义产生了浓厚兴趣。而在建筑界，如日中天的赫尔佐格和德梅隆、彼得·卒姆托（Peter Zumthor）、安藤忠雄、妹岛和世、阿尔瓦罗·西扎（Alvaro Siza），他们的作品无一例外表现出对现代主义的怀念及对极少主义的倾向。有关极少主义的论述很多，本节关注的重点是作为原本不入流的“小众艺术”，极少主义是如何与时尚合谋，走上主流之路。

1）极少主义的视觉性

（1）客观表达性

极少主义艺术是一种非表现性的艺术，其简单至极的形体摆脱了与外界的联系，成为独立于各种不同环境中的封闭的自我完成体。其次，极少主义作品把艺术的客观真实性当作艺术来强调，主张表现事物固有的真实与美，减小个人的主观判断，避免个人介入的痕迹，不模仿任何已存在之物。常见的艺术特征，如形式的联系、视觉空间、表现和叙述，以及主题与演变等，在极少主义作品中都不重要了。作品本身就是一种除去了任何细节形式的本质存在。

尽管非表现和非参照是从立体主义到战后抽象表现主义的重要特征，这种极端化探求的终极，便是艺术家及设计师冥思苦想，不参照外物只能是自我参照而已[①]。极少主义景观寻求各种方式建立属于自己的艺术环境，不参照也不意指任何属于自然和历史的内容或者形象，强调景观的客观存在，它中立于功能主义之外，注重自身的艺术表达。正如彼得·沃克所说：“花园可以成为艺术自身。”

（2）几何秩序

极少主义以简化和抛弃为其重要的手法，艺术家似乎在试探，到底把艺术元素清除到何种程度，还能成为艺术品。约翰·帕森（John Pawson）认为：“极少主义被定义为：当一件作品的内容被减少至最低限度时它所散发出来的完美感觉，当物体的所有组成部分，所有细节以及所有的连接都被减少或压缩至精华时，它就会拥有这种特性。这就是去掉非本质元素的结果。”[②]

极少主义艺术家追求作品实体经过高度提炼的艺术敏感。在景观中常常表现几何形体之间的相互关系。作品在构图上强调几何和秩序，选用简单的几何母题，如圆、椭圆、正方、三角等，并在不同几何系统之间交叉和重叠。在材料使用上不断挖掘新型工业材料，并且将这些不同的材料纳入新的几何秩序中，用一种规整的、严谨的形式表达出来。网格、锥形山、

① 费菁．极少主义绘画与雕塑［J］．世界建筑，1998（1）：79-83

② 郑翔敦．极少主义倾向建筑的形式与技术研究［J］．建筑师，2005（2）：31

巨石、桧柏树和树篱是最常见的景观元素（图 3.22）。

图 3.22　彼得·沃克具有极少主义风格的作品

来源：http://www.pwpla.com/

网格被用来表达现代工业体系独特的规则性，并用来划分平面，以此形成形式的尺度感。网格的叠加产生复杂的变化，由一种简单的规则和方式最终形成充满丰富变量和偶然性的系统，使身处其中的人们产生不同寻常的体验。在色彩方面，不是以大面积三原色来强调现代感，就是以黑、白、灰来体现冷峻、无表情的工业化。纯粹的几何形造型外表没有凹凸，没有强烈的光影和体积效果，有的只是平坦的表面和不同材质的展现。建筑外立面趋于整体与统一，建筑形体的纯净化事实上从某种角度上也造成极少主义一种特殊的表现力——消隐。

（3）材料超真实

极少主义青睐抽象冷峻的客体形象。用来组织主题的最常见素材包括：金属、反光玻璃、混凝土、油漆，甚至橡胶轮胎，当然还有沙砾、顽石、木板等。借助这些在现代工业中司空见惯的材料，表达对现实生活的呼应。

图 3.23　传统材料的超真实的使用

来源：https://www.archdaily.com/

设计师尝试各种材料，如砖、混凝土、石头、木材、金属和玻璃，甚至纸、文字图像以扩展设计领域（图 3.23）。对待材料一视同仁，积极探寻传统材料的创新建构方法，使材料在限定建筑的同时又彰显自我。极少主义建筑常常探寻单一材料应用至纯至深的可能性，日常材料经过新的处理获得与其传统外观属性完全不同的崭新视觉印象。如赫尔佐格和德梅隆在道密纽斯啤酒厂中使用的“石笼”，埃伯尔斯沃尔德技术学院图书馆中使用的带有蚀刻图像的玻璃和墙体；又如卒姆托在瓦尔斯温泉中使用的片麻岩和他在汉诺威世博会瑞士馆里使用的木构件；同一届展会的日本馆中坂茂的超级纸屋又将纸在建筑上的应用发挥到了极致。设计师善于运用光线在各种材料及构件之间来回反射和折射，提升材料的表现力。

（4）细部精确性

“正如人类光滑的皮肤表面下是复杂的细胞和血管，极少主义简约、光洁的外表下，可能是造价高昂的构造和殚精竭虑的选择。今天，高超的化妆术意味着使用最高档的化妆品而不露痕迹”[①]。这正是对极少主义精致构造的巧妙比喻。

密斯说“上帝存在于细部之中”，细部精确性为观者带来了不同寻常的视觉和心理感受。它可以带来不露痕迹的视觉惊叹，也可以带来某种神秘的用意。极少主义建筑师也继承和发展了这一优良传统，不但强调精良的制作和加工工艺，依靠精致的细部构造设计增强建筑的表现力，更能巧妙娴熟地运用细部设计这一手段实现精彩的建筑理念。细部精确性还可以给人们带来的另一种感觉是神秘性，准确的几何控制往往能够带来一种“禅意”。

唐纳喷泉（Tanner Fountain）是彼得·沃克众多的经典作品之一（图 3.24）。沃克在创作中仅仅使用石块、水两种元素，配合先进的技术手段创造出独具神秘特色和空间内涵的场所。在设计中，沃克用 159 块石头围成一个直径 18 米的圆形石阵，在石阵中央设立雾状喷泉。受到英格兰远古石环的启发，沃克用石块把象征的意义和实用功能结合起来，其中涉及日本禅宗庭院的那种沉思、冥想，同时也包含 20 世纪极少主义和大地艺术所阐述的现象学思想。沃克认为“这种艺术很适合于表现校园中大学生对于知识的存疑以及哈佛大学对智慧的探索。其中看似漫不经心的石头其实经过精心挑选”[②]。

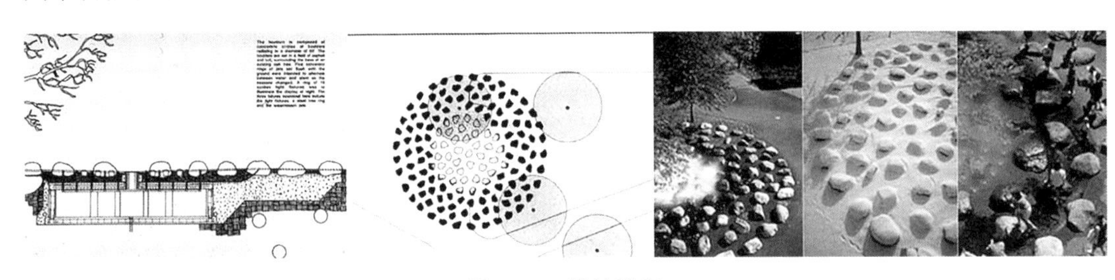

图 3.24 唐纳喷泉

来源：http://www.archifield.net/vb/

2）极少主义的妥协性

消费文化利用其主流文化形态的地位和权力来招抚激烈的反叛者，任何激进的意识形态或艺术观念都在利益和大众认同的双重诱惑下投向消费文化的怀抱，极少主义也不例外。极少主义反流行文化立场对于大众传媒而言，有时反而会刺激起部分消费欲。生活在传媒泛滥的现代城市的人众早已习惯于各种有形无形的控制，同时也乐于接受一定程度的“反叛行为”。知识型消费层、新型文化媒介是社会潮流的引领者，是“极少主义”风格的重要拥护者。

极少主义同现代主义美学的本质差别是价值观不同。现代主义探寻如何将社会导向最理想状态，是对价值真理性的追索，对社会接受的考虑相对次要。极少主义则从根本上放弃了这种理想的价值观，它的核心在于一种特定品位的精品式的形式美学，放弃主体价值定位表明它终将成为一种流行时尚。材料、构造、工艺、光线是极少主义的造型法宝。极少主义的景观与建筑经过精致的处理，具有机器般的精确性，在审美方面承袭着对工艺和趣味的追求。

---

① 李翔宁．当代欧洲极少主义建筑评述［J］．时代建筑，2000（3）：57

② 刘晓明，王朝中．美国风景园林大师彼得·沃克及其极简主义园林［J］．中国园林，2000（4）：59-61

表面看来，极少主义受到密斯、柯布西耶等现代主义大师确立的现代建筑美学原则的深刻影响，追求纯净的、几何化的、精密的形式，但是在建筑美学价值方面却是南辕北辙。极少主义美学显然没有现代主义美学的野心勃勃，它不试图创造一种改造社会的抱负，也不渴望创造一种革命性的美学。极少主义的兴趣和抱负主要停留在形式层面。一方面，极少主义强调自在客体，追求非表达非参照，力图摆脱内在形式联系、视觉空间、表现和叙述内容、态度倾向以及主题与演变对作品的束缚。另一发面，“任何不适于媒介的习俗惯例，一经识别便予以取缔”①。设计师的价值取向不是以激进的个性化理论对城市景观或建筑发展方向作颠覆与引领，也不是以此为工具和手段来实现心中的乌托邦。极少主义选择了一条看似中庸的道路：执着于对“纯粹”的追求。用钢、玻璃、清水混凝土、石头甚至纸来实现原创意义上的个人风格，以此应对纷繁复杂的社会和人文现实。同时，他们充分利用当代发达的传媒工具扩大自己及作品的影响力，希望得到市场的认可。

极少主义风格作为一种设计艺术时尚越来越受人们欢迎，设计师难以恪守原来的清规戒律，逐渐与消费文化接轨，演变为一种相对通俗的美学形式。然而极少主义的形式是建立在高技术、高施工水平的基础上的，如果只出于形式上的模仿不注重技术上和精神上的要求，那所谓“简约流行风格”就只能是一种商业炒作。

3.4.5 建筑的表皮化

作为城市景观中观层面中最基本、最活跃的构成要素，建筑形式最能直接和快速地反映消费文化的影响力。本节专门针对建筑的表皮现象进行论述。视觉性在建筑单体上的表现主要集中于表皮。在 20 世纪初，建筑表皮获得了解放并成为独立的主体概念，从那时起，建筑不再遵循古典正立面，表皮变成了围绕整个建筑的自由而连续的外皮。表皮直接显现空间本体深度，由此带来表皮 / 深度的哲学思考。自从摆脱了承重功能，表皮就有可能自由地探讨重 / 轻、厚 / 薄、稳固 / 流动等抽象关系②。当建筑表皮不仅仅作为形态，也作为一种观念存在时，对“透明性”“无深度的表皮”的追求，将使公共空间和私人领域的边界发生巨大变革，同时也将带来“建筑深度内向消解和建筑单体的城市化”③。由此建筑单体与城市景观的关系悄然发生变化，空间在建筑与城市的对话中的核心地位逐渐让位于表皮。内外之间的这层“皮”承载着越来越多的功能与意义。

1）体量与空间的弱化

当表皮使得建筑可以柔软得像个橡皮泥一样时，也就是拓扑的空间和形式代替了过去的种种对立——重力与结构、形式与功能、上和下、前和后等，无法再用古典透视里用来把握整体的眼睛去辨别部分和总体的比例、尺度和结构的关系。“当观者把自己飘忽不定的眼光集中在这里或者是那里时，就产生了把无数画面组织起来的连续的、非固定的形式。流体般的建筑表面消解了建筑立面的概念，屋顶、正立面、侧立面甚至底面都连成一整张皮似的东西。这是一张没有五官的肖像，我们因此无法仅从它自身的组织构成判断它的美与丑，大或小，

① 费菁 . 极少主义绘画与雕塑［J］. 世界建筑，1998（1）：79-83

② 冯路 . 表皮的历史视野［J］. 建筑师，2004（4）：6-15

③ 唐克扬 . 私人身体的公共边界［J］. 建筑师，2004（4）：55-61

外表与结构、功能的关系”[①]。

空间在现代主义建筑中是绝对的主角，动态的、流动的、穿插的、有机的等丰富的空间形态是建筑的主要发展内容。但是随着表皮的独立，空间性逐渐被冷落，“空间的品质不再像以往那么重要，即使建筑的本质是掌握空间。材料、质感及表皮的含义已变得越来越重要，物体间的张力呈现在外表或界面上”。建筑师把眼光转向材料与建构，空间和体量正逐渐被弱化，传统的建筑审美处于一种失语状态。

在现代的建筑表皮中，一方面，新材料层出不穷：特氟龙、不锈钢、穿孔铝板、金属丝网等；另一方面，在新技术和在新思维引导下，传统的材料被重新发掘出新的用途和表现形式。不少平常的材料经过加工或重组后变成另类的建筑表皮。表皮的整体性加速着体量的消隐，材料及建构走向前台，成为形式表达的主角，继而形成新的建筑美学观：轻、薄、半透明、朦胧、变幻、自由……这些才是时下的流行语汇。

2）表皮与消费文化

当消费的对象由物质转向符号的时候，形象比任何时期都显得重要。形象的更新和变化是快速的，对外表的模仿相对容易、成本较低，形象在现代媒介中快速传播。在时尚的逻辑中，为了更快地不断制造差异和消除差异，商品的外在形象削平了意义深度。现代主义阶段的艺术是时间模式，它体现为历史的深度阐释和意识；在消费社会阶段，艺术的主要模式则明显地转向空间模式。空间对应于眼睛和视觉，在这种转换中，形象被“物化”了。形象成为日常生活的商品，是一种必需品。就这样，在技术与社会文化的双重干扰下，深度让位于平面，空间让位于表皮。

时尚是短暂的，这种存在形式的“刹那的魅惑”是对经典的挑战，是对永恒性的消解。从公元一世纪维特鲁威的“坚固、实用、美观”的建筑基本原则，到文艺复兴时期阿尔伯蒂的“实用、坚固、美观”原则，“坚固”表现了建筑在安全性、耐久性方面的价值。建筑作为承载人类文明发展的“石头史诗”，表达了一种经久传世的永恒价值。经久传世的建筑在后世成为经典，并作为一种公认的参考系存在，具有一种规范的价值引导作用，是衡量、评价其他作品的尺度。然而在消费社会中，建筑成为时尚的消费品，通过不断的形式更新，以差异建构认同，以奇特标榜个性，以此来刺激建筑的消费，因而建筑的永恒性、耐久性的需求被消解，经典建筑存在的社会基础和社会意义被消解。建筑以轻盈、透明、光滑的时尚外表取代了厚重的体积感成为一种流行的建筑语言。

还要注意一点，在消费主义价值观和功利主义作用下，具有功能色彩的空间有时甚至不被建筑师所掌控，设计范围被逐渐缩减，最终在表皮的物质性和边界性上找到了切入点。消费文化不需要显著的风格甚或运动，它在乎的是流行或者趋势。形式与材料之间的边界、建筑和时尚之间的边界都模糊不清了。

3）不透明—透明—半透明

库哈斯说：“如果表皮是透明的，当你能通过表皮而不是窗户看到室内时，你就可以体察到表皮的存在。”表皮在发展中，经历了不透明—透明—半透明的过程，透明的表皮使建筑与城市周围环境产生了联系，相对于传统的厚重与封闭，起到了积极作用，符合当代人们的审

---

① 伍端. 固化[J]. 建筑师，2004（4）：66-73

美需求。透明不仅使在其建筑内部活动的人们随时感受到外面景物和光线的变化，还可以随时间的节奏和自然共存。表皮的透明性弱化了建筑的边界效应，虚化了形体；加强了建筑轻快、柔和、纯净的艺术效果。

图 3.25 美国新当代艺术博物馆
来源：http://www.newmusevm.org/

半透明是对透明的又一种超越，半透明的表皮赋予表皮一定的深度，展现的是既隔又透、含而不露的含蓄暧昧之美。通过对玻璃表面的处理，如磨砂、丝网印刷、雕刻或用多层玻璃的重叠；在建筑表皮的外层叠加、悬挂各种孔板或编织网；直接利用半透明的聚碳酸酯纤维板或薄膜作为建筑表皮等，得到了介于不透明与透明之间的无数种半透明层次。表皮的半透明性使室内外空间的视觉既有界限，又保持着某种彼此若隐若现的、迷人的朦胧美，相对透明表皮的暴露和不透明表皮的隔绝而言，半透明具有更大的可塑性和魅力。极少主义谙熟于妥协性美学，因此格外钟情于对半透明的表现。极少主义只有通过显示某个隐性中心或者作为其表现才能获得自身意义的观念，所以其将意义赋予物体的表面，并对反射性材料和挖掘自然光的效果感兴趣①。

（1）玻璃——磨砂、多层、贴膜

暧昧的白色、简单的体量、均质的空间、单薄的材质，清淡而空灵，妹岛和世的作品强调对空气感的表达，再现了白色、轻盈、朦胧飘逸的世界和透明、不透明、闲散自由的空间。妹岛经常采用透明的、磨砂的，尤其是贴膜玻璃，使人观看外面的景物产生陌生、虚幻和变形的意味，有一种欲言又止的暧昧在里面（图 3.25），充满了日式的精致与淡淡的惆怅。好像雾里看景，在平静朴实的外表下隐藏着百转千回的心思，妹岛在她的作品中通过半透明，将这种女性的细腻与感性发挥得淋漓尽致。

图 3.26 利口乐新厂房
来源：http://www.herzogdemeuron.com/index.htm/

（2）碳酸酯纤维板——丝网印刷

赫尔佐格和德梅隆在利口乐（Ricola）公司欧洲新厂房的设计中，在严格的二维的意义上将一片树叶的图案通过丝网印刷的方法在立面上重复使用来改变表皮的性质（图 3.26）。建筑的前后两个立面材料为轻巧廉价的工业材料聚碳酸酯板，它的透

① 王逢振 . 视觉潜意识［M］. 天津：天津社会科学院出版社，2002

明为车间和库房的工作区提供一定经过过滤的自然光。卡尔·勃罗斯菲尔的树叶成为重复的母题，改变了聚碳酸酯板的透光性，图案阵列和无尽的重复，形成一种新肌理，其意义功能已经让位于视觉效果。

（3）金属——穿孔、编制

法国建筑师多米尼克·佩罗（Dominique Perrault）将金属编织网用于法国国家图书馆的山墙外表皮上，随后又将其用于覆盖柏林室内赛车场和游泳馆。此后，半透明的金属产品在建筑表皮上的应用便逐步受到关注。半透明金属产品可分为孔板和编织网两大类。金属编织网的柔软性、组装的灵活性和拼接的无限性，使得创造复杂的建筑形体、双曲表皮面或“非欧几里得”图形变得容易。法国北部里尔市的疯狂文艺之家（Maison Folie）的复合建筑是一个未来派的建筑式样（图 3.27），作为城郊旧纺织厂改造项目，荷兰鹿特丹先锋事务所 NOX 用金属编织网以计算机生成的非欧几里得复杂图形覆盖在其原有建筑表皮上，波浪起伏的半透明金属网随着视线、光线角度的变化而产生了丰富的视觉效果[①]。

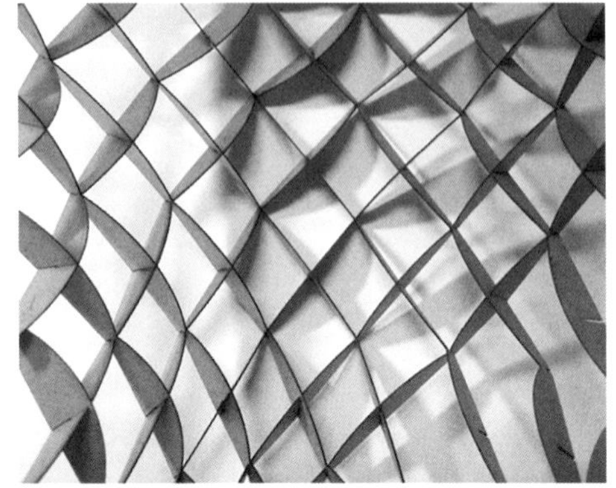

图 3.27　NOX 设计的里尔疯狂文艺之家
来源：Lars Spuybroek.NOX. London:Thames & Hudson,2004

4）表皮与媒介

随着信息技术的发展，激光技术和全息影像技术开始在建筑的表皮中逐渐应用，表皮与媒介的结合使得传播信息成了某些建筑的首要功能，表皮成为建筑与城市环境交流、感知、反应和相互作用的界面。建筑成为都市传感器，在电子玻璃和媒介表皮的背后，是内涵的“媒介化”，媒介的流动性和非实体性从技术层面转到认识论的层面。

这种转型在过去 20 年间也贯穿于其他数字媒介技术的演进中，全球网络消解了地区与国家的边界，移动媒介正在取代固定媒体的主流地位，这种发展对媒介与城市空间的关系产生了深远影响，从而导致了一种保罗·维利里奥（Paul Virilio）所说的“媒介建筑”（media building），一种承载信息的建筑。维利里奥将媒介建筑看作是电子化的哥特教堂，“两者都提供了信息，但传播速度与方式的不同决定了它们的差异，电子屏幕不可能形成以壁画和彩窗等方式产生的建筑记忆”[②]。在很大程度上，媒介建筑丧失了建筑固有的一些品质，如外表的稳定性。

新的电子信息技术对空间的感知产生了全面的影响，能够提高记忆（通过数据库、超级文档、网络）、想象（通过交互视频模拟系统）、感知（通过计算机图像和电子接听和电视图像）和反应（通过文字、图像、音乐等），并提供多向式的交流活动，彻底变革了感知空间和“历史时

① Philip Jodidio. Architecture Now 2［M］. Cologne：Taschen，2004

② Paul Virilio. The Vision Machine［M］. Indiana：Indiana University Press，1994

图 3.28　安联球场
来源：安联球场官方网站 http://www.allianz-arena.org

间”。新的电子表皮有同时显像的特性，表皮的互动性和虚拟性愈发强大。

建筑表皮成为其他内容的道具，衡量标准是它暗指和想象的价值，是它容纳各种信息流的能力，或是在新信息和电子交流技术的空间中转化和引起的虚拟性。瑞士建筑师布特哈格在北京五棵松文化体育中心的奥运场馆竞标的设计中，干脆将建筑的表皮设计成电子大屏幕，成为真正的传播信息的表皮，而建筑的采光则通过顶部的 12 个双曲面结构筒对阳光的反射、折射来完成的。建筑表皮作为纯粹的信息与媒介角色登场了。

在安联球场的设计中，建筑师面临一个特殊的问题：慕尼黑的两家甲级俱乐部——拜仁慕尼黑队和 BSV 慕尼黑 1860 队都将把安联体育场作为自己的主场使用。通过何种途径能使球场在两种身份间进行转换呢？赫尔佐格和德梅隆用表皮和光的组合给出了答案：面积约 4 200 平方米的巨大曲面形体用 1 056 块菱形半透明的 ETFE 充气嵌板包裹，总数达到 2 160 组的板内嵌发光装置，可以发出白色、蓝色、红色或浅蓝色光。同时发光状态——强度、闪烁频率、持续时间，都可以通过仪器控制（图 3.28），不同的场合产生不同的光效，对应相应的身份。在安联球场的表皮更多地具有信息传达的媒介和社会意义的载体的特征。在单一表皮的包裹下，传统的体育场形象似乎被消解。经过五彩斑斓的光线演绎，球场更像一个报告赛况的巨型公告牌或者渲染狂热气氛的巨型霓虹灯。“视觉效果、光、顶尖的球员、戏剧性，都是足球演出的一部分”。设计者赫尔佐格宣称。他们的任务即是为演出提供合适的舞台和布景，建筑必须是一种感官和智能化的媒介，否则，它就太无趣了。

3.4.6 眼球经济

在一个传播过剩的时代，信息早已不再稀缺，相反，倒是注意力成为稀缺资源。如何有效地吸引受众的注意力，并将这种注意力稳固地维持下去，成为现代传媒在市场竞争中的焦点所在。注意力经济又被形象地称作“眼球经济”，是指实现注意力这种有限的主观资源与信息这种相对无限的客观资源的最佳配置的过程。注意力之所以重要，是由于注意力可以优化社会资源配置，进而获得巨大利益，注意力已成为一种可以交易的商品，这就是注意力的商品化。

消费主义所造成的视觉文化的强势，夸大了具有吸引眼球魅力的画面、场景等视觉元素。

对速度与效果的追求，超过了对城市及文化的理性思考，于是一波又一波对流行范式的模仿导致了城市景观中涌现出大量昙花一现的现象，这些是由于对现实问题缺乏深入的思考和研究，忽视对问题本身独特的见解导致的。

图像与影像的直观生动性是其优点所在，但是视觉文化的显著特点之一是把本身非视觉性的东西视像化，大众沉溺于其刺激性、戏剧化、唯美、悲喜剧等审美情境，感官的瞬间满足使精神的能量在意识的浅层即被释放，人们游走于“虚拟的幻觉”抑或是“幻觉的虚拟”之间，虚实之境已难区分；貌似真理的影视虽然提高了“看”的速度和效率，却暗中滋生了怠惰，久而久之使大众的行动和判断趋于迟钝或瘫痪，主动的反思日趋艰难，人们被置于一种超现实的虚无中。在视觉和媒介的强大整合之下，社会生活的视觉化倾向导致了特有的“近似文盲”的出现[①]，是指人们越来越依赖符号、象征、图片、声音等传播形式获取信息，习惯于视像化生活方式和思维方式的一群人，对语言文字反应迟钝，在理解需要较严密的理性思维逻辑能力的复杂句子时出现了困难。

3.5 小结

消费文化按照结构层次，从物质、制度、精神三个层面分别影响城市景观的材料与技术、形式与结构、价值与意义。在消费文化和消费主义价值观的支配下，城市景观的物质与制度层面悄然发生变化，本章从人、技术、感知三个视角将消费文化对城市景观的影响归纳为大众性、媒介性、视觉性三个方面，并分别做了系统分析。

大众、媒介、视觉，三者的合流，刺激着消费文化的扩张和繁荣。消费文化对当代城市景观的积极意义在于：颠覆了现代主义美学的权威和精英立场，使美学走向大众，更加关注现实的日常生活；城市景观从满足功能和象征身份的客体转变为丰富消费者视觉体验的中间媒介；扩大消费所要求的持续创新成为城市景观发展的动力。城市景观在消费文化的作用下更趋于开放和多元。

消费文化是把双刃剑，其对城市景观的作用与影响具有两面性。那么，“消费文化对城市景观产生哪些负面影响”？要回答这个问题，就必须立足人文生态思想，对消费文化进行全面剖析。

---

① 舒尔茨．整合营销传播［M］．何西军，等译．北京：中国财政经济出版社，2005

4 消费文化对城市景观人文生态的影响

曼哈顿是20世纪的罗塞塔巨石。它的大部分表层结构被建筑异变（中央公园、摩天大楼）、乌托邦碎片（洛克菲勒中心、联合国大楼）和非理性现象（广播城市音乐大厅）所占据，除此之外每一个街区都被虚幻的建筑层所覆盖，这些虚幻的建筑是过去的居住形式、中途失败的项目和为存在的纽约提供备用形象的受人们欢迎的幻想。

——雷姆·库哈斯，《疯狂的纽约：曼哈顿的再生宣言》

自然生态与人文生态对于人类的生存和发展来说是同样重要的。消费文化对自然生态的影响明显、直接，容易被人感觉到；而对人文生态的影响潜隐、间接，往往被人忽视。如果城市景观对消费文化一味采取鼓励褒奖或听之任之的态度，那必然会激化消费文化背后潜在的人文生态危机。本章即要从人文生态思想出发，剖析消费文化对城市景观的负面影响。

4.1 城市景观与人文生态思想

消费社会的逻辑不是生产，而是消费，消费成了资本主义生产的驱动力。消费社会中的经济生产不再与短缺而与过剩相联系，消费成为经济过程中的关键环节，消费变成了大众的义务，多消费就是多贡献。在这里，“生产的目的就是毁灭，关键的问题就成了怎样去应付铺张、该死的耗费，怎样去面对过量的能源被转化为过剩的产品与商品，怎样去对待一个熵和失范之极限过程”[①]。受使用价值的限制，生产与商品总是有限的，但欲望与消费是无止境的。

消费社会是一个由商品丰盛粉饰出的太平盛世，在这个幻影背后所掩盖着过度工业化带来的两种生态灾难与危机：

其一，是自然生态危机。由于消费社会服从于资本的逻辑，不可能是节约型社会。只有“大量生产—大量消费—大量废弃”才有利于资本的循环和周转，保证经济不断增长，但这种模式的社会是不可持续的。消费社会中的工业生产以批量化生产使产品廉价，以廉价产品占领市场，以市场刺激消费，以消费刺激生产，从而完成一个正反馈过程。在这个看似完美的逻辑中，“自然”隐身了。批量化的生产意味着对自然的大肆掠夺，对环境的污染，大量消费背后是大量的废弃。消费水平的提高似乎是缓和了传统资本主义的内部危机，却把这种危机转嫁到了自然生态系统上。不合理的开发与利用，引起人类赖以生存和发展的生态环境的退

---

① 迈克·费瑟斯通．消费文化与后现代主义［M］．刘精明，译．南京：译林出版社，2000

化和生态系统的失衡。地球物种正迅速灭绝，冰川开始融化，海洋、河流和湖泊受到了严重的污染，空气中的二氧化碳超标，臭氧层漏洞越来越大，沙化土地面积速度增加，森林数量增长、质量下降……一系列生态危机已经出现并愈演愈烈。

其二，是人文生态危机。在自然环境出现持续恶化的同时，人类本身也正经历着一场深刻的价值观念、生活方式、生产方式的巨大变革和矛盾冲突，即现代化的科技和文明带来的巨大物质财富的增长和随之而来的各种生存问题和文化冲突，主要表现在人本质的异化、人与人的疏远、人与社会的冲突和人与自然关系的紧张和对立等，使人类生活在物质生活与精神世界的对立和冲突造成的窘境之中，让现代人无限自由的物质生活环境带来了精神上的不自由和束缚，使生存于技术世界中的大众面临自己所创造的物质世界形成的困境与危机，理想失落、信仰危机、精神世界的混乱和无序等成为摆在21世纪的人类面前的严重问题。虽然相对于自然生态而言，人文生态显得潜在与间接，但是其对于社会发展的作用依然是至关重要的。

4.1.1 人文生态及相关理论研究

1）人文生态含义

人文生态是指以人本身为研究对象，以人文精神为主导的文化与其外部环境之间相互作用、相互影响而形成的生态系统。人文生态是内化为人类精神结构中的价值理念、观念意识与思维方式，又外显为制度、体制、机制及组织等构成的人所处的社会生活环境。从外在形式来看，它是人类在探索人生价值和意义的过程中所创造的，用以满足人的精神情感需要，促进人自由全面发展的人文生态系统。

健康、合理的人文生态能够体现和维护个体的自我实现和自由，是人、社会、自然三个方面和谐共处、协调发展的生态系统，实现人与人之间的平等，社会的和谐与进步，人与自然的统一。人文生态的发生和发展是一个各因素相互协调、和谐统一的可持续发展机制。作为人类社会生活所生成的文化环境，人文生态发展的条件和基础主要受到以下四种环境要素影响（表4.1）。不同要素在社会生活中对人文生态的阶段和特色形成起着不同的作用，它们之间的相互交错、影响和制约，促进人文生态系统的动态稳定与协调。

表4.1　四种环境因素对人文生态的影响

四种环境要素	内容	作用
地理因素	气候、地形和资源	人文生态的自然条件
经济因素	地方经济性质和分布、人口的生活标准等 各种经济活动和现象	人文生态的物质基础
文化和技术	自然、社会、艺术学科 影响人们思想和心理的道德观念和价值理念	最重要的构成性因素
政治和行政措施	各种法律和公共事业的管理规则	影响外在构成及内在秩序

参考：姜芃.美国城市史学中的人文生态学理论［J］.史学理论研究，2001（02）：112

由生态学的原理可知生态系统的稳定性依赖于生物的多样性，一个结构复杂的生态系统总是比一个结构简单的生态系统更具有对外界环境变化的反馈能力。作为动态的开放系统，文化与社会环境紧密联系，不断进行信息和能量的交换。人类社会创造的每一种文化都是一个动态的生命体，各种文化聚集在一起，形成各种不同的文化群落、人文生态圈，甚至是一种文化链。它们相互关联成一张动态的生命之网，作为人类文化整体的有机组成部分，都具有自己的价值，为维护整个人类文化的完整性而发挥着自己的作用。任何一种文化的灭绝、消失，都会改变或影响人文生态的平衡和协调。因此消费主义作用下的文化同质趋势不利于整个人文生态的平衡。

用生态学的话语讲，人文生态的内容包含着两个方面。一方面，人文生态作为人的一种内在的、意向的、自由的、能动的生命活动，在一个更为高级的层面上通过组织和制度影响社会政治、经济和文化的产生和进化，进而对自然生态系统发挥着内在隐蔽的巨大作用；另一方面，人文生态作为人类的一种生命活动，在不断地生长着、运动着、兴衰着、变化着，具有内在的能量转换机制，具有独立的与其环境进行交流的体系，它本身也是一个充满活力与生机的开放系统。

2）法兰克福学派异化理论

自20世纪20年代以来，法兰克福学派作为西方马克思主义的劲旅[①]，高举批判理论的大旗，积极关注当代世界各种社会制度和文化体系，尤其是对西方社会和文化生活中的各种现实问题、矛盾及人的危机进行了深刻地揭露和批判。法兰克福学派的理论家把批判的矛头指向了科学技术和人们的消费行为，认为科技异化和消费异化是导致生态危机的根源。

异化是一种社会关系，是一种历史的、社会的整体状态。在这种状态中，人与人之间的关系以物与物之间的关系表现出来，通过人的物质活动和精神活动创造出来的产品、社会关系、制度和意识形态，作为异己的、统治人的力量同人相对立。

（1）科技异化

法兰克福学派称科学技术在造福于人类的同时又反过来损害、支配、威胁人类的现象为科学技术的异化，并断言：从人和自然的关系角度，科学技术的异化过程就是生态环境的破坏过程，科学技术异化的最终结果导致了全球性生态环境危机。

首先，今天的技术理性转化为一种强大的统治权力，科技异化的直接结果就是造成了对人和自然的双重统治；其次，科技异化直接具有破坏作用，危及生态和整个人类社会。法兰克福学派认为，人与自然关系的紧张，是因为资本主义社会以科学技术作为直接生产力的社会化工业大生产所造成的，这种生产既依赖于自然，又影响自然。作为直接生产力的科学技术迅速发展，既增强人类影响自然的能力，也强化了人们的贪欲。在科学技术运用不当和失去控制的情况下会造成不良后果，产生由高生产、高消费所引发的发达资本主义国家浪费资源、污染环境、破坏生态平衡等危及人类社会和未来的问题。

（2）消费异化

消费异化是指人把消费当作目的本身，追求一种对自然的无度的索取和占有，使人与物的关系完全颠倒，人成了彻底的“拜物主义者”“消费主义者”。为了满足无止境的消费，就得

---

① 道格拉斯·凯尔纳.消费社会批判：法兰克福学派与让·鲍德里亚［J］.樊柯，译.首都师范大学学报（社会科学版），2008，180（1）：44-47

扩大化生产，大量消耗自然资源，这就必然破坏生态平衡，造成生态危机。消费与人的真正需求背离了，演变成为消费而消费的病态行为，导致了人与自然关系的扭曲。

消费文化在媒介与大众的合谋下，轻而易举地实现了从“我思故我在”到“我买故我在”的价值转变，这种转变是以人在物质包围中的自我丢失为代价的。同时，消费行为自身又笼罩着一种“人人都有权进行”的平等光环，于是人们误以为可以通过它来实现其内心隐秘的对等级差异的渴求。

法兰克福学派认为异化的消费是资本主义社会新的控制形式，资本家成功地利用了人们不恰当的心理和观念，通过广告、竞争和舆论控制了消费。资本主义通过提供高标准的物质消费生活，不断产生和满足人们的“虚假需求”，消除了那些因为得不到物质满足而产生的对现存制度的抗议，这种新的统治形式不再是血淋淋的，而是让人“不知不觉的、顺顺从从的、舒舒服服的”。

3）芝加哥学派的城市人文生态学

芝加哥学派以芝加哥作为社会的实验室，试图通过研究发生在他们周围的城市变化来理解社会的发展。他们所遵循的主旨是人文生态学的理论，认为人类社会也与生物界一样，是一种生物链的相互关联关系，城市社会中人们的举止和行为是由城市的物质环境所决定的。并在此基础上发展了一种系统的、建立在人文生态学原则基础之上的城市发展理论，使生态观点成为美国城市社会学基本的理论框架。这一理论模式对美国 20 世纪 60 年代以后的城市史研究乃至西方其他国家的城市史研究都产生了深远的影响。

（1）罗伯特·帕克（Robert Ezra Park）的自然区域理论

人文生态学方法的创始者是罗伯特·帕克，他是第一个把生态理论模式运用于分析社会文化的学者。帕克认为城市空间秩序最终是生态秩序的产物，人类社会在两个层面上被组织（一是生物学层面，一是文化层面），从而发生着类似于生物界的竞争、淘汰、演替等过程①。他致力于创立人文生态学的研究范畴，并对其主要概念以及它与社会学的关系进行了界定。

帕克研究了植物界和动物界不同物种之间的动态平衡。竞争、合作、新物种，都会打乱原有的平衡，但新的妥协和分工会促成新的平衡。帕克有关人文生态学的概念来自他对社会组织的理解。他认为，从“文化”的角度来说，社会是作为一种默契而存在的，它是由作为某一特定社会标志的集体行为的基础，即共同的信念、价值观念、习惯和态度所组成的。这种社会的默契（或者说社会遗产），只有通过交往和社会的相互作用才能出现。通过斗争、包容和同化这三种形式的运作，建立起“文化秩序”，并由此控制着人类社会“生物”的层次和位置。

构成帕克人文生态学方法的基本理论是自然区域理论②，其中服务和零售机构具有较强的竞争力，所以能占有城市中地价最高的最中心区域。帕克相信，每一个自然区域都是一个道德和文化区域，有着自己独特的习惯和传统，也发展了一套规范的秩序对其中居民进行管理。这样，作为信念和价值观念共同载体的“小社会”，就在“社区”的生态结构中出现了。

（2）罗德里克·麦肯齐（Roderick Mckenzie）的生态分布理论

作为帕克的学生和同事，麦肯齐认为，生态学的研究对象是“人们与他们所选择、分布

---

① 顾朝林．战后西方城市研究的学派［J］．地理学报，1994，49（4）：371-383

② 姜芃．美国城市史学中的人文生态学理论［J］．史学理论研究，2001（02）：105-117，160

和适应的环境支配力之间的那种特殊的和暂时的关系”。人文生态学与自然生态学的区别在于人在适应环境的过程中能够采取高水平的行为，即在限定的条件下，人可以建立起自己的文化习惯。人文社会的共生关系更表现为对于文化环境和生物地理环境的调整。

麦肯齐的主要贡献是生态分布理论[①]，即一个社区或地区所有居民的活动和机构的分布组合并非静止的，随着时间的推移持续不断地在改变。其改变是由五种不停发生的生态进程所决定的。

① 集中：这是某一地区定居人口不断增长的趋势，集中的水平反映了这一地区所能提供的便利条件以及在与其他地区的竞争中所占的优势。

② 集中化：这里主要是指社区组织的形成过程。它是人们为了满足共同的利益需求集中到一起，这些组织的单位包括村庄、城镇和都市。

③ 分解：一方面是人口和组织的集中；另一方面，在社区内部，却是一个不断分化和分解的过程。遵照一定的经济和文化标准，一种潜在的选择过程会在居民中进行分类和替换。

④ 入侵：社会的发展是一个连续性过程，由于分解所造成的自然区域不是固定不变的，随着时间的推移，一种人口和土地利用方式会被另一种所代替。这种新事物的侵入过程揭示了生态结构的动力特征。

⑤ 连续性：即生态状况发展变化的连续，入侵的消失是新的自然区域的出现和相对稳定，是旧的形态被新的所代替。

4.1.2 人文生态与城市景观研究

人文生态学的方法同样进入城市景观的研究领域，例如景观生态学愈来愈重视人文方面的研究，城市规划学科也提出了“生态城市”的发展，而人文景观也已经由物质空间和形态议题转向了更为复杂的社会文化和价值体系的议题。

1）景观生态学的人文方向研究

德国的生物地理学家特罗尔（C.Troll）早在 1939 年就提出了“景观生态学”的概念。景观生态学以整个景观为研究对象，强调空间异质性的维持与发展、生态系统之间的相互作用、大区域生物种群的保护与管理、环境资源的经营管理，以及人类对景观及其组分的影响。迄今为止，景观生态学已成功地应用于评价和分析景观生态系统；广泛地应用于生态破碎化及生态环境演化等各个领域；景观生态学为土地利用、土地规划及可持续发展提供了新的概念和思路。

景观生态学在景观结构与功能的研究之外，愈来愈多学者对景观的人文方面产生兴趣。美国明尼苏达大学的琼・艾弗森・纳索尔（Joan Iverson Nassauer）教授也注意到景观生态学中文化方面的研究，并提出了四个主要原理[②]。“应根据现行的政治系统、对土地的经济利用、美学认识和社会习俗（所有这些在这里都称之为“人文”）来创造景观”，其具体原理如下。

（1）人对景观的感知、认识和评价影响景观，并受景观的影响。由于文化背景的不同，

① 转引自姜芃．美国城市史学中的人文生态学理论［J］．史学理论研究，2001（02）：105-117，160

② Joan Iverson Nassaueer. Culture and changing landscape structure. Landscape Ecology［J］, 1995，10（4）：229-237

人们的头脑会对景观形成一种印象，这种对景观的印象就是感知；认识是对信息进行组织、贮存和回忆的方式；评价是人们所持有的评价事物的标准，评价影响着感知和认识。人们对景观的喜好，显然是综合了感知、认识和评价这三个相互联系的过程。

（2）文化习俗强烈地影响着居住景观和自然景观。文化习俗直接影响着人们对景观的注意力、趣味性及偏爱，也直接影响着人们对景观（尤其是当地景观）的创造行为。

（3）景观的外在信息是通过文化语言及图像的形式来进行传递的。不过对景观的感知绝不能等同于科学的生态功能，感知是主观的，而生态是客观的。看起来美丽的景观很可能受到污染；看起来废弃的土地可能拥有丰富的生态系统。人们不能依据自己的主观印象来改变自然景观。

（4）景观风貌反映人文准则。人们是按其对自然界的认识、美学追求，以及各种需求、社会习俗等人文因素来建造景观的。因而景观的风貌在一定程度上反映了人们的文化准则。

2）生态城市发展

20 世纪 50 年代以来，以生态学方法研究城市问题成为城市规划学科的理论前沿，如“绿色城市”“健康城市”“园林城市”“山水城市”等。70 年代，联合国教科文组织发起“人与生物圈”（MAB）计划研究，并于 1984 年在其《人与生物圈》报告中正式提出“生态城市（Eco-city）规划”的概念。80 年代末，国际生态城市协会正式成立，世界各国逐步把生态城市建设作为城市现代化的重要目标。

我国学者提出建设生态城市需满足三个原则：人类生态学的满意原则、经济生态学的高效原则和自然生态学的和谐原则①。由社会、经济和环境三个子系统构成，经济发展、社会进步、环境保护三者保持高度协调，是按生态学原理建立起来的人类聚居地。它应该是空间布局合理，基础设施完善，环境清洁优美，生活安全舒适，物质能量高效利用，信息传递流畅快速。

生态城市建设的目的之一就是构建出一个有序、合理的社会系统，在人文方面，提倡以“绿色社区”作为切入点。社区建设要求有较大的绿色空间，使用适当的材料，设计富有特色的建筑形式，为人们创造安全、健康的居住、工作和游憩空间，创造丰富的、多样化的社会及社区活动，将生态意识与生态安全贯穿到人类住区发展、建设、维护管理各个方面。

3）人文景观保护

“人文景观”（cultural landscapes，也译“文化景观”②）本是一个西方文化地理学界的概念，它的核心思想是以动态、具体的文化角度来剖析和解读景观的生成、形态及意义，强调人与自然的互动性。20 世纪六七十年代的历史遗产保护只注重伟大的纪念物、考古遗址、著名的建筑群、与财富名声相关联的历史场址。20 世纪 90 年代以来则被称为“人文景观的上升期”③，这种上升的结果是人文景观所蕴藏的不同价值体系的呈现，是对旧的历史遗产观的挑战，也是对于大众历史兴趣的进一步拓宽。

20 世纪 90 年代以来，产生了一些纲领性文件，如《世界遗产名录》（1992）、《欧洲景观

---

① 王如松，欧阳志云 . 天城合一：山水城市建设的人类生态学原理［J］. 城市发展研究，2001（6）：54

② 蔡晴 . 基于地域的文化景观保护研究 . 南京：东南大学建筑出版社，2016

③ 肯・泰勒 . 人文景观与亚洲价值：寻求从国际经验到亚洲框架的转变［J］. 中国园林，2007（11）：4

生态学研究战略》(1998)、《欧洲风景公约》(2000)。这说明人文景观，已经由一个物质空间和形态议题转向了更为复杂的社会文化和价值体系的议题。因此越来越多的有识之士都意识到，协调保卫人文景观和自然生态之间的关系，是关系到持续建构和谐人类社会以及人类社会和自然之间和谐关系的重大课题，任重而道远。

4.1.3 人文生态与消费空间的研究

由于消费空间是消费文化最直接作用的城市公共空间，西方学者很早就从人文角度出发对它进行了研究。其中，社会学、心理学强调居民的行为、道德以及社会公正对娱乐场所区位的影响；经济学关注娱乐场所作为城市复兴的公正手段；地理学注意到了娱乐场所的分散布局公正趋势。对消费空间的研究大致可以分为以下六个阶段（表 4.2）：

表 4.2　人文生态对消费空间研究的阶段划分

阶段	研究重点	时间	研究内容	方法
1	空间表征	1940 年之前	消费空间的道德观，消费空间表征，区位的经济因素初探	实证主义方法
2	空间过程	1940—1960 年	经济、社会对消费空间区位过程的影响，政府行为对消费空间区位的干预	实证主义方法
3	空间效应	1960—1980 年	消费空间的“道德地域”表征，阶层分化、文化影响，消费空间的聚集效应	行为方法 人本方法
4	空间结构	1980—1990 年	消费空间对城市结构的影响，城市边际主义与消费空间聚集关系的讨论	结构主义方法
5	新城市主义布局	1990—2000 年	居民的行为、道德对消费空间区位的影响，消费空间作为城市复兴的手段，消费空间的分散布局趋势	新人本主义理念
6	社会—文化空间秩序	2000 年之后	多学科视角对消费空间布局影响因素的讨论，注重社会行为模式与对应场所的空间结构，微观个体的心理认知及参与空间行为的差异需求	新人本主义理念

参考：张波，王兴中．国外对城市（营业性）娱乐场所的空间关系研究的流派、阶段与趋势 [J]．人文地理，2005，(5)：1–7

1）空间表征研究阶段

由于该阶段社会生活场所类型的单一性，消费空间是地域道德观的一种反映，因此其研究内容主要从消费空间对居民道德传统的影响上强调场所与人之间的关系。其后经济学的介入标志着消费空间区位研究的开端，仅对区位布局及其因素做了解释，其特点是通过对实体场所空间表征的因素综合，其研究结果仅仅局限于定性的描述水平。

2）空间过程研究阶段

二战对社会经济造成的创伤促使居民生活方式发生改变。学者开始着手研究城市消费空间的社会政治功能，以及经济衰败导致居民生活方式和道德规范转变的负面影响，认为通过政府行政干预的手段，强制性地规定消费空间的区位布局有利于社会空间重建，它的区位过程也并非仅仅是经济行为，同时也是一种情感的表达，两者共同影响着区位的确立。

3）空间效应研究阶段

20世纪60年代之后，西方国家社会与经济的快速发展，引起学术界对消费空间研究内容及方法的转向，社会生活伴随行为科学的发展被应用到空间的研究上。地理学、行为学研究的介入，开始了“微观”行为意义上场所的空间布局讨论，人文生态观对消费场所的地域文化类型，即“道德地域”（moral regions）及其构成均有研究，强调场所的社会空间属性功能，进一步从人本主义诸多视角，通过微观行为、实证研究相结合的方法对影响场所效应与区域聚集效应的因素展开探讨。

4）空间结构研究阶段

这一时期，众多学科的研究者察觉到城市中心区功能衰弱以及城市功能分裂，开始讨论经济社会重构影响下城市中消费场所的空间结构。经济学注重场所之间的空间作用，地理学强调着消费布局对城市结构的影响。空间聚集及其结构成为讨论的焦点。

5）“新城市主义”布局研究阶段

“新城市主义”在西方国家学术界得到广泛认同，对消费场所的研究日益细化，众多学科采用不同的方法分别对消费空间的布局进行全新审视。社会学、心理学强调居民的行为、道德以及社会公正的影响。

6）前沿研究的内容与趋势

进入21世纪之后，全球化导致城市居民生活方式深刻变革，各学科注重社会行为模式与对应场所的空间结构（过程）研究。微观个体的心理认知及参与空间行为的差异需求已经成为研究的趋势。在研究中：宏观上考虑消费社会背景下，经济全球化对消费空间布局的影响，微观上探讨城市内部地域文化范式通过居民的感知行为对消费业态及布局的影响，并研究城市社会空间结构的交叉边缘学科，认为消费场所作为城市生活场所的有机构成，体现着城市居民社会阶层与“生命周期”阶段的消费需求。对消费空间的研究，已经从探讨场所的社会空间结构与城市布局过程向居民的感知（场所）空间过程的社会——文化空间秩序转变，并在社会发展的前提下讨论场所的“社会剥夺”（social deprived）与空间公正规律。在新“人本主义”理念下对城市消费场所的多重生态构成及场所区位的多重效应展开探讨。

以上用一节的内容简单介绍了人文生态的内涵及其相关理论研究，分析了近期人文生态对城市景观及消费空间的研究成果，下文将要从人文生态思想出发，剖析消费文化对城市景观的负面影响，这些影响虽然潜隐与间接，但是如果没有有效的控制与约束，则会加剧消费文化下潜在的人文生态危机。

4.2 城市景观的平面化

平面化也可以称为浅表感，最早是指艺术作品中审美意义和深度的消失。“后现代的平面感作为一种缺乏深度的浅薄，根源于结构主义对解释的深度模式的消解”①。现象是表层的，本

① 王岳川.后现代主义文化研究[M].北京：北京大学出版社，1992

质存在于现象的遮蔽之下，只有透过表层才能达到深层，探测到表层遮蔽的内在意义。消费文化则打破了这类深度模式。文字以抽象性和想象性著称，图像以直观性和具体性见长。当语言文字思维逻辑的叙述性文化日渐式微时，以视觉思维为主导的“形象的文化”“表皮的文化”开始大行其道。然而在消费文化中，文字的地位却被忽略到为解说图像而存在，其内在的意义被图像简化为直观具体的形象。

大众对娱乐与流行的喜好，视觉文化的兴盛，媒介“扬表抑内”的潜规则，导致消费文化影响下的城市景观呈现出平面化趋势：“外观与形象”被赋予极大关注度，“表皮与形式”早已脱离功能达到高度自治，“效率优先”“机械复制”“大规模生产”又导致了城市景观的标准化与模式化。这样的改变可以使一些广博深邃的思想利用图像的直观具体性而得到更大范围的普及，但它浅显直白的表达方式，可能导致原本深邃思想的平面化和简单化。

4.2.1 形象与奇观

1）消费文化中的形象

在詹姆逊看来，形象“就是以复制与现实的关系为中心，以这种距离感为中心”①。在传统文化中，形象与现实之间由于模仿的关系存在着明显的距离感，这种距离感为想象力提供了空间；在消费文化中，通过大量复制生产的形象甚至取代了现实本身，距离感不复存在。人们发挥想象力的空间被挤压后，意义只能停留在表面的形象之上。詹明信注意到在现代主义阶段，艺术的主要模式是时间模式，它体现为历史的深度阐释和意识；在后现代主义阶段，文化和艺术的主要模式则明显地转向空间模式。从理论上看，时间模式与理性和语言的关系是显而易见的，因为时间的线性结构和逻辑关联恰好符合语言的要求；相反，空间则对应于眼睛和视觉，它不可避免地将时间的深度转化为平面性。在这种转换中，形象被“物化”了，形象成为日常生活的商品，而且是一种必需品。他进一步指出消费文化正是具有这种特色，“形象、照片、摄影的复制、机械性的复制以及商品的复制和大规模生产，所有这一切都是仿像”②。在詹明信的文化“图绘”中，展现了消费社会背景下，形象被推至文化前台这样的历史过程：从时间转向空间，从深度转向平面，从整体转向碎片。

形象还与认同有着密切的联系，大众通过外包装创造并维持自己的“自我身份”，个人的身份成为一个对个人形象进行选择的问题。大众文化与媒介的推波助澜使消费社会成为一个空前的“以貌取人”的社会。就城市景观而言，“貌”是城市的外在形象。“形象工程”的大行其道，尤其是城市广场、步行街、滨江、滨湖、滨海这些城市窗口地段，城市景观陈列与展示的视觉意义早已经超过其实际功能。

换一种表述，审美进入日常生活，就是形象的大规模复制和生产，是形象从现代主义的“圈层”中进入到日常生活，在一种距离感消失的前提下导致了“主体的消失”。大众的思维朝着直观化和平面化的方向发展，在问题的分析和理解上，他们相对来说缺乏话语思维重逻辑、重系统、重内涵的特点。

①② 弗雷德里克·詹姆逊．后现代主义与文化理论［M］．唐小兵，译．西安：陕西师范大学出版社，1987

2）形象识别

CI（corporate identity）设计是20世纪60年代由美国首先提出的，70年代在日本得以广泛推广和应用。它是现代企业走向整体化、形象化和系统管理的一种全新的概念。其定义是：将企业经营理念与精神文化，运用整体传达系统（特别是视觉传达系统），传达给企业内部与大众，并使其对企业产生一致的认同感或价值观，从而达到形成良好的企业形象和促销产品的设计系统。

目前在城市景观中对标志（Logo）的设计已成为一种惯例。例如睡美人城堡已经成为迪士尼乐园的象征，应用在迪士尼众多乐园的标志中。而表参道Hills的标记由日本具有代表性的图像设计集团Tycoon Graphics负责设计，用表参道的“参”字变成的标记，其中蕴含着想使这一建筑物成为表参道的景致和谱写历史篇章的愿望，以及想以此为据点向世界传送日本文化信息的心情（图4.1）。

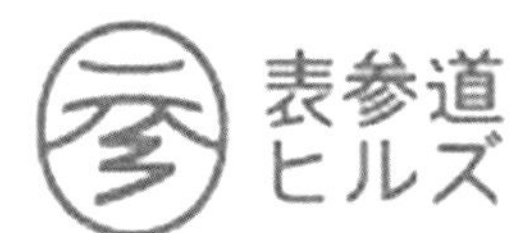

图4.1　城市景观中的Logo
上图：睡美人城堡出现在迪士尼众多乐园的Logo
下图：表参道Hills的Logo设计

城市CI是将CI的一整套方法与理论嫁接于城市规划与景观设计中，全称为“城市形象识别系统”。城市的总体形象是人们对城市的综合印象和观感，是人们对城市价值评判标准中各类要素如自然、人文、经济等形成的综合性的特定共识。城市CI即要在这些因素中提取关键，并用图式的语汇表述，继而在城市设计中针对各种景观构成要素进行统筹的安排。这里所说的图式语汇称为城市视觉识别系统，这是一个城市静态的识别符号，是城市形象设计的外在硬件部分，也是城市形象设计最外露的最直观的表现，并衍生出“城市经营”“城市营销”的概念。

城市跟企业有着本质的不同，如果只是简单地去套用企业的这些概念，势必引发冲突与矛盾。在城市竞争越来越厉害的情况下，由于形象工程周期短、见效快的优势，远比城市经济、社会方面的工作更易出成绩。因此才会滋生出大量的唯美、唯形式主义、中看不中用的“城市景观形象工程”。狭义的城市视觉识别系统主要处理城市的公共界面，如广场、步行街、滨江滨湖滨海地带、公园和绿地等城市景观。无论在数量上还是在其影响上，占支配地位的是形象符号。但是对视觉性的一味强调，会加深城市景观的平面化趋势，强化城市景观形式和功能的分离，不利于城市健康、协调地发展。

3）表皮与形式的高度自治

前文从视觉性角度详细论述了建筑的表皮化倾向，这里从更深层次来探讨表皮与形式是如何脱离体量，达到自治。

珍妮特·伍德（Janet Ward）在《魏玛的表皮》中认为表皮和仿真的相互关系在20世纪20年代的德国魏玛就已经出现。伍德分析了在魏玛时期，表皮在建筑、电子广告、早期电影和商品橱窗的不同状况。她认为："魏玛可看作一个从现代向后现代转换的单一时代。其关键是，魏玛的设计是消费主义的视觉符号逐渐到达现今饱和状态这一过程的开始。"①

学者冯路将"自治"分为形式自治与含义自治②，形式自治以物质/精神的高度结合来达到，而含义自治则以物质/精神的脱离为基础。社会空间所具有的复杂与矛盾状况以及技术发展给表皮的自治带来可能性，通过表皮的自我组织、自我表达来实现其自我意识。建筑表皮因而可以参与城市景观及空间的创造，并且从建筑体量中脱离出来成为抽象符号。

另外，"扬表抑内"是媒介一贯的潜规则。凭借着信息技术，传媒的信息传播能力得以空前提升，这更有利于展现表皮而非功能空间。因此，消费文化语境使建筑及景观的表皮成为社会的焦点，而功能与空间却边缘化了，表皮与功能空间的关系出现了反转。除了亲身经历之外，大众对城市景观的感知依靠的是媒介的传递，比较于实际景象，大众更多地是通过静态的图像或动态影响来感知别处的景观，因此，镜头感、出镜率成为大众判断景观优劣的评价，这也就更加激发投资者与设计师对外在形象的关注。

4）奇观现象

法国哲学家居伊·德波从另一个角度阐述了消费社会的形象霸权。在《景观社会》一书中，他开宗明义地切入主题："在那些现代生产条件无所不在的社会中，生活的一切均呈现为奇观（spectacles）的无穷积累。一切有生命的事物都转向一种表征（representation）。"他指出"奇观即商品"，昭示当代社会的深刻转变，商品以其显著的可视性入侵到社会生活的各个层面。商品的使用价值逐渐被其外观的符号价值或奇观价值所取代③。城市景观的视觉审美价值快速提升。

德波对当代"形象"作了四点经典的批判④：（1）在奇观社会中，视觉具有优先性和至上性，现代人成为观者；（2）世界转化成形象，就是把人的主动创造性的活动转化成为被动的行为；（3）奇观避开了人的活动而转向被动的观看，它不鼓励对话；（4）奇观的表征是自我复制，不断扩大自身。

"符号胜过实物、副本胜过原本、表象胜过现实、现象胜过本质"，是德波借费尔巴哈之语，对这个奇观堆聚的时代给出的精辟描绘。德波说："奇观展示的是一种以生产力的增长为基础的、受制于机器的独立运动的、产生于一种日益精确地将劳动分工碎片化为姿势和动作

① Janet Ward. Weimar Surfaces:Urban Visual Culture in 1920s Germany［M］. Berkeley：University of California Press, 2001. 转引自 冯路 . 表皮的历史视野［J］. 建筑师，2004（4）：6-15

② 冯路 . 表皮的历史视野［J］. 建筑师，2004（4）：6-15

③ 周宪 . 视觉文化与消费社会［J］. 福建论坛（人文社会科学版），2001（2）：29-35

④ 居伊·德波 . 景观社会 . 王昭风，译 . 南京：南京大学出版社，2006.

的自在发展的分离力量。”德波认为消费的分离与异化是社会奇观化的根本原因。奇观社会的重要特征是商品的符号化和意象消费。在德波看来，奇观指涉依照形象或商品来组织的消费社会，是通过形象这一特殊中介而构成的复杂的社会关系。大众在消费商品的同时，自己也成为了流动的广告；既被奇观的权力所制约，同时又在传播这种权力；既是权力的对象，又是权力的载体；既被权力所控制，又在进一步生产出权力。奇观包围了人，人越是接近奇观，就越是远离自己本真的生活世界，被消费社会体制所控制。奇观的世界令人激动、快乐和意味深长，相比之下，日常生活则是索然无味。

奇观即商品、形象即商品，这更加使得消费文化成为一种无深度的文化，人们通过消费表象，获取各种情感体验，影像、符号的价值在某种程度上取代了商品的使用价值，这使得当代的消费成为一种基于科技与媒介的“仿真 + 虚拟”状态。

4.2.2 标准化与模式化

标准化是指文化产品具有同一性和模式化的特征。伴随着消费文化对城市公共空间的扩张，城市景观（包括主题公园、消费空间的景观、商品房住区景观等）的消费色彩日益浓厚，这就导致城市景观的发展必然受到市场需求的制约。一方面，由于大众对时尚流行的追逐，导致产品因流行、时尚而利润剧增，因过时而变得毫无价值。另一方面，扩大利润就要想方设法降低造价。因此为了确保消费市场，获得经济效益，这些商品特性削弱了艺术的创造精神和自由本质的个性，促使部分城市景观创作成为一种重复模拟的批量方式，导致城市景观呈现出单一性和标准化的模式。

1）作为设计手法的复制

“机械复制”的概念最初是由本雅明提出来的，他认为工业化社会艺术的重要特征就是大量复制——“复制技术把所有复制的东西从传统领域中解脱了出来。由于它制作了许许多多的复制品，因而它就用众多的复制物取代了独一无二的存在；由于它使复制品能为接受者在其自身的环境中去加以欣赏，因而它就赋予了所复制的对象以现实的活力。这两方面的进程导致了传统的大动荡”[①]。艺术复制技术从手工到机械的发展，引起人类对于审美创造、制造、鉴赏、接受等诸方式与态度的根本转变，从根本上动摇了传统艺术的基本观念。本雅明的机械复制理论对后世的各个艺术领域及人们的思维观念都产生了重要的影响，这种影响在沃霍尔那里则嬗变为一种对于消费社会的视觉文化的直接表达。

沃霍尔最著名的作品是他的《玛丽莲·梦露》系列。他使用丝网印刷术把经过加工的梦露照片在画面上阵列排布。作为视觉文化产物的肖像经过商业包装后已同梦露本人没有太多联系，而是成为一种被符号化的商品。在这些作品中，简单的排列和粗糙的涂抹，意欲将其与真实离散开，呈现一个空洞的外壳。暗示了人们在工业化大生产的刺激下，被商业性大众传播媒介所强制改变的心理流程。

赫尔佐格和德梅隆则将沃霍尔的机械复制的方法挪用到了建筑上，并产生了与传统建筑样式风格迥异的建筑立面、表皮。前文只是简单分析了表皮最终的半透明形式，这里再来仔

---

① 瓦尔特·本雅明．机械复制时代的艺术作品［M］．王才勇，译．北京：中国城市出版社，2002

细关注一下他们为什么要采用这种复制的形式。他们似乎一开始就将创造某种全新形态的重任寄托在了对于当代视觉艺术的关注和理解上，沃霍尔就是他们心仪的艺术家之一。“他的作品并非弘扬波普图像，而使用普通的波普图像表达一些新的东西……用新的方法使用众所周知的形式和材料，使其重现活力”[①]。树叶图案（参见图3.27）是摄影艺术家卡尔·勃罗斯费尔（Karl Blossfeldt）的一个作品，树叶图案的意义本身与建筑毫无关系，但它极致的重复状态已使其本身成为一种材质纹理，从而打破并超越了原有的语言符号学法则，即能指与所指的关系，在意义和形态上给人以新的视觉体验。“我们需要与外部花园相关的什么东西，但不能太自然主义。我们尝试了很多不同的图像，尤其是叶子和植物。图像的工作是惊人的，到最后无法真正说清楚我们是怎么决定的。图像重复的影响是至关重要的；我们选择的仍然可以被识别为叶子，但重复也将其变成了不同的东西，全新的东西……重复的影响，能够把平凡的东西转化为新的东西，你在安迪·沃霍尔的作品中也可以找到这种样例”[②]。

当复制作为一种设计手法时，它还带有试验与创作的成分。可是当复制发展成为一种模式化的生产方式时，剩下的只是对流行的盲目崇拜和对利润的最大追逐。单看迪士尼乐园在全球的重复性扩张就能说明问题。

2）模式化的生产方式

所谓的模式既包括类同的形式语汇也包括固定的句法组织原则，同时还有大众所喜闻乐见的形式意义。因此模式可以认为是：“特定的文化主题和固定形式被植入到更普遍的故事原型中去的方式。”[③]

由于制作技术及流程的影响，由于为数众多的消费需要，消费文化具有鲜明的复制特性，这一特性遭到理论批判。雷蒙·威廉斯（Raymond Henry Williams）就认为消费文化缺乏美学价值，原因就在于这一文化的生产依赖于为了获得商业利润而建立起来的工业体系。它必须将一种受文化霸权支配的批量的标准化产品提供给消费者。创作者蜕化为一个生产集装流水线上的工人，他只是生产程序，而不是艺术的创造者，当然也不可能是审美理想的表达者。“大众文化产品中找不到任何天才的艺术特征，所有流行的媒介文化都具有一些共同的特征：标准化、复制、虚饰和受操纵”。

大量生产的城市景观与建筑成为一种标准化、模式化的作品。创意已退化为眼球经济下别出心裁的拼贴，并且被大批量复制，快捷地传播，最终以文化商品的方式大面积覆盖市场。这种大批量的生产是一种制作，是相同类型作品的重复。表现在设计作品上，就出现了样式的雷同，呈现出模式化的倾向。另一方面，大众并没有受过专业训练，所能够欣赏的形式范围与类型也必然受到限制。但作为市场的主导力量，大众的审美决定产品的走向。这些模式不仅使大众感到熟悉亲切，也在巩固他们的这种感受。模式化是效率的同义词，以至今天的城市景观与建筑设计很难摆脱模式的约束，模式化成为消费社会中与生俱来的缺陷。

3）效率优先

消费文化追逐商业价值，其标准化、程式化和可复制性，经由大众传媒的效力推广开来，

---

① 罗伯特·休斯．新艺术的震撼［M］．刘萍君，译．上海：上海人民美术出版社，1996

② Jeffrey Kipnis．与赫尔佐格对话．南萧亭，译．Madrid：El Croquis, 2000

③ John G Caweli. Adventure,Mystery,and Romance［M］. Chicago：The University of Chicago Press，1976. 转引自王又佳．建筑形式的符号消费：论消费社会中当代中国的建筑形式［D］．北京：清华大学，2006

便获得压倒性的优势。美国社会学家乔治·里茨尔在其名著《社会的麦当劳化》一书中不无讽刺地把消费社会中科层制组织主宰社会生活领域的现象称之为社会的“麦当劳化”。里茨尔认为以麦当劳快餐店为特征的组织模式已经渗透到了现代社会的方方面面，城市景观领域也不能幸免。“麦当劳化”含有四个基本原则：（1）极其强调效率；（2）讲求速度的定量配餐；（3）可预见性；（4）非人格化。

排在第一的就是效率。景观创作过程成为可预计，不会出现意外的过程；尽量用非人工技术，追求最佳资源配置。这些方式提高了工作效率，缩短了城市景观生产的周期，节约了制造成本，却形成严重的景观文化被物化现象。

看看身边的城市，一座座 SOHO 城，一片片“新中式”别墅，若干个“新天地”……一个成功的城市景观会以最快速度变成范本，在功利主义下，投资者要寻求成功的最佳捷径，其结果是给社会带来了危害，造成城市景观的雷同。以效率为手段或目标的城市景观让人们几乎丧失了体验丰富的生命过程的敏感性。

消费社会给了市场强大的话语权，甚至出现了“庭院速递”这些市场需求的消费景观①，它将标准化与效率优先的原则运用到极致。庭院速递是一种模块化庭院设计，目的在于提供一种操作便利、成本低廉、可操作性强，具有较强市场开拓价值和发展前景，又符合不同个性需求的庭院设计和建造的方法。核心理念是标准化、模块化设计。特点包括：（1）产品预制化：根据目前主流板楼住宅平面，开发以矩形模式为主的预制化各类园林建材；（2）生产批量化、预制化：园林产品充分利用现代化生产系统的便利积极地降低成本；（3）装配标准化：开发操作简易、搭配自由的装配构件，从而加快了庭院施工进度。

从降低成本的角度出发，设计师是主动地寻求一种标准化、模式化做法。而消费文化，短暂易变的流行时尚和发达的媒介更加剧了一种被动的模式化倾向，强化效率与速度的重要性，当下在技术和市场的双重支持下，城市景观中的跟风现象层出不穷，母本和摹本的时间差越来越短。形象消费快速易变的特性让人们没有时间细细品味其中的韵味；追求形式的新颖、形象的别致、视觉的享受，使得在以消费性意识形态为主导的现代社会里，视觉文化的品位滑向了欲望的感官刺激。表面的、易变的、富有冲击力的视觉形象与欲望的消费一样，没有真实的内在，形象只是大众传媒的一系列符号。

大工业生产必定带有“批量生产”的特征；流行一面促进创新，一面消解个性，在这种机械的节奏、标准化的情节下，消费文化在这里不标志着一种富有创造性的人的生命的对象化，而是体现为对个性的消灭。这将使创作的形式和题材变得僵化、狭窄。

4.3 城市景观的全球同质化

景观异质性是景观要素的空间分布的不均匀性，景观类型要素越多，异质性越大。景观异质性是自然干扰、人类活动和植物演替的结果，它们对物质、能量和物种在景观中的迁移、转换和迁徙有重要的影响。与异质性相对立的是同一性，表现为同质化趋势。文化在相互交

① 钟律．庭园速递：模块化庭园设计［J］．家庭花园，2007（6）：34-35

流和碰撞中会有趋同性，这里包含着许多方面的情形：有优势互补，有弱势文化对强势文化的归化，有强势文化对弱势文化的压制，也有在碰撞和摩擦中产生出新的文化。而这些情形在今天的消费文化发展中都存在着。

4.3.1 消费文化的“霸权”色彩

全球化是个进程，指的是物质和精神产品的流动冲破区域和国界的束缚，影响到地球上每个角落的生活。按英国学者戴维・赫尔德（David Held）的说法：“全球化是一个体现社会关系和交易的空间组织变革的过程，此过程可以根据其广度、强度、速度以及影响来衡量，并产生了跨大陆或区域间的流动与活动、交往与权力实施的网络。”[①] 关于全球化的论述几乎涉及社会生活领域的各个方面，从经济到政治、从科技到文化、从物质到观念。

随着经济全球化和媒介技术的迅猛发展，文化传播全球化的趋势正在加剧：一方面，发达国家依据其经济与科技上的优势和无处无时不在的传媒，保持和扩大其对发展中国家的信息输出的不对称，强化其文化霸权，并为其经济与政治的全球战略服务；另一方面，在经济利益的驱动与市场机制的操纵下，消费文化逐渐成为一种霸权文化。这些趋势都加速了文化多样性的缺失。

1）文化同质化

全球化的一个重要特征是各文化主体之间突破彼此分隔，互相冲击交融。而现代媒介技术的进步则加速了这种变迁的速度和深入的范围，使其表现为全球一体的空间性质和全球同步的时间性质。

全球化中的强势国家，借助自己的经济强势，力图在全世界推行自己的文化价值观，使自己的文化成为强势文化，继而同化全世界。回顾过去一百多年的历史，对于现代性的标准，在 19 世纪后期和 20 世纪初是以欧洲为标准；20 世纪中后期到现在则集中地以美国为标准。这就是在全球化条件下，世界不断被压缩、被同质化的历史轨迹，也是文化霸权的历史轨迹。据联合国开发计划署发表的《人文发展报告》显示，“因为当今的文化传播失去了平衡，呈现从富国向穷国传播一边倒的趋势”[②]。

文化霸权之所以成为一个挥之不去的问题，主要源于发达国家在经济霸权之后开始实施文化霸权和文化殖民，通过文化、话语、媒介等渠道把自己的文化价值观渗透到发展中国家。消费文化处于强势地位，以难以阻挡的力量向其他文化区辐射，具体体现在媒介霸权、话语控制和意识形态等方面，致使西方消费文化所隐含的意识形态、价值观在被输入国得到广泛渗透并获得认同。“西方与东方之间存在着一种权力关系，支配关系，霸权关系”[③]。批量地生产和复制的产品及其携带的消费文化，借助经济和科技优势，迅速地传播到世界各国各地区，使其成为大多数人，特别是青年人文化消费的重要内容，成为超越国界的全球文化。

第一，依靠媒介技术及影像实施文化霸权。媒介以跨国资本的方式形成全球性的消费意识，其文化霸权话语渐渐进入不同国家与民族的精神之中。这个世界体系的推动力不仅仅是

---

① 薛晓源，曹荣湘．全球化与文化资本［M］．北京：社会科学文献出版社，2005

② 转引自 李凤英．文化全球化：一体与多样的博弈［D］．北京：首都师范大学，2007

③ 爱德华・W．萨义德．东方学［M］．王宇根，译．北京：生活・读书・新知三联书店，1999

汽车，也有西方的迪士尼乐园、音乐电视、好莱坞电影、软件包，既有客观物体也有思想和观念。

第二，依靠强势文化争夺文化话语权。西方的流行时尚也左右着国人的目光，在潜移默化中改变了大众的思维方式、生活方式与消费观念。从服装到食品、从音乐到影视、从景观到建筑，世界各地都能见到西方的产品、文化习惯与生活方式。而消费文化取得了强势地位时，发展中国家本土文化的生存空间被挤兑，逐渐边缘化。

第三，通过传播网络实施文化霸权。全球传播网络的显著特征是无中心化，网络的开放性和自由性的共同作用使发展中国家抵御“网络文化帝国主义”的难度大大增加。网络还是一种具有工具效益性的传播媒体，其方便性、快速性等特点与效率和效用逻辑以及向全球推行其文化价值观念相吻合。以消费主义为中心的西方文化意识形态强势占领了网络论述空间话语权。

在大量信息的单向流动之外，是世界范围内知识沟和信息沟的不断扩大。经济和文化的弱势群体因为搭不上信息快车而被进一步边缘化，传播技术最终带来一个人类文化的悖论：一方面是时空的压缩和塌陷，信息在全球范围内的空前共享；另一方面是传播的严重偏斜和信息的单向流动。一方面是资讯的空前丰富，一方面是知识沟的不断扩大；一方面是民主和多元的价值观念得到推广，一方面是同质化和文化霸权的盛行。

2）消费文化对景观创作设计的驱动力

当今，城市景观创作往往受到许多集团利益驱使下的商业行为的支配，作为一种商业策略，许多公司通过对城市景观进行资助来推广对自身产品的消费。推进在以后的建筑设计中对它产品的消费来获得巨额利润，成为景观发展背后的一只巨手。

当今的景观设计师或建筑师都渴望创造出一个轰动作品，借助作品树立个人品牌，通过跨国事务所来获取商业利益，这似乎成为一种带有商业性质的扩张模式。设计创作不仅是个人艺术劳动，更成为一种成熟的商业行为，有完善的经营理念。富裕国家凭借强势经济文化和资讯手段，向经济落后国家推销建筑理念和树立文化品牌，形成建筑文化的支配和垄断权，以此来获取巨额的垄断利润。

消费文化的霸权色彩使得在城市景观设计层面也存在一种不平等话语权，欧式风格在中国的流行，体现大众对强势文化所代表生活方式的崇拜。而城市景观承载的价值观念和生活态度，使其具有文化上的象征性。设计师和社会中的消费大众都积极主动地认同这种文化，使得西方的设计思想得以像产品一样在世界各地流行，在这个过程中人们常常忘记或无视这种逻辑和秩序中根深蒂固的利益、种族、文化歧视与偏见，以及贯穿始终的经济与政治和话语上的不平等，消费主义为这一切提供了文化与意识形态的合法性和支配权。

在消费文化影响下，追求利润最大化原则也支配了城市景观的创造。中国经济飞速发展，综合国力不断增加，国内建筑市场具有巨大规模和无限潜力，吸引着全世界建筑师的目光。国际上许多著名设计公司和当红的明星建筑师纷纷尝试在中国的建筑舞台上展示其实力。据统计，21 世纪初全球最大的 200 家国际设计公司中，已经有 140 家在中国有业务活动[①]。目前一种席卷当代中国城市景观的普遍焦虑是：中国的大规模城市化进程，正在逐渐演变为境外

① 马国馨．创造中国现代建筑文化是中国建筑师的责任［J］．建筑学报，2002（01）：10-13

设计事务所的试验场，并导致了本土设计师的日趋边缘化。以上海而言，境外设计尤其是美国设计师在这一过程中扮演了尤其重要的角色。根据一项不完全的统计，自1980年以来，美国建筑设计事务所在上海设计并建成的项目共计30余个，其中超过六成（20项）为城市中综合的大型购物中心和甲级写字楼，即一般意义上所谓的“标志性”建筑[①]。境外设计基于消费文化立场的形式输入，已然在事实上重构了上海的都市空间（图4.2）。

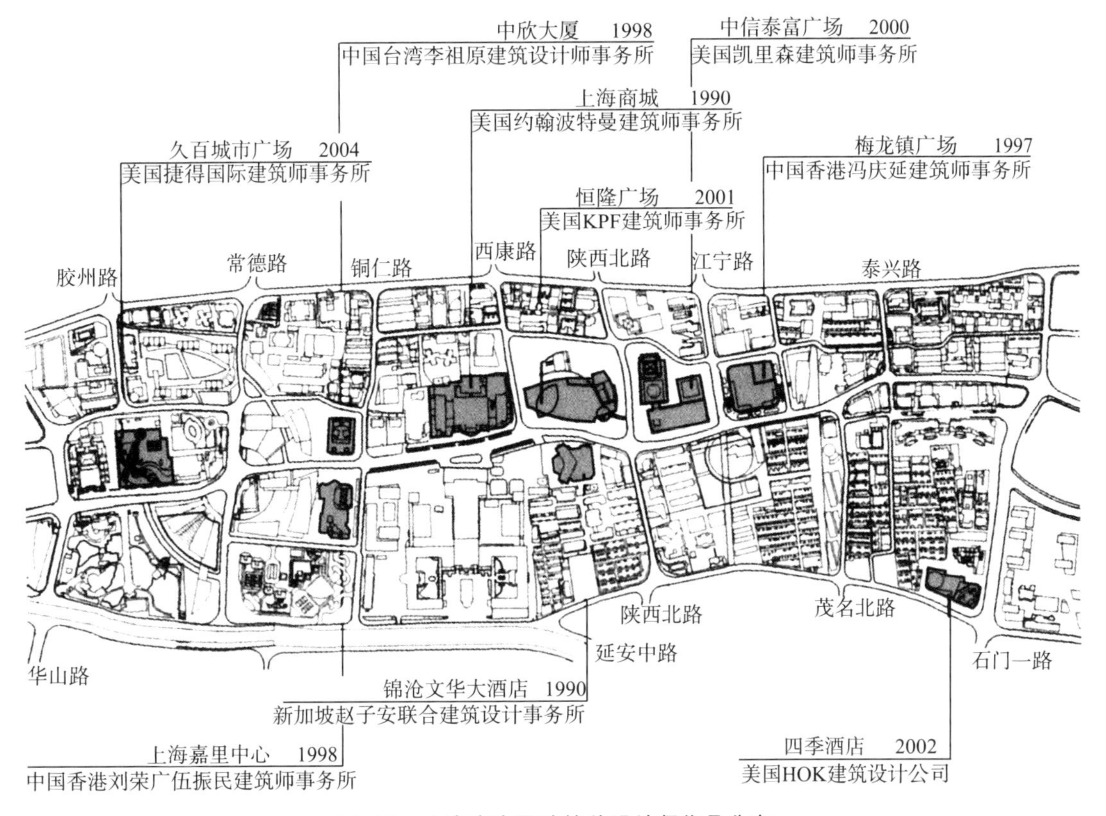

图4.2 上海南京西路境外设计师作品分布

（该地区作为上海五个“中央商务区”，其1980年以后建筑多为境外事务所作品）

来源：薛求理，李颖春.“全球/地方”语境下的美国建筑输入［J］.建筑师，2007（08）：25

4.3.2 城市景观的“差异”

1）差异与集中

在消费社会中个体的价值和地位通过“个性化消费”得到体现，消费过程参考人群的真实差异对消费者进行归纳集中。消费活动向某种范例、某种时尚趋同，表明了其对形式符号的某种社会编码的服从，对某种价值等级的皈依。

鲍德里亚的描述是这样的：“您有一位出自名门的妻子和一辆阿尔法·罗密欧2600斯普林特？但是假如您使用绿水牌香水的话，那就拥有了名士所必需的完美的三要素，您就拥有

① 薛求理.全球化冲击：海外建筑设计在中国［M］.上海：同济大学出版社，2006

了后工业时代贵族气质所有必需的部分。”消费系统促使着人们及选择产品的同质化，在这一过程中，个性的差别被产品的差异所取代。资本主义大工业生产在进行着对差异的垄断和集中，既是差异又是垄断和集中，这里存在着明显的矛盾，该如何统一？鲍德里亚的解释是："抽象地说，垄断和差异在逻辑上是无法兼容的，它们之所以可以共存，恰恰是因为差异并不是真正的差异。”因此，消费者“无论怎么进行自我区分，实际上都是向某种范例趋同，都是通过对某种抽象范例、某种时尚组合形象的参照来确认自己的身份，并因而放弃了那只会偶尔出现在与他人及世界的具体对立关系中的一切真实的差别和独特性”①。

按照这一解释，对景观形态或建筑形式的消费活动，其结果就是消费主体向某种范例趋同，主体的大量需求形成巨大的市场，间接导致了城市景观的趋同性。这种链式的影响是消费文化中所特有的现象，亦是当代中国城市景观的主要症结之一。希望与别人保持不同的个性消费是建立个性与身份的主要方式。但消费社会中文化产业是通过各种技术手段进行大量复制的标准化生产模式，呈现出的个性化形式也只是一种垄断后的假象。

2）边缘性差异

个性化商品和多样化选择是消费文化的重要内容，历史上美国通用汽车公司曾最先实行过一种不断更新形式的符号策略。他们不仅为消费者提供了产品使用功能，同时为消费者提供了一种看似差异性的符号价值。这种被经济学家称为“边缘性差异”的方法主要是在产品技术的非本质部分——形式上做文章。从产品的造型、色彩、品牌以及其他“意象”功能等方面去寻找差异性。这些差异性因素所构成的个性，成为产品的附加价值。商品的“边缘性差异”成为消费者追求个性和时尚的主要参照系。在工业化的体系内，这些特殊差异被系列化，所有的东西都试图显示独特个性，结果反而就不存在个性和典范了。被不断生产和消费的只是有限度的、不连续的、技术本质的差异越来越小的流行系列②。

在他人导向的消费社会，高度发达的消费文化和大众传媒是大众行为方式和思想观念的主要来源及依据。同理，在当今城市景观领域，人类赖以生存并生活其间的物质环境，其意义不再由各不相同的单个景物或单体建筑物，而是由它们所共同组成的符号群体所确定。另一方面，作为消费对象的特定景观，它的价值主要不是来源于自身固有属性，而是来自与其他景观的比较；其意义也非自足的，而是取决于它在整体建成环境中的地位和作用。对城市景观而言，“形式”与“风格”有时候就属于“边缘性差异”。如同前文提到的“上河美墅”到“运河岸上的院子”的变身，仅仅采用表皮策略，就使得整个项目脱胎换骨、宛若新生，冲在时尚的前沿。

4.3.3 城市景观的全球同质化

1）类属城市（General City）

在1994年出版的《S, M, L, XL》这部百科词典般的著作中，库哈斯用最后1/4篇幅关于新加坡的详细论述和之后的“类属城市”（General City，也译为广普城市、普通城市、同类城市）宣言作为对未来城市的预言，并且以此作为全书的结论。类属城市有着“全球化”背景，

①② 让·鲍德里亚．消费社会［M］．刘成富，全志纲，译．南京：南京大学出版社，2001

库哈斯从一个建筑师角度证实了全球化的威力。

类属城市是从中心和可识别性的羁绊中解放出来的城市。城市不再需要依赖什么，它是轻松自如的，不需要维护。如果它发现自己太小了，便进行扩张；如果它发现自己衰老了，便自我革新。它处处令人兴奋也处处令人不兴奋。它是完全“人工化”的，就像好莱坞摄影棚一样每周一清晨都会面貌焕然一新[①]。在类属城市中，住宅可以变为办公用房，仓库可以改造成工作室（lofts），废弃的教堂可以摇身一变成为夜总会；一系列破产之后接踵而来的是日益昂贵的商店，“功利性空间”与“公共性空间”的无情整合，步行街、新建的公园、植树架桥、显山露水，以及对历史遗迹小心翼翼地修缮，一切都有可能。

典型的大型购物中心、快餐店和机场、没有个性的综合体是对“类属城市”的观点的最佳阐述。在库哈斯的类属城市中，为汽车服务的组织系统这一类的功能空间将代替传统的公共空间，旅馆将成为最普遍的居住建筑，而超市将代替博物馆成为新的公共文化设施。城市景观将由多样的、混杂的元素无限重复所建构，并不定形地无限蔓延，城市中的文化功能区域将如同猎艳的场所。

库哈斯认为“类属城市”的理论源自亚洲，混合了他对于曼谷、东京、新加坡、中国香港及其他中国城镇的理解。西方建筑师的东方化特征，其实只是他们意识中东方形态副本引起的“自我东方化”[②]。作为中国建筑师，目睹西方先锋理论家投射在亚洲城市的聚光灯，希望这种关注能导向对自己城市的状况的真实理解。当竭力转换自己的地域城市景观去迎合全球化的关注时，也应该对真实的城市场所背后某种煽动性的、虚构的地域意象进行批判性的思考。

2）作为“他者”的城市景观

“他者”是相对于“主体”或“自我”提出的。作为他者存在的城市景观，强调与原有城市景观的差异性，在形态上以一种对比的方式出现。针对原有城市景观，新景观是以“第三者”的身份出现的，故而称之为“他者”的城市景观。

当下的西方媒介力图展现全球化和本土性的共生关系。而本地的媒介又在全球化的进程中扮演一个“地缘社会异域化”的促进者的角色。于是乎，中国乃至亚洲被作为西方“他者”的城市意象出现。东方的城市景观被描绘成西方殖民权威的、被动的、边缘化的产物。以詹明信为例，近几年他将研究聚焦于中国与日本等东亚地区。他这样描述东京的城市景观：“街道不可名状的内敛，使得城市成为一个没有外形轮廓的整体，成为一个巨大的无确定形态的不可言说的容器。”西方学者眼中的亚洲城市是以这样一种随意的、自由的、毫无章法的方式构建起来的。因其论调使东方分化和西方他者的描述，被批评为是对东方或第三世界偏见和猎奇而虚构出来的某种“东方神话”。

在被看作西方“他者”并被边缘化的同时，中国本土的城市景观在市场竞争中却采用主动异域风格的“他者策略”。这其中似乎存在一种悖论，但实质上反应的是城市景观被同质化的倾向。从住宅小区、城市广场到主题公园甚至新城的规划，“他者策略”大行其道。对国外设计师、设计风格高度认同。“国际成功经验”“国际的先进设计理念”“高起点”“高质量”“高

① 雷姆·库哈斯．广普城市［J］．王群，译．世界建筑，2003（02）：64

② 王维仁．全球化中的“他者”：大众媒体中的香港和亚洲城市景观［J］．新建筑，2008（01）：30

效率”暗示着“第一世界”发达国家的选择范围。上海的“一城九镇”可谓最大手笔的“他者”景观[①]。这背后是一个城市生存发展经验的延续，是文化商品化的模式，是务实计算的结果。中国城市在竞争和身份构建中采取的是对内陌生化，即一种主动的“他者化”。但是他者认同的结果则是加剧对自我的认同危机。如何通过调整自我与他者之间的关系，实现二者之间良好的相互塑造，是不能回避的现实问题。

3）城市景观的复杂性与矛盾性

城市景观的局部多元化跟经济、社会领域向消费多样化转变是一脉相承的。城市规模的不断膨胀使各部分之间的联系减弱，每一部分都趋向于独立和自治，然而这些部分并没有完全分裂，仍是共存于整体之中。迥异的风格使它们组成一个“差异最大化”的集合。正如库哈斯所说：“只有‘大’促使了复杂的王国，这个复杂的王国使得建筑和相关领域的全部智慧变得具有活动性。”[②]这里的“大”不仅代表最大数量，也意味着最大限度。在空间数量不断累积的同时，构成元素也致力于挑战多样性的极限——最大限度的类别、最大限度的功能、最大限度的风格，最大限度的新技术，等等。

这种复杂与矛盾首先表现在城市景观的风格上，景观的风格化是个性消费和差异消费的主要内容，它们与种类丰富、形式各异的其他商品一起构成了多样化的城市生活方式及各种独特的知觉和情感体验。通过对独特风格的表面模仿，获得那些风格所代表的文化内涵、个性，特别是身份地位的幻想。风格化体现的是形式对于功能的优先性，它具有很多范本。仅以“国际式风格”为例，就包括：“KPF国际式”，或“HI-TECH国际式”，或“极少主义国际式”，甚至“Gehry国际式”等。在这一过程中，原本的地域风格也出现在世界各地，导致了反地域性的结果。例如博塔（Mario Botta）在旧金山设计的现代艺术馆，其材料、色彩和细部沿袭了在瑞士的惯用做法，这些设计手法运用在旧金山显然失去了其地域性的依据。又如地处深圳市郊的“第五园”，它的“中国式”表达没有用岭南的地方性风格，而是移植和借用徽州文化。这种江南传统与其场地并非具有任何原生的形态和文化关联。过多的风格从某种意义上来说又意味着真正风格的缺失，城市景观呈现局部的多样性和整体的同质化。

4）全球同质化

全球同质化意味着全球范围内某些要素的趋同化甚至一体化。传统文化在某个地域范围之内的单一化特征表现，恰恰是多样性的全球文化结构的组成前提。消费文化追求小范围差异的事实，其结果表现出全球整合方式的单一化特征。“从这点上看，消费文化代表了一种退化的趋势，它有利于国际商业的集权化控制，却使地区和世界多样性的不可替代的文化资源衰竭”[③]。

---

① 周鸣浩，薛求理．“他者”策略：上海“一城九镇”计划之源［J］．国际城市规划，2008（02）：113

② Rem Koolhaas. Small, Medium, Large, Extra-Large［M］. New York：Monacelli. 1995. 转引自查尔斯·詹克斯．当代建筑的理论和宣言［M］．周玉鹏，译．北京：中国建筑工业出版社，2004

③ 克利斯·亚伯．建筑与个性：对文化和技术变化的回应［M］．侯正华，等译．北京：中国建筑工业出版社，2003

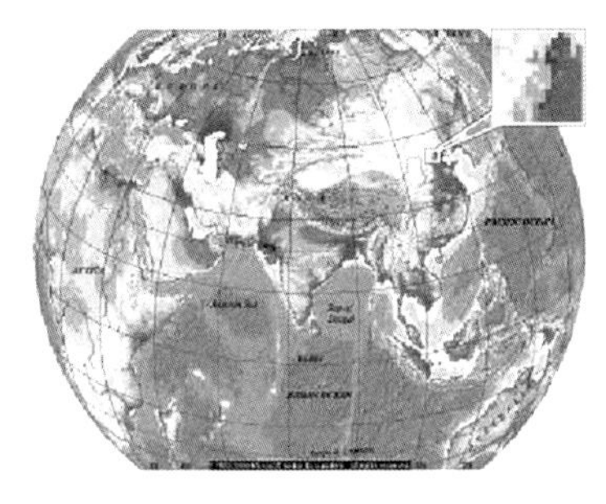
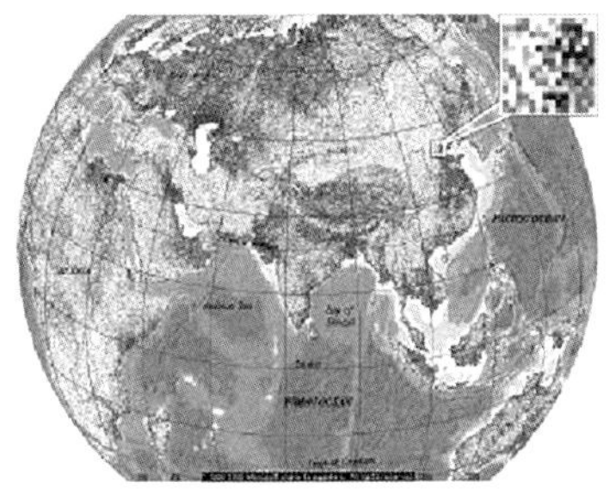
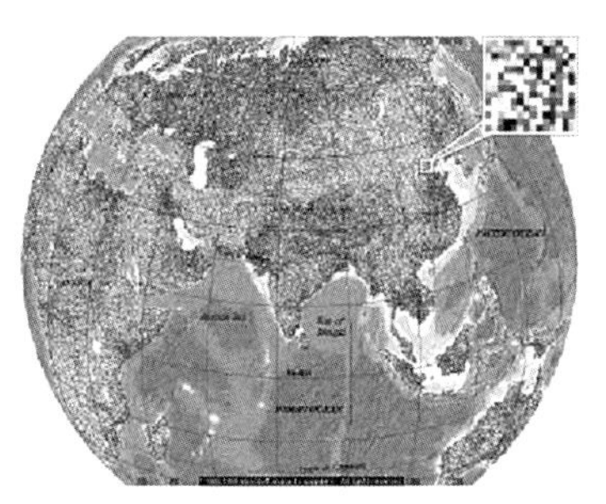

图 4.3　局部多元与整体同质的关系

来源：侯正华．城市特色危机与城市建筑风貌的自组织机制［D］．北京：清华大学，2003

消费文化指引下的城市景观在一段时间内确实表现出单一城市内部纷繁多元。学者侯正华将其形象比喻成一幅印象主义点彩画（图 4.3），仿佛在一幅图画中持续加入彩色噪点，画面的局部色彩更加丰富，然而整体的内容可辨性却迅速降低。这产生了一个关于尺度与系统的矛盾，并引发单一文化引导下的全球城市趋同危机。由于多元化趋同，单个城市建筑风貌过度丰富；然而从全球层次上却对应着地域性差异的模糊。每一个城市都处于一个跨地域的乃至全球这个大系统之中，一个子系统的可识别性建立在一个大系统结构的可识别性之上；大系统的可识别性减弱又将返过头来影响到每一个作为子系统的城市。因此就需要能够保持城市与地域这些子系统整体性的机制。它的任务是将“点彩画”中加入的色彩噪点控制在一定的程度内，以保持局部“多样性与地域性的平衡”，从而也就是保持城市内部的信息量和全球组织系统的结构。在自然生态领域已有过麦克哈格提出“设计结合自然”，相对于人文生态领域，也应该提出设计结合地域文化。

4.4 城市景观的局部破碎化

景观破碎化是景观生态学中的一个重要概念，指由于自然或人为因素的干扰所导致的景观由简单趋向于复杂的过程，即景观由单一、均质和连续的整体趋向于复杂、异质和不连续的斑块镶嵌体。它包括两方面含义，一是碎裂的景观格局状态，随着斑块形状的复杂化，结果是导致斑块边缘效应的增强；二是景观斑块数量增加而面积缩小。景观破碎化会改变生态系统中一系列的重要关系，影响生物的多样性，反映了人类活动对景观影响的强弱程度。

一个连续而整体的景观被分割成片段化小面积“岛屿”后，被与过去不同的背景基质所隔离。破碎化在减少各个斑块面积的同时也增加了斑块间的隔离，限制了不同阶层之间的交流。此外，破碎化造成边缘效应的增加，使其在面对外部或内部危机侵入时，降低了整个系统的调节能力，不利于各个小斑块的生存，最终降低生物多样性与异质性。

本书借用景观生态学“破碎化”概念，用“人文生态”来置换“自然生态”的概念，对“破碎化”注以新的理解。即在人为因素（资本、权力、符号等）干扰下，城市景观形态由简单趋向于复杂，由整体趋向片断，各人文生态系统之间的功能联系断裂或连接性减少的现象，从而造成不同文化及不同阶层之间的不平衡与不协调。

4.4.1 资本与符号的操纵

福柯认为城市始终是（社会的）空间、知识和权力的交汇之地，是社会调控方式的中心。城市不仅是物质、能量和人口的集聚，它更是权力的象征和工具。城市的布局使得空间从自然状态转变为支配与被支配的等级状态，而各种政治力量、利益集团通过权力的角逐最终达到对空间的支配、处理。进入社会经济转型期之后，中国正在由过去那种高度统一集中、连带性极强的社会，转变为带有更多局部性、碎片化特征的社会。城市景观碎片化特征是资本与符号双重操纵的结果。

首先，从资本与权力的角度来看：以获取最大投资利润为最终目标的资本集团，如各种投资基金、开发商等对城市空间资源的分配、占有和生产同样有着不容忽视的作用。纽约苏荷区（SOHO）在二战后使用功能的更替就是一个经典的案例。与曼哈顿中城商务区及下城金融区相比，苏荷区大都是一些轻工业的厂房、仓库，随着美国城市的郊区化，工厂外迁，由于租金便宜吸引大量艺术家入驻，成立工作室甚至居住，于是苏荷区成了世界著名的艺术中心，呈现一片繁荣的景象。随着在苏荷区 Lofts 中居住、工作成为领导潮流的时尚，家具、时装和艺术品公司蜂拥而入，租金飞涨，艺术家被迫纷纷撤离，寻找其他廉租场所，如一水之隔的布鲁克林区。这种空间的占有演变过程是在市场条件下资本运作的结果，因艺术活动而繁荣起来的城市地段，人气兴旺、土地增殖迅速，开发商的兴趣也随之而至。

市场机制与空间配置作用下，城市空间出现不同类型的社区：例如衰落的单位制社区、富裕阶层的封闭社区，以及外来移民聚居社区等。在中国城市开发中，土地有偿使用制度的建立以及政府的倾向性投资，导致对土地利用的选择性重构，政府的空间政策及国有土地管理控制体系，可直接决定城市空间类型的兴衰。资本初始投资空间的随机性更加剧了社会空间的不均衡[①]。在经济杠杆作用下，容易忽略“城中村”改造、安居工程、原住民的城市更新等问题。这些作用导致城市社会空间的破碎化，集中体现在城市空间发展的不均衡性，社会矛盾激化，社会隔离加剧。利益集团可能凭借自己强大的社会资本和经济资本，在制度、政策的边缘地带运作，或是直接通过影响公共政策来达到获取超额利润的目的，导致城市空间的无序和片断化，这既表现为物质空间形态的混乱，又是社会空间的隔离和破碎化。

其次，从符号角度来看：一方面是符号的视觉性，它指涉的是流行与时尚。今天城市景观是对大众生活进行剪辑与加工，使其符号化（或真实或夸张，或客观或主观），并把这种符号当作商品在市场上出售。为了满足大众心理、情感和思想的需要，各种景观符号在媒介的推动下变为时尚并被传播和流行。其结果是不论过去、现在、未来，还是幻想中的情境，只要有市场和需求，就会在现实的城市景观中出现。城市景观“时空分延”的现象愈演愈烈，出现破碎化趋势。

符号的象征性指涉的是权力与阶层。所谓社会分层，“是一种根据获得有价值物的方式来决定人们在社会位置中的群体等级或类属的一种持久模式”[②]，是人们地位分化和结构化的结果，消费社会中个体的社会角色则是通过一定的符号来界定。消费文化成为社会分层的文化

---

① 魏立华，闫小培．大城市郊区化中社会空间的“非均衡破碎化”：以广州市为例［J］．城市规划，2006（05）：55-60+87

② 戴维·波普诺．社会学［M］．李强，等译．北京：中国人民大学出版社，2002

基础，符号表达的是财富、声望、权力等，展示不同的社会身份。现代社会对符号消费的倾向扩大，当城市景观成为稀缺资源，或是商品房的附加价值后，就转变成为一种社会身份等同的消费符号，实际上加剧了不同阶层在城市空间中的极化与隔离。

4.4.2 城市景观的时空分延

1）时间模式→空间模式

现代主义与后现代主义对历史态度的差异体现了二者在时间观念上的差异：现代主义的时间观是连续性的、有着深度模式的；但在后现代主义中，纯粹的形象和幻影如同可以任意拼贴的图片，任何人在任何时候都可以随意地将它们安插在一起，图像所拥有的时间的记忆就在碎片式的拼贴中阻隔在了形象之外，因时间记忆而产生的痛苦、怅然的思绪也被置换为形象自身所激发的惊奇与狂欢。詹明信的后现代主义理论对消费文化的解读同样具有启发性，从某种意义上说，后现代主义与建立于大众与媒介基础之上的消费文化是对同一种文化现象的不同概括。

这里的"时间性"包含两层含义，一是指一种抽象的、历时性的、顺延性的存在方式；二是指带有具体意指和内容的时空存在方式。所谓"历时性"即城市景观构成的历时过程与先后顺序；"共时性"是指景观的建筑、场所、设施处在同一时空中，它们在"四维空间"中作为共存的事物呈现。消费文化以影像符号的生产与传播实现了对时间性的消解，具体体现为两个方面：

（1）历时的共时化：在现代媒介作用下，消费文化通过两种途径将历时性的存在转换成为共时性的存在，一是将文字直接转化为图像，二是对情境的迷恋。

（2）历史的当下化：线性的、连续性的时间划分依据被打破了，过去、现在、未来相互混融，现在成为唯一存在的时间标识，过去所承载的意义也随之被当下化了，这也就标志着作为时间积累产物的历史意识的消失。历史意识的消解与形象的转换也有着密切的关系。詹姆逊通过一系列怀旧现象指出，怀旧艺术不过是以"拼凑"（pastiche）的方式，通过对一堆色泽鲜明，具有昔日时尚之风的形象的重整，来捕捉所谓的"时代精神"，"'怀旧'的模式成为'现在'的殖民工具"①。"过去"被包装成了商品，成为纯粹审美消费的实物；形象割断了历史的连贯性和特定的语境，成为消费的对象。怀旧着眼的是现在，并不表现作为历史的过去，只能表现我们对过去的想象，历史变成了过去的形象而非过去本身，历史的时间性被截取了，成为一种当下化的存在。

2）迪士尼的幻象片段

评价美国的消费主义价值观时，人们经常会联想到迪士尼乐园。这个乐园本来只是公司创始人乌托邦一般的想象，也是美国梦的投影，代表了人们对和平、财富和进步的向往。迪士尼乐园所体现的不仅仅是外国人想看见的美国的形象，而且是其他人梦寐以求的生活方式。它们是虚构的、理想化的城市景观最典型的代表，是依靠技术与媒介将符号的视觉性发挥到极致的幻象片段。

---

① 詹明信．晚期资本主义的文化逻辑［M］．北京：生活·读书·新知三联书店，1997

迪士尼将各种场景和体验，无论过去的、现在的还是将来的，无论它是曾经亲身经历过，还是只在电影、电视和书籍等媒介中看到过的，无论它是真实存在的还是纯粹想象的各种片段，全部用布景术的方式呈现在我们面前，使一切虚幻之物成为真实的物质体验。迪士尼之所以能成功，是因为其视觉形象都是代表普遍信仰和大众的共有激情而发展起来的象征性符号。迪士尼奇观就是鲍德里亚所描述的超真实的世界——其中的奇观是对过去和历史的仿真，甚至是没有母本的仿象，却又比现实世界更加真实。

迪士尼的幻象，是现代媒介以声、光、影像等多种形式使客观现实突破时空的界限，实现了最大程度的复原或模拟。使零散化、碎片化的形象成为主要意义载体，形象化的表达使时间和记忆停止在了炫目、变幻的形象表层，将时间性的、历史性的意义生成转化成了空间性的、当下性的感性直观。

3）蒙太奇与城市空间片段化

“蒙太奇”是法语“montage”的译音，原是法语建筑学上的一个术语，意为构成和装配。后被借用在电影上表达剪辑和组合，表示镜头的组接。电影将一系列在不同地点、从不同距离和角度、以不同方法拍摄的镜头排列组合起来，叙述情节，刻画人物。但当不同的镜头组接在一起时，往往又会产生各个镜头单独存在时所不具有的含义。蒙太奇突破连续性，侧重于中断，努力使两个镜头在并列中产生新的含义。

城市景观中适当运用蒙太奇手段，能增加景观的吸引力，通过毗邻空间、材料的冲击、撞击、对比，可产生情绪冲击力。伯纳德·屈米（Bernard Tschumi）等设计师已经在实验着运用文学电影中的蒙太奇手法设置前兆、逐渐消退以及跳跃、剪切等处理方法，映射到空间策划，来打破传统的空间叙述结构与表现空间语义时所采用的方法。

人的意识流程是以极大的跳跃性进行的，蒙太奇正是模仿了大脑的认识过程。它将连续时空下的观察对象不断分割成断片，将其中不必要的冗余消灭于无形，只保留那些高效率、高信息量的断片，通过“意义”将其确定地连接起来，直接诉诸观赏者的认知结构之中，它本身带有强制性。成功运用蒙太奇手法的影片都符合这样的原则：一个是高信息量的原则，后一个镜头的发生是人们根据前一个或一组镜头的一般推理所不会出现的，这种打破平静的悬念会调动起观众的好奇心；另一个则是确定性的原则，前一个或一组镜头必须与后一个或一组镜头间有着有机关联，如果关联的程度超出了常人预测，观众就什么也看不懂。

就城市景观而言，对蒙太奇的应用同样应符合高信息量及确定性原则，才能有效地表达其意义。而现实中大量的景观场景之间的关系是由“偶发性”决定的，并不存在这种事先约定的“规定性”，二来就是不同场景之间的有机关联度太低，大众无法获得“确定性”的推测。这样，着眼于中断的空间蒙太奇在增加城市景观的片段化过程中，容易使大众对城市景观的意义的理解发生偏差或歧义，对城市景观的识别与认知产生怀疑。

4）城市景观的“时空分延”

凭借着“中国速度”，西方现代城市景观及建筑百年发展历史，特别是近十多年的精华，叠合在一个时空界面内输出到中国，在极短的时间里依次上演。使中国的城市景观形成一轮又一轮新异的“时尚效应”。西方当代的“最新形式”，迅速转化成中国设计市场实战中的竞争筹码，“标新”与“时尚”成为中国现代城市景观的“生产力”。当形式舶来的速度与中国建筑生产的速度符合若契并合二为一时，城市景观发展的“中国速度”就通过景观形式的超速变化表现出来，一种时尚的景观或建筑形式“流行”与“落伍”的速度之快都令人瞠目，西方长期积累的现代形式资源在三五年间就被中国景观的速度叙事消费殆尽①。

英国社会学家安东尼·吉登斯（Anthony Giddens）在《第三条道路：社会民主主义的复兴》一书中，将这种时间与空间的混杂排列称为“时空分延”（time-space distanciation），他认为这是全球化的基本特征②。当代中国的城市景观向全球化的文化想象敞开了意义的通道，时间和空间上的远距离社会关系在此与地方性场景交织在一起，所有在场的与不在场的因素都纠缠在一起。好比走在衡山路上，或者坐在新天地的酒吧里，你就等于走在了巴黎香榭丽舍大道上，就等于坐在了伦敦或欧洲随便某个地方的酒吧里。

前文提到的几种当下中国典型的景观现象，能够看出城市景观对时间的表现上呈现出两种不同态度：一方面体现对高科技，尤其是数字技术的迷恋，表现出对未来的乐观想象，例如大众对主题公园和奇迹景观的喜好；另一方面怀旧风潮盛行，从中国式住宅到泛新天地的流行就是最佳佐证。这样，时尚的更新换代、大众对“未来”与“过去”的双面青睐、令人瞠目的中国建设速度，以及真正的历史文脉积淀，种种原因交织作用，使“时空分延”的现象在中国当代城市景观中随处可见，其结果是在时间、空间上都打破城市景观的整体连续性，呈现出片段化、破碎化的景观形态。

4.4.3 城市景观与社会分层

社会阶层是基于客观社会位置而形成的，例如：阶层位置、职业地位、教育水平、财产和收入、权力等，即使是“社会声望”这一看起来是主观的评价标准，其基础也是社会经济的，内在地包括了权力、教育水平和收入等要素③。

本节从不同阶层的消费特点谈起，继而从住区与城市更新两方面来论述城市景观与社会分层之间的关系，由于其中隐藏着不同阶层之间的排他性，容易引发社会空间的极化和隔离。

1）不同阶层的消费特点

在消费文化的背景下，不同阶层消费呈现出如下几个特征。

（1）炫耀性

在消费社会中，大众通过消费行为来建构身份，借助可见的消费行为和对特殊商品的占有与展示，消费者显示并强化了特定的社会身份和地位。消费的“炫耀性”把私人化的行为上升为公共的和可见的。因为消费行为中的“看”与“被看”不断地提高着不同社会阶层消费者的欲望和期待，于是出现了攀比现象。消费作为生产和传达意义的过程，是一种特殊的交往过程。“消费活动是消费同仁联合建立价值体系的过程，……消费活动乃是以商品为媒介，使人与事的分类流程中产生的一整套特定的判断显现、固定的过程。所以，现在我们已把消费定义为一种仪式性活动”④。

---

① 周榕．焦虑语境中的从容叙事［J］．时代建筑，2006（3）：47

② 包亚明．上海酒吧：空间、消费与想象［M］．南京：江苏人民出版社，2001

③ 刘精明，李路路．阶层化：居住空间、生活方式、社会交往与阶层认同——我国城镇社会阶层化问题的实证研究［J］．社会学研究，2005（03）：52-81，243

④ 罗钢，王中忱．消费文化读本［M］．北京：中国社会科学出版社，2003

（2）品位性

不同阶层的群体具有不同的消费模式，人们总是根据不同的消费品味以区别于其他阶层，与身份相适应的消费品位不仅仅取决于其经济资本，更多取决于其文化资本。在品位的驱动下，人们不断学习消费文化来适应消费社会，金钱消费和品位消费就好比一个暴发户与贵族的区别，消费者的知识、品位、情调等文化资本显得更为重要。

（3）排他性

消费文化还表现出不断构筑消费的差异来与他者进行区分。“上层阶层的人们发展出排他性的消费模式用来表达和巩固本阶层成员的地位”[①]，为了维护自己阶层的特定标识，常常采取排他性的行为来防止其他阶层的短期模仿，从而保持自己阶层在一定时期的优越性。例如中产阶层非常重视居住地的选择、生活方式的独立性，目的就在于要明显地与其他阶层的消费文化相区别。一旦精炼的品位被社会的下一层梯队所接受，上层阶层必然会寻求新的地位差异标志。

（4）效仿性

上层阶层的消费模式往往成为下一层阶层的效仿对象，下层群体总想突破旧有的消费模式界限来改变自己的地位。就消费等级结构的运动关系来说，上层阶层设定的生活方式和价值标准总会从上至下波及整个社会结构，对各阶层施加强制影响。这样带来的结果是，社会每一阶层都将上一阶层流行的生活模式当作自己最理想、最体面的生活方式，不遗余力地向它靠拢。媒介在这个过程中承担了把炫耀性消费传达给整个社会的中介功能。

2）居住景观与社会分层

住房不仅仅是一个栖身的场所，还包含了居住者对于自然环境、人文环境、交往对象和生活方式的选择，因此，居住空间往往会成为社会阶层的隔离器。居住空间上的阶层分化特征并非单纯的社会分层现象，同时也是一种导致社会阶层化、封闭化、片段化的重要机制。不同阶层的人们，由于受到不同条件的制约，选择了不同的居住方式。这表现为：在一些生活质量和居住质量十分类似的社区中，集中居住着一些在生活条件和生活机会上大致相似的人群；并且，在这样的封闭性社区中，人们逐渐养成了大致相似的生活方式和地位认同，从而在更广泛的意义上产生了相对封闭的社会阶层群体。

消费取向加剧了阶层的分化。计划经济时期，国家根据“全国一盘棋”原则统筹国家经济发展，地方政府由于财力有限，无法大量投资城市建设，居住区一般结合企业布局，形成了郊区的功能综合体。改革开放以后，特别是 1987 年城市土地的有偿使用后，随着住房分配制度和金融制度的改革，中国的房地产市场逐渐成形。当物欲诉求在当下的商品社会和消费时代日益膨胀和凸现之际，“商品房”直截了当地与金钱联手，贫富差异的迅速分化表现在城市景观的多个方面。由于房价的“过滤”和社会经济差异的“分选”机制，使不同职业背景、文化取向、收入状况的居民住房选择趋于同类相聚，不同特性的居民聚居在不同的空间范围内，整个城市形成一种居住分化甚至相互隔离的状况。

社会成员的住房消费状况与其所处的社会阶层地位密不可分。一方面，城市居民所处的阶层地位决定了他们在住房消费上的框架与边界；另一方面，住房又是居民阶层、身份的外

① 约翰·R.霍尔，玛丽·乔·尼兹.文化：社会学的视野［M］.周晓虹，等译.北京：商务印书馆，2002

部符号，它向人们直观地表现了居住者的阶层地位。住房成为表征不同社会阶层的物质符号，房价收入比是阶层住房消费差异化的综合表现，收入是住房消费阶层化的决定性因素。学者浩春杏提出了低收入阶层“居者安其屋”、中等收入阶层“居者有其屋”以及高收入阶层“居者优其屋”的构想（表 4.3），试图构建一个阶层化的住房梯度消费新秩序。

表 4.3　阶层化的住房梯度消费

家庭年收入	2 万元以下	2 万 ~3 万元	3 万 ~7 万元	7 万 ~10 万元	10 万 ~30 万元	30 万元以上
收入水平	低收入	中低收入	中等收入	中高收入	较高收入	最高收入
居住要求	居者安其屋		居者有其屋		居者优其屋	
景观要求	无经济实力追求 满足基本卫生条件		适当追求小区内部景观 外环境以交通便利及区位为主		内外景观优美 独享城市最佳景观资源	

来源：浩春杏 . 阶层视野中的城市居民住房梯度消费——以南京为个案的社会学研究［J］. 南京社会科学，2007，（03）：71-81

具体到景观层面，本书选取两个角度来论述住区景观与社会分层的关系：其一是工人新村作为中低收入者居住环境的代表，经历了辉煌与没落；其二是高档住区对景观资源的独享损害了城市景观的公平合理。

（1）工人新村的辉煌与没落

新中国成立初，作为全国工业生产能力最强、技术水平最高的城市，上海市政府在 1949 年和 1953 年两次邀请苏联专家为上海城市的改建和发展提出相应的规划方案[①]，主要都是参考了苏联社会主义城市的发展模式。作为一个以大规模工业生产为出发点的方案，“生活”作为“生产”的一个组成部分在工人新村的规划上得到了最好的体现。城市空间绝不是中性的，权力的诸种关系会被深深地印入社会生活空间中，并充满了政治的意识形态。“工人阶级”这个主流意识形态不仅会投射到城市的空间上，而且将直接影响到城市发展的重新规划。相对于上海各类独门独户的小洋楼，作为新的领导阶层意志的表达，工人新村在设计上所表现出来的空间概念在当时是崭新的。

“只见一轮落日照红了半个天空，把房屋后边的一排柳树也映得发紫了。和他们的房屋平行的，是一排排两层楼的新房，中间是一条宽阔的走道，对面玻璃窗前也和他们的房屋一样，种着一排柳树。”这是曹杨新村在小说《上海的早晨》[②] 中的第一次亮相。设计者着重在住宅的总体规划和绿化设计等方面创造一个安全、舒适和优美的环境，远甚于其对基本住宅平面本身的要求。曹杨新村的第一批 1 002 户居民是按照统一的分配条件筛选的。这些居民中，以劳动模范、生产先进工作者最有影响，也最具有象征性。上海从 20 世纪 50 年代起到 80 年代，历经 30 多年，总共建造了 2.1 万户这样的住宅，可容纳 10.2 万余人，成功安置了大部分产业工人。工人新村一度成为上海居住面积和居住人口最多的建筑样式。

---

① 1949 年，市政府邀请以希马柯夫为首的苏联专家小组来上海，提出了《关于上海市改建及发展前途问题》意见书。意见书认为：上海是一个服务人口远远大于生产人口的畸形发展的消费城市，必须改造成生产城市。1953 年，苏联专家穆欣来上海指导编制《城市总图规划》，重要的一点即是：“住宅区要靠近工厂，到处都可以发展。”

② 周而复 . 上海的早晨：第 3 部［M］. 北京：人民文学出版社，1979

而进入20世纪末时，以消费文化为基础，把改革开放后的新上海与殖民地时代的老上海强关联，成为当时流行的叙述模式。三四十年代的上海和90年代后的上海分享了共同的城市记忆，这种叙述在时间的维度上将新中国成立后的四十多年的上海历史屏蔽于无形。重新再看工人新村，“人们心中曾经由它点燃的明亮已经没有了，纵然它不断地召唤着人们的想象力，去为它找出新的社会定位。然而，在几经颠倒变化的日子过后，那个时代珍藏的全部梦想如同那些建筑都逐渐被抖落在新生的高层住宅一旁，显得那么粗暴、丑陋和不合时宜，只是我们未曾注意那个时代本身已经孕育了某种梦想背后的焦虑和危机……”①

（2）高档住区独享景观资源

伴随着土地使用制度、住房分配制度和金融制度的改革，中国的房地产市场逐渐成形。城市政府从“建设者”转变为“管理者”，各类房产开发公司、城市开发机构逐渐成为城市住区开发与住房供应的市场主体。政府期望房地产业成为城市经济的支柱产业，因此大力扶持和培育房地产业。而且政府也非常重视改善所辖区域的居住环境，在城市规划管理的控制协调下与房产开发商结成城市开发联盟进行住区开发，由此为高档住区紧邻环境优美区域的空间分布提供了规划基础。

稀缺的自然山水景观，加上源远流长的历史文化、深厚的人文底蕴，这些得天独厚的条件以及政府的高起点规划使得名山成为顶级别墅住区的聚集地。别墅项目规模大、密度高，有限的景观资源沦为新贵阶层的乐土，成为“楼中山”“楼中湖”。因为“景观特征”直接影响住宅的价格，它包括景观规模、景观距离、景观类型、景观眺望价值和景观环境质量多个方面，所以开发商千方百计在景观区周边圈地，不遗余力地将房子盖高、盖近，以期开发价值的最大化。“景观房”应运而生，借景升值，如万科“金色家园”借的是莫愁湖景，“金陵御花园”借的是玄武湖景，“明发滨江新城”借的是长江之景……这种对景观资源高密度开发的后果是：剥夺了公众对城市公共景观的享乐权利，使景观价值私人化；对毗邻区域的房地产形成严重的景观遮蔽，并对原景观产生胁迫效应；损坏城市功能，制约城市的整体规划和开发，不利于对自然生态景观资源的保护。

3）城市更新与城市中产阶级化

城市中产阶级化（gentrification，又译作“城市绅士化”）是20世纪60年代末西方发达国家在城市化过程中，伴随着城市中心区更新出现的一种社会空间演变结果，其显著特征是城市中产阶层及以上阶层取代低收入阶层重新由郊区返回城市中心区。中产阶级化实际上意味着城市中心区从居民阶层到社会空间的高级化重构过程②。

在快速城市化过程中，我国长江三角的部分大城市也出现了城市中产阶级化的类似现象。20世纪90年代以来，大规模的旧城改造在全国各地展开，各地城市政府将其视为盘活城市用地、集约城市用地的有效途径。中产阶级化现象首先从物质形态上表现出来，上海在1990—2005年经过大规模改造，中心城内旧房拆除比例达58.7%，动迁居民近100万户，同时在内城和近郊新建约1亿平方米的住宅③。在市场经济和地产价值规律的过滤下，绝大多数贫困居

① 李芸．工人新村与社会主义城市想象：从《上海的早晨》中的城市景观谈起［J］．北京大学研究生学志，2006（1）：105

② 朱喜钢，周强，金俭．城市绅士化与城市更新——以南京为例［J］．城市发展研究，2004（04）：33-37

③ 上海市统计局编．上海统计年鉴（1991—2006）．北京：中国统计出版社，2006

民被迫迁出城市中心区，城市中心区产生了一系列的重构[①]。

（1）社区结构、特征重构：由多元化有机延续的社区结构转变为具有中产阶层特征的单一隔离性结构。

（2）城市环境重组：由低矮的土木结构的平房变成了具有现代生活服务设施的高楼大厦，由低级住宅区变成了高级住宅区和现代的商业办公和零售业集聚地。

（3）经济活动的重构：由产业混杂模式转化为以第三产业为主导的产业结构模式。

在城市更新中，政府多会投资进行环境改造或新建大型城市景观，这些景观的建设极大地改善了城市环境，为市民提供了日益增多的休闲场所。在景观的建设改造过程中，原地居民往往被动地迁出，取而代之的是大量高档住宅的兴起和高收入阶层的迁入。由于民营资本对城市景观的投入，导致新建的城市景观与高档住区不仅具有空间上的毗邻性，往往在形成上也具有因果关系[②]，不但共同左右着城市的地产市场，还影响着城市住宅分异的空间格局。政府大力打造和苦心经营的城市景观反而变为某些特殊群体的后花园。

城市中心区在更新改造后，配套服务设施水平迅速提升，高档房地产开发活跃，开发层次不断提高；但被替代的城市中心居民成为新的城市贫困人群，在旧城改造之中，这些低收入人群被安置到城市郊区或更远的地方，通勤成本增加的同时得到工作的机会减少，在一定程度上加剧了他们的贫困和隔离状态。城市中心区的住区收入指向性与地域指向性越来越明显，“绅士社区”与“贫苦社区”的界线泾渭分明。中产阶级化是一种经济行为，但其社会空间结果是加剧了居住空间的隔离，并有可能诱发城市不同阶层的矛盾与冲突，不利于体现社会公平和人文关怀。

4）城市空间的极化与隔离

城市空间的极化和隔离是指由于城市规划和住房市场影响到城市社会空间的变化，在空间上引起穷人居住区的隔离以及富人居住区的集中。社会极化（polarization）最一般的意义是一个社会实体内贫富差距的扩大[③]。拉大不同社会群体之间的物质资料和空间占有的过程，不仅包括个人属性中所附带的各种物质因素如住房、收入、饮食、交通等，还包括个人属性中的社会因素，如各种社会关系、就业机会、邻里条件等与其生活环境相关的社会时空范围及其组合。空间隔离是指城市空间中不同区位被相应的特定阶层控制、封闭并隔离的过程。由于阶层不同，社会空间被组织成了一系列象征性层级关系，而这一切共同营造了社会空间的片段化[④]。

改革开放以来，中国的大城市进行了大规模的住宅建设、旧城改造和随之出现的居民梯形消费的搬迁，这三方面综合作用导致不同阶层居住的空间分异趋向，居住空间具有鲜明的按资源占有量的多少进行“群分”的特征。由于市场商品住宅的社会标签作用，加上房价的分流作用，社区呈现多级分异趋势。不同社区在物质设施、社区管理服务、社区文化、住房价格和空间布局等方面存在很大差异。

在城市空间的极化与隔离过程中，城市景观和高档住区的形成与分布具有很强的关联性。

---

① 吴启焰，罗艳．中西方城市中产阶级化的对比研究［J］．城市规划，2007（07）：30-35

② 黄王丽，陈亚玲．消费景观与高档住区：上海新城市空间格局分析［J］．城市问题，2006（03）：27

③ 顾朝林，克斯特洛德．北京社会极化与空间分异研究［J］．地理学报，1997，52（05）：385-393

④ 潘泽泉．社会空间的极化与隔离：一项有关城市空间消费的社会学分析［J］．社会科学，2005（01）：69

在上海购房者的网络论坛上一直流行着一个说法，“内环线内说英语、中环线内说国语、外环线外说沪语”。在旧城更新的过程中，原住在市中心的本地居民主动或被动地撤离了市区，新的高收入阶层涌入，并在距城市中心的距离上产生分异。这个听似幽默的顺口溜反映的现实社会问题，可以说是当代上海“三环社会学地图”，展示的是上海居民以资本的拥有不同而形成的社会分层和对城市空间的占有情况（表 4.4）。

表 4.4　上海社会极化的空间表征

阶层	居住形式	居住区域	选择标志
境外人士 最高收入阶层	国际社区	佘山风景区，长宁古北社区，市中心老花园洋房及新式里弄，陆家嘴滨江豪宅区，世纪公园周边，景观大道两边的高档住宅等	1. 外环境与地段 2. 产品品质内部景观 3. 会所配套设施 4. 物业管理 5. 户型设计
精英阶层 高收入阶层	豪宅区	太平桥新天地板块，湖南路沿线板块，老城厢板块以及北外滩板块，虹桥 / 古北新区板块，陆家嘴滨江板块的高档公寓	
中产阶层 中高收入阶层	高档 商品房	中心城区，传统高档居住区，新兴居住区（世纪公园附近），沿江沿河区域，城郊叠加、联体型经济别墅区	
普通工薪阶层 中等收入阶层	中档 商品房	中环线中档商品房，轨道交通沿线中档商品房，老公房，中心城区小户型二手房	
贫困阶层 低收入阶层	中低价经济适用房	中心城区内环线以内的传统街坊中的旧式里弄和简屋，中环线附近的传统工业工人居住带，外环线附近动拆迁中低价经济适用房基地	

参考：陈亚玲 . 城市高档住区与环境景观资源占有的不平等性研究［D］. 上海：华东师范大学，2007

城市景观和高档住区的关联性，是政府、开发商和消费者三者交互作用的结果。其中，政府通过建设大型设施，更新旧城环境，主导着城市景观的建设；开发商作为利益的追逐者，即便他们积极参与了城市景观的建设，其最终目的也是为了谋求自身利益最大化。现实中，开发商往往会抢占先机，规避政策调控，利用政府行为，使自己能“合法”获利于城市的公共利益，强占本属于市民大众的公共利益，参与并篡改了城市景观的成果，吞噬城市景观的经济价值和社会效益；在经济高速增长和收入急剧分化的现实中，日益膨胀的个人消费导向造成了城市消费景观的现实需求则是高档住区形成的社会诱因。这样，政府、开发商和消费者之间的利益博弈左右着城市景观和住区的发展道路。长此以往，高收入居民和精英阶层将成为享受大量由公共支出形成的城市景观主体人群，市民的公共空间被转变成少数群体的后花园，政府为全民服务的城市景观建设也将逐步导入歧途。

芝加哥大学经济学教授萨斯基娅·萨森（Saskia Sassen）1991 年的《全球城市》[①] 研究表明：有一种不可逾越的差异出现在两种类型的城市使用者之间，小部分的新型精英和大部分的低收入的“他者”。在城市中存在着一种“有限准入空间”，其实质是为小部分精英所服务的都市景观。在全球化背景下，资本流动需要不断扩大城市中的战略空间，最简单的剥夺方式是迁离原住居民，更进一步的方法是将其改造成为有限准入的城市空间，这就间接剥夺了

① 萨斯基娅·沙森 . 全球城市：纽约、伦敦、东京［M］. 周振华，等译 . 上海：上海社会科学院出版社，2005

原住居民的使用空间，低收入群体作为“他者”被排除在城市景观与公共空间之外。

以上从住区与城市更新两方面分析了城市景观与社会分层的关系。一方面，城市空间与景观的阶层化使得城市空间显现出封闭化、片段化的趋势；另一方面，也促成了封闭的阶层和社区意识，结果是阶层内部趋于平等，而阶层间的距离拉大。“在一个普遍存在不平等的社会，各个大社会圈的近似平等会抑制阶层之间的社会交往，因此阻碍这些阶层的整合”①，这种破碎与片段不利于不同阶层的人们的交往，加大了社会认同性整合的难度。

4.5 潜在的人文生态危机

人们的思想观念会对景观的形成和表达产生影响，城市景观的形成过程在一定程度上表现了社会意识形态。城市景观是解读阐述大众价值观念的文本之一，透过景观的表象，可以深入其中，解读不同地点、空间与社会、文化交织而形成的观念和意义。

在消费文化影响下，城市景观呈现出平面化、局部破碎化和全球同质化的趋势，不利于人文生态的平衡。在消费文化及消费主义价值观引导下，自我、品质、人格、技术、知识和情感等都化为市场交换价值，人和物之间呈现一种颠倒关系，消费与享乐成为生活追求的目标，财富和消费水平成为评判幸福的标准。这就形成了极端的社会品性：绝对享乐主义和利己主义。消费主义是价值虚无化的一种体现，正因为人们不能在精神性的信仰中体验到幸福，才会把对物的追求等同于人生价值的实现。消费文化在意义、认同、审美方面掩盖并加剧了人们的精神危机。

4.5.1 意义匮乏

消费的象征符号表达不仅是某种流行式样风格，更是名牌政治的声望和权力。人们在消费商品时已不仅仅是消费物品本身具有的内涵，而是在消费物品所代表的社会身份符号价值。诸如富贵、浪漫、时髦、前卫、归属感等象征衍生价值，散发出身份符号的魅力诱惑消费者。消费者在被动状态下被物化成社会存在中的符号——自我身份确认。然而，在日益庞大的消费中，能够获得这种自我身份的真实确认吗？鲍德里亚将过度的物质消费同人的精神生态问题联系起来：“物质的增长不仅意味着需求增长，以及财富与需求之间的某种不平衡，而且意味着在需求增长与生产力增长之间这种不平衡本身的增长，‘心理贫困化’产生于此。潜在的、慢性的危机状态本身，在功能上与物质增长是联系在一起的，但后者会走向中断的界限，导致爆炸性的矛盾。”②

由于消费文化的广泛渗透力和影响力，在以商业为目的和体验消费为目的城市景观中拥有越来越大的话语权，而公众对城市景观非人性的、反人文精神的现象，已在某些程度上丧失了判断、批判的意识和能力，人们身处在无意义的城市景观中安然处之，形成了一种“肯定性的思维方式”，这种思维方式反过来影响和鼓励着城市景观规划和设计。由此便产生了一

① 徐晓军．住宅小区的阶层化：机遇与挑战［J］．城市问题，2001（5）：55
② 让·鲍德里亚．消费社会［M］．刘成富，全志纲，译．南京：南京大学出版社，2001

种循环：城市景观日益偏离目标，产生无意义的环境，而人们却在一天天丧失对这种环境的敏感，丧失了生命体验的自觉，两者互为因果、互为条件地发展。

为了满足大众心理、情感和思想的需要，各种景观形态及符号在消费社会中变为时尚并传播和流行。生活在符号泛滥、意义相对匮乏的消费时代的景观设计师与建筑师，虽然整理符号、处理形式的能力在不断提高，但却找不到意义去填充随处可见的符号，也不可能像生产符号那样迅速地生产意义。设计师擅长把一个时代或者地域的符号系统加以简化，用有限的几个能指就指代系统内所有的意义。一个柱头就能指代欧式建筑的所有意义，一段粉墙黛瓦就能指代古典园林的所有意义，符号的能指几乎就等于所指，能指与所指的二元对立被消解了。即时的、新鲜的、流行的符号才能满足开发商、业主及大众的愿望，非物质化的要素越来越取代过去常规的物质手段。今天对于城市景观的审美判断已经丧失了深度，日趋浅薄化、表面化、平面化了。埃森曼（Peter Eisenman）认为："初始看起来激进的毕尔巴鄂，因其对图像性奇观的过度表现，最终被公众和传媒完全消费，从而不再具有建筑学的'批判性'。"这种"批判性"是建筑学的基础，而公众和传媒所主导的消费则是"毕尔巴鄂效应"的基础。

消费文化的爱嘲讽、沉迷于虚假表面，以及把各种事物的碎片拼在一起形成大杂烩的意识，使这种文化作用下的生活形态，有一种漫不经心的游戏态度。在这种态度下，事物都是短暂的，华美和幸福总是稍纵即逝。消费文化没有经典，不具备保留意义，因为物质和技术条件可以快速复制，只要使用过，感受过就足够了。对此，法兰克福学派的思想家有过许多精辟的论述："纯艺术、严肃艺术、不妥协的艺术，具有一种破坏效果，常常是一种痛苦的折磨人的效果。但大众艺术却要缓解人类存在的痛苦问题，并把我们从中解脱出来，不是鼓励我们的主动性和努力、批判和自我充实。"[①] 于是乎，城市景观发生了分离：内部与外部的分离，结构与表皮的分离，功能与形式的分离，美学与价值的分离，现实与历史传统的分离。总之，街道、广场、建筑，所有的景物似乎都变成了附着消费与流行意识的媒介与载体。

依赖技术的发展，一味地抄袭更加深了景观意义的匮乏。一时一地的景观本该拥有不可替代的独特感受。在流行过程中，景观的形态得到传播，意义却不能被移植。消费文化包容了以往历史中所有可能的景观片断与遗产，多元的价值取向同时同地地交互博弈，使得消费时代的城市景观常常迷茫于价值与意义的匮乏。

4.5.2 审美危机

城市景观自诞生伊始便与美和审美有着千丝万缕的联系。事实上城市景观中无处不在的形式主义总是倾向于将景物转化为一种审美的趣味。在生产型社会中主流的景观形式表现出"重普遍、轻个体，重永恒、轻短暂，重客观、轻主观，重统一、轻多样等基本美学特征"[②]。这种美学追求总体性、线性、理性等，因此其美学标准具有清晰的理性目的，符合逻辑的审美追求，崇尚完美的审美理想，关注高雅的审美情趣。而在消费文化中，如前文所述，城市

① 转引自周宪．文化的分化与"去分化"——现代主义与后现代主义的一种文化分析［J］．文艺研究，1997（05）：22-35

② 曾坚．当代世界先锋建筑的设计观念［M］．天津：天津大学出版社，1995

景观的审美已经被大众日常生活同化了，今天城市景观平面化的趋势符合这一美学现象，从真理性走向反讽性，从客观性走向协同性，从绝对性走向相对性。

1）美学中心与边缘倒置

在传统的美学中，真、善、美一直都处于审美的中心位置，假、丑、恶则被排除在中心之外，不具备审美的价值，丑或平庸涉及很多现实物质的不定性表达。随着城市景观的日益物化，那些处于审美边缘的概念都被纳入美学范围内，美与丑在今天的消费文化中都具有了审美价值。

在当下的城市景观中，永恒的美不再是景观形式的终极目标，美在景观话语中失去了霸权。审美的范围日益扩大，凡是可以吸引大众目光的作品都被纳入今天的美学之内，除了形式的稳定与秩序，偶然性或随机性的审美价值也受到重视。“人类今天处于离散的多元时代，各种事物中间唯一的关系就是他们的差别。宇宙中布满未知的、像洞穴般的空虚，事物并非完备的整体，我们周围遍布不完整的片段。完整的意义是相对的，有时是偶然的；不完整，不成熟才有活力才能发展”①。不和谐是生活流动和大众需求的表征，丑、怪异和平庸可以容忍，随机是必然的，差异性、反中心、反整体、反深度已经是城市景观审美活动的组成部分。消费文化中的城市景观要面对大众生活，就必然在承认美是和谐的同时，也承认那些否定性、随机性的审美价值。客观地讲，这种形式美学观已经从精英走向大众，从而可以更全面地反映都市中大众充满多元差异性的真实生活。

2）格雷欣法则与媚俗倾向

“格雷欣法则”是一条经济法则，也称“劣币驱逐良币法则”，意为在双本位货币制度的情况下，两种货币同时流通时，如果其中之一发生贬值，其实际价值相对低于另一种货币的价值，实际价值高于法定价值的“良币”将被普遍收藏起来，逐步从市场上消失，最终被驱逐出流通领域，实际价值低于法定价值的“劣币”将在市场上泛滥成灾。

美国学者麦克唐纳曾根据20世纪50年代西方文化的现状，指出了格雷欣法则在文化领域中同样发生作用，即价值不高的东西会把价值较高的东西挤出流通领域：“优秀的艺术同平庸的艺术竞争，严肃的思想同商业化的俗套程式竞争，胜者只能属于一方。在文化流通中和货币流通一样，似乎也存在着格雷欣法则，低劣的东西驱逐了优秀的东西，因为前者更容易被理解和令人愉悦。简便易行的办法是在广大的市场上迅速抛售庸俗之作，并使之不达到某种品质。”② 麦克唐纳依据大众文化产品易于接受的事实，指出了格雷欣法则的作用，因为它是最有力、最简便的消费对象，它为欣赏者准备好了他们想要的一切，很好地诠释了城市景观中媚俗现象的产生。

媚俗是当代审美文化转型时期所产生的一种典型的伪审美现象，或者说是传统美学在无法正确回应当代审美文化的挑战时所出现的一种畸形的审美形态③。在当今的城市景观中，媚俗作品的共同目的是为了满足大众的情感和文化消费，从而导致文化艺术符号的贬值。媚俗为了短期的商业效益，而不惜牺牲崇高和责任，过分迁就迎合受众。在“眼球经济”的招摇

① 转引自 王又佳. 建筑形式的符号消费——论消费社会中当代中国的建筑形式［D］. 北京：清华大学，2006

② 周宪. 文化的分化与“去分化”——现代主义与后现代主义的一种文化分析［J］. 文艺研究，1997（05）：36

③ 李晓东. 媚俗与文化——对当代中国文化景观的反思［J］. 世界建筑，2008（04）：116-121

下，猎奇、炒作、包装大行其道，大众早已经是见怪不怪、习以为常。在现实生活中，打动人心需要思考的作品难能可贵，通俗易懂且廉价的作品则以极快的速度蔓延到生活的每一个角落。媚俗把受众的心理体验压缩在了一个狭隘、浅薄的表层空间，使艺术失去了原有的深刻理性和美感，使受众失去思想的震撼和心灵的深度。远离了崇高和责任，便成了“生命不能承受之轻”，文化与艺术因此而变得浅薄。

3）审美泛化的问题

审美泛化作为消费社会一种审美倾向，将审美的眼光从“精神形而上”转向了“世俗形而下”，并重视感性享乐，关注主体的满足感。这些对传统审美既是一个反叛，更是一个挑战。应当看到，它是当代艺术与日常生活关系发展的新阶段，但作为消费文化的产物，自身存在不少问题。

其一，造成了审美中理性意义的缺失。看与被看、视觉影像的生产与消费，在极端视觉化了的美学现实中便成为当下日常生活的美学核心。尽管视觉享乐的快感在日常生活审美中得到了即时的满足，但自由、沉静的凝视却消失了，眼球与大脑“剥离”了，人类高度发达的心灵想象与精神期待也不复存在。因而也就失去了精神内在的品格。审美泛化只能停留在快感的层次上，追求感官欲望的满足。

其二，审美泛化掩盖消费文化的负面性。一方面，消费的内在强迫性和操控性在“审美”的名义下被掩盖；另一方面，消费文化体现出的社会分化和社会物化等问题被遮盖，在审美泛化的名义下转变成了审美趣味的“差异”与“分化”。

其三，巩固了技术的支配地位。随着审美泛化的发展，技术力量不但占有了人们的工作时间，而且控制了人们的休闲时间；不仅左右了人们的物质生活，也日益渗入人们的精神生活。在审美急速走向日常生活的背后，是技术理性日益巩固其支配地位的过程。当代技术本身具有的精确复制、批量生产能力，使其前所未有地在人的日常审美领域获得了自己的美学话语权。

其四，凸显大众传媒的效应。一方面，大众传媒以夸张方式不断地为生活制造“审美”或“诗意”的包装，以满足大众对审美化生活的享受需求；另一方面，大众传媒不惜一切手段，在日常生活中猎奇求新，费力营造种种氛围或情调，放大都市欲望。在它的催化下，审美泛化成为感性主义与享乐主义的冲动和流泛，而体现人生价值追问和人文关怀的问题却被淡化、削弱了。

其五，以审美“泛化”掩盖“物化”。审美泛化虽突破了精神的藩篱，使艺术审美摆脱了特权的控制，但又落入了商业资本的陷阱，无法摆脱“物化”的阴影。审美能力的积累和审美趣味的培养依赖于教育等相应的文化资本，审美泛化实质上是以表面“平等”的审美掩盖社会现实中的不平等，以审美能力、审美情趣的分化掩盖社会阶层的分化，以审美的“泛化”掩盖商品的“泛化”和社会的“物化”。

审美泛化绝非真正意义上的审美生活。不仅无法保持传统审美的静观审视，暗含着消费的激情与冲动，并指向以视觉刺激为中心的身体直接享乐。一方面把重心放在审美的感性消费方面，追求片面化、均质化、庸俗化的审美效果，较少涉及审美对人类生存意义的启示，进而造成了理性意义缺失；另一方面不断放大视觉影像中的感性与享乐，努力营造甚至不惜伪造“艺术审美氛围”，进而造成了审美与“真”（认识）“善”（责任）的脱节[①]。

4.5.3 认同危机

认同是人们日常生活中不可或缺的内容。人们必须对“我（们）是谁”有一个定位和概念，一旦它构成问题，个人已是处在认同的危机之中。人的社会化过程，就是认同的形成和定位过程。认同使人有了一个本体的支点，是人们对自己以及与他人的关系的定位。换句话说，在某种意义上，认同是对自己在社会中的某种地位、形象、角色以及与他人关系的性质的接受程度。缺乏这种可接受的认同，人们就陷入认同危机，处在彷徨和焦虑状态。其次，人们不但在心理上对自己有一个认识和接受态度，而且对“他人”的认同——“你（们）是谁”“他（们）是谁”，也有了解和分类的必要。

1）认同的四要素

与任何其他事物一样，认同观念具有很多内在要素，就一个合理的认同而言，它应当具有四个关键性的构成成分和要素，即：连续性、整合性、同一性和差异性。

（1）认同的连续性：是一种自我体验和自我经验感，它造就了一种时间和空间意识。是指个人对在时空中存在的自我一致性和连续性的知觉。

（2）认同的整合性：人在认同中应当具有的一种整体感。简单地说，就是“我”与整体的动态整合关系，其功能在于解决如何把他者融入自我之中。

（3）认同的同一性：具有一种与他者保持同样性的感觉，是变化中的同态或同一问题，其功用在于让自我与他者保持同样性。

（4）认同的差异性：能够确保在自我和他者之间具有一种界限的感觉，以确保认同之间应当具有的内在差异性。

这些内在关联和相互支撑的关键性成分所形成的内在张力、冲突和互动，构成并支撑着一个相对完整和稳定的现代认同观念。“现代认同的理想化的概念是被这四个关键的成分聚合在一起的”[②]。就同一性和差异性而言，同一性是群体内部形成认同的依据，差异性为不同群体的认同划定界限，认同是同一性与差异性的辩证统一。一旦这几个关键性成分出了问题，认同危机的发生就是或迟或早、或严重或轻微、或持久或短暂的事情。

2）消费方式与身份认同

消费社会的一个重要特点是人们在自己、也在别人的消费方式与身份认同之间建立直接联系。沃德发现：今天的人们“通过向别人传达信息来定位自己，而这种信息的传达是通过他们加工和展示的物质产品和所进行的活动方式实现的。人们对自己进行熟练的包装，由此创造并维持自己的‘自我身份’”[③]。生活方式、消费方式之所以与身份认同联系在一起，形成身份区隔的作用，主要是因为商品通过象征的方式被赋予了社会关系、社会地位的意义。消费社会中人们对于商品的享用，只是部分地与其物质消费有关，关键的还是人们将其用作一种标签，通过商品的使用来划分社会关系。当代社会的身份系统越来越趋向于建立在消费方

① 朱朝辉．看上去很美——对日常生活审美化问题的思考［J］．学术论坛，2004（02）：130-133

② 王成兵，张志斌．认同危机：一个现代性问题［J］．新视野，2005（04）：54

③ 尤卡·格罗瑙．趣味社会学［M］．向建华，译．南京：南京大学出版社，2002

式之上。

通过消费方式区分身份，创造了一种新型的不平等关系。因为以“生活方式”“消费方式”出现的社会身份区隔系统，是以另外一种方式生产或再生产着不平等的社会身份指认体系，只不过，“一个永远变化的商品洪流，使得解读该商品持有者的地位或级别的问题变得更为复杂”，“在这种情况下，品位、独特敏锐的判断力、知识或文化资本变得重要了”。所谓品味、判断力、趣味，不是天生的或平等分配的，获得它们的前提是对于教育、文化资本、符号资本的长期投资，为了维护这些资本优势，又必须持续投入相当多的时间与金钱。而这恰恰是下层消费者根本无法企望的。这样，在消费方式与消费过程之中仍然存在各种社会关系、权力关系之间的斗争和平衡。社会区分依然存在，只是以趣味/品位/生活方式的面目出现。正如布尔迪厄深刻指出的：“品位具有分类的作用，并把分类者也分了类。”[①]

3）认同危机

认同是指在现代社会中塑造成的、以自我为轴心展开和运转的对自我身份的确认，它围绕着各种差异（譬如性别、年龄、阶层、种族和国家等）展开，人们通过彼此间的差异而获得自我的社会差异，从而对自我身份进行识别。从这个意义上说，当代认同危机是人的自我身份感的丧失。也可以说，是“自我价值感、自我意义感的丧失”[②]。一般表现为：个人语言的丧失，方向感的丧失和定位的偏差，创造性的日渐衰竭，焦虑感的增强，英雄主义和悲剧感的丧失，价值核心的丧失和道德框架的四分五裂，与主流意识形态的格格不入[③]。全球化和消费文化更加剧了这种危机。

对于城市景观而言，合理的具有认同感的城市景观应具有连续性、整合性、同一性和差异性特征。不过现实情况差强人意，消费文化倡导的资本和符号系统加剧了城市空间片段化现象；对“他者”的盲目认同引发对“自我”的怀疑，破坏了城市景观的连续性、整合性；而针对不同人群（尤其是低收入者），现代城市景观在效率优先的原则下，缺少人道或伦理意义上的“关怀原则”，这就造成城市景观不论在外在同一性，或是内在差异性上有失公允。长此以往，就减弱了城市景观的归属感，加剧了消费社会的认同危机。

4.6 小结

城市景观作为人类文明的重要成果，一个世纪以来其现实情况表现为明显的两种态势：一方面，政治、经济、社会和科技的进步造就了城市迅速成长的势头；另一方面，社会变迁过程中不断出现的社会问题和20世纪60年代以来的3P危机“污染”（pollution）、“贫困”（poverty）、“人口”（population）使得城市景观面对的问题更加严峻。

人文生态是指以人本身为研究对象，以人文精神为主导的文化与其外部环境之间相互作用、相互影响而形成的生态系统。伴随文化模式的转变，城市景观的发展由深度转向平面、

---

① 转引自陶东风.审美化、生活方式与消费文化批判［OL］，2004-01-02.文化研究网，http://www.culst udies.com.

② 罗洛·梅.人寻找自己［M］.贵阳：贵州人民出版社，1991

③ 王成兵.当代认同危机的人学探索［D］.北京：北京师范大学，2003

时间转向空间、整体转向碎片，呈现出平面化、全球同质化和局部破碎化的趋势，不利于全球人文生态系统的平衡。这些影响虽然潜隐与间接，但是如果没有有效的控制与约束，则会在意义、认同、审美方面掩盖并加剧人们的精神危机。

“在城市景观设计中如何应对危机与挑战?”这就要求我们对现有的城市景观发展模式进行反思，以一种全新的设计理论来指导今后的城市景观建设，走可持续发展之路。

5　城市景观的再构建

“……过去的城镇建设方法已经不再适用，现在和将来的方法必须完全基于新的前提，而所有这些新的前提条件能够也只有在现存的困难中发现”①。

——伊・沙里宁（Eliel Saarinen）

5.1 城市景观价值的再认知

随着消费文化对城市景观影响的逐渐深入，古典的“艺术无功利”论以及新中国成立初期的“经济、适用、美观”的价值取向已经不足以涵盖今天多元的价值标准。平面化、浅表化的城市景观逐渐放弃了对意义及深度的追求，而城市景观中极度匮乏的意义最终引发大众的审美危机与认同危机。在这样的背景下，有必要重新审视城市景观的价值。

5.1.1 城市景观的多重价值

在景观领域进行价值研究的学者首推麦克哈格（Ian Lennox McHarg）。他提出了“社会效益最大而社会损失最小”②的价值决策原则，并对景观的自然价值、社会价值、美学价值进行评价和分级，建立起了各自体系内的价值等级体系，进而通过叠层法判断综合的社会价值，对各类景观的潜在价值进行合理的评价。麦克哈格所强调的应放弃绝对的经济价值观，以及重视综合价值尤其是生态价值的观点，直至今天仍对景观，尤其是城市景观建设实践具有启发意义。

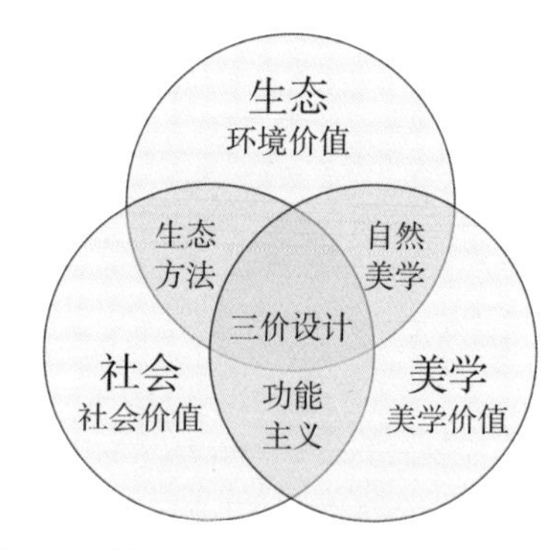

图 5.1　景观建筑学科中的三种价值指向
参考：Ian Thompson. Ecology Community and Delight: Sources of Values in Landscape Architecture［M］. London：E&FN Spon，1999

世纪之交，伊恩・汤普森教授（Ian Thompson）在其著作《生态、社会、美学——景观建筑学的价值源泉》（Ecology, Community and Delight: Sources of Values in Landscape Architecture）中，全面梳理和总结了影响景观建筑学科至深的三种价值指向（图 5.1）。认为任何一种价值，无论是生态、社会抑或美

① 伊利尔・沙里宁．城市：它的发展衰败与未来［M］．顾启源，译．北京：中国建筑工业出版社，1986

② I. L. 麦克哈格．设计结合自然［M］．芮经纬，译．北京：中国建筑工业出版社，1992

学，都不可以凌驾于其他价值之上，汤普森认为真正的理想设计是，“三价的设计优于两价的设计，依此类推，两价的设计又优于单价的设计，……而那些同时在美学、社会及生态方面均取得成功的设计无疑拥有最高的价值。这也正是我所说的三价而平衡的设计”[①]。

作为一个带有开放和隐性秩序的人类生态系统的综合实体，城市景观与景观、景观建筑学一样拥有这三个经典价值——即生态价值、社会价值和美学价值。城市景观要符合自然的规律，遵循景观生态学原则；城市景观是在一定的经济条件下实现的，必须满足社会的功能；城市景观还属于艺术美学的范畴，要力求美感和愉悦。这也是城市景观核心的价值准绳。

因此，在城市景观的评价标准中，不仅应该从物质形态上符合景观生态学的多样性、整体性与连续性、一致性的视觉美学标准；也要注重景观的人文、社会价值，即以人文生态学为主要理论基础，强调人对景观的感受性。良好、健康的城市景观应该是视觉美学价值、认知作用价值、文学艺术价值、文化遗产价值与情感激励、调节价值等完美结合的结果[②]。

值得注意的是，在对城市景观价值重新定位时，应对消费文化持怎样的态度？消费文化是把双刃剑。无可否认，消费文化给城市景观的发展带来了一些新的契机，如果对当代消费文化背景下的城市景观与社会其他组织结构的互动与影响采取被动、漠然甚至全盘否定的态度，则必然会对在消费文化下出现的许多新的城市景观现象产生出一种失语般的困惑。但消费文化的消极影响也同样明显，如果城市景观对消费文化一味采取鼓励褒奖或听之任之的态度，那必然会激化消费文化背后潜在的人文生态危机。因此，客观地分析带有消费属性的城市景观价值，才能在当代社会的各种直接或间接的文化、经济与景观的话语实践中辨明方向。

5.1.2 树立人文生态价值观

传统经济学的“理性经济人”概念在提出之初，确实在一定程度上激发了人们的进取性和创造性，具有积极的社会功能。但经济人“最小/最大”(以最小的成本获取最大的利益)的思维方法、过度追求物质享受的生活方式以及消耗资源、破坏环境的行为，导致了人与自然关系的恶化，引发生态危机。“经济人”也就成了“不可持续的人类”。在这一时刻，历史呼唤着新的人格模式。

“生态人”是与“经济人”相对应的，是指具有保护生态环境意识的道德人，其行为总是以人与自然的和谐为准则，追求的目标是人的生态性存在。在“生态人”的理论架构中，居核心地位的是其“具有多维立体结构的价值观”体系。在“生态人”的视野中，生态问题不是纯自然的问题，它体现的是人与自然、人与人、人与人类社会关系的整体协调性。针对消费社会所面临的生态问题，人文生态价值观的目的是在人、自然、人类社会之间建立一种良性互动的和谐关系结构。

首先，认识到经济、社会、自然是一个有机整体。要求经济、社会的发展必须建立在生态健康的基础上，生态和经济、人和自然在更高层次上达到和谐统一与协调发展。追求包括

---

① Ian Thompson. Ecology Community and Delight: Sources of Values in Landscape Architecture [M]. London: E & FN Spon, 1999

② 藤泽和，角田幸彦，井川宪明，等.景观环境论 [M].东京：地球社出版，1999.转引自王紫雯，蔡春.城市景观的场所特征分析及保护研究 [J].建筑学报，2006 (3)：15

经济持续增长、自然生态平衡、社会和谐有序在内的综合效益。

其次，强调公平性原则。强调当代人之间、当代人与后代人之间、国家之间、民族之间长远利益的一致性，因而主张公平地分享发展成果。认为一个贫富差距悬殊的世界或国家是不道德的，也是无法消除生态危机的，主张当代的发展不能建立在剥夺后代人发展机会的基础上。

再者，培养人文精神。人文精神是对自由的一种追求，体现人的终极关怀。在物欲横流的消费主义下，人文精神的培养能使人保持人格的独立，保持人的尊严，从而努力做到自主、自立、自强，能使人懂得人和人之间精神价值的平等以及对人权利的尊重，使人在资本与权力的诱惑面前保持头脑的清醒，树立自己的主体地位，确立以人自身为目的的理念，确证自己的本质力量，从而有助于保持自己在个体、群体、人类三向度的有机共存、和谐发展。

最后，培植生活意义。人只有在真实的生活中才能真正地确立自己的主体地位、塑造人文精神、审视自己生活的目的和意义。每个人按照自己对人生的真实体验，对生活和实践的实际感悟确立自己的目的价值。当社会不能提供用于提升人的生活质量从而使人体味生活的乐趣时，生活无意义表现为人类的形态；当个体无法体悟并领悟意义时，生活无意义表现为个体的形态。创设意义、培植体悟意义的能力将成为重建人文生态从而消解当代价值冲突的两个根本事项。

5.1.3 建立适度消费伦理观

消费伦理是人们对消费内容、消费方式、消费水平等问题的总的态度和看法。消费的客体、动机、方式、水平随着社会经济的发展而变化。消费伦理规范不是一成不变的，要和当时的经济和社会背景相适应，在人类历史上就曾出现过节俭消费观、奢靡消费观和适度消费观。在当前，面对消费主义造成的能源危机和生态恶化的恶果，树立正确消费伦理观的意义尤为重大。

1）采用与环境承载能力相适应的消费模式

可持续发展是既满足当代人的需要，又不对后代人满足其需要的能力构成危害的发展模式，是目前世界公认的有利于实现经济、环境、社会、人口、科技诸方面协调发展的理论。人口数量的激增和人们消费方式的改变使地球生态体系及其平衡关系遭到了严重破坏。正确的消费观应该有利于环境和资源保护，有利于生态平衡，既能满足人的消费，又不对生态环境造成危害，这需要在制度规划、舆论宣传等方面加以大力引导。

2）物质消费与精神消费均衡发展

人的全面发展是人的发展的理想目标和最佳状态，合理的消费伦理观要以实现人的物质生产的发展和精神文化的发展相结合的全面发展为目标。不可否认，美好生活的基础是丰衣足食，但并非物质生活资料越多越好。一旦人们过分沉溺于物质财富的占有和消费之中，就必然导致精神的贫乏和心灵的空虚。“生活在 90 年代的人们比生活在上一世纪的他们的祖父母们平均富裕四倍半，但是他们并没有比祖父母们幸福四倍半”[①]。正确的消费观要求物质消费和精神消费共同增长，提高当前消费中高层次精神文化的含量，以建立一个崇高的精神基础，

① 艾伦·杜宁．多少算够：消费社会与地球的未来［M］．毕聿，译．长春：吉林人民出版社，1997

实现人的全面发展。

3）以人的生存、健康、幸福为消费的出发点和归宿

人道主义是以人类利益和价值为中心的一种学说、一组生活态度或一种生活方式，它反对超自然主义，把人看作自然的对象，肯定人的尊严和价值以及人运用理性和科学方法获得自我实现的能力。消费作为人类生存与发展的基础，为人类的幸福提供了基本的条件，但消费并不就是幸福本身。合理的消费应该建立在人的生存和健康的基础上，树立正确的幸福观，并不断增强社会责任感和人类主人翁意识。幸福意味着对生活的满意、人性的实现、人生的完善。但人的欲望乃是无底深渊，人们在等待欲望的实现中变得焦虑、惶恐和不安。真正幸福的实现要更多地注重精神层次的消费和享受，适度提高人的精神生活水平，其幸福感才能增加。

针对城市景观在消费文化影响下所表现出平面化、浅表化的趋势，一方面，在城市景观的设计及评价中，不仅应该从物质形态上符合美学价值，更要注重其人文、社会、生态价值；另一方面，作为城市景观的欣赏及消费的主体，大众应当树立正确的人文生态价值观，倡导正确的消费伦理观，反对异化了的消费主义思潮，逐步形成健康、文明、理性、科学的消费观念和消费方式，这对于促进社会经济的持续健康发展有着十分重要的意义。而针对消费文化影响下表现出的同质化与破碎化的不利趋势，则应在城市景观设计中坚持异质性与连续性原则。

5.2 城市景观的异质性

景观异质性是指在一个区域里（景观或生态系统）对一个生物种类或更高级的生物组织的存在起决定作用的资源或某种性状在空间或时间上的变异程度或强度[①]。景观异质性主要起源于自然干扰、内部演替和人类活动。

5.2.1 城市景观异质性的内涵

异质性是景观的根本属性，城市景观也不例外。从空间格局来看，城市是由异质单元所构成的镶嵌体，城市景观的异质性受人类活动的干扰影响为主。将这个概念延伸至人文生态系统，可用于描述人文景观系统和系统要素的差异性，这种差异性包括时间差、空间差、文化差、质量差、数量差、形状结构差、功能差、信息差等，可统称为系统差。城市景观的异质性使城市生态系统具有长期的稳定性和必要的抵御干扰的柔韧性。

1）景观异质性、景观多样性、景观稳定性

景观多样性和景观异质性之间存在一种正相关联性，二者均是自然干扰、内部演替和人类活动的结果。景观多样性描述的是景观结构、功能、动态的多样性和复杂性，景观异质性是指景观类型的差异，存在于任何尺度上。景观异质性的存在决定了景观空间格局的多样性。

---

① 李春玲，李景奇．城市景观异质性研究［J］．华中科技大学学报，2004，21（1）：84-86

一般来说，景观异质化程度愈高，愈有利于保持景观中的生物多样性。维持良好的景观异质性，能够提高景观的多样性与复杂性，有利于景观的持续发展。

景观稳定性反映了景观抵抗和适应干扰的能力。景观异质性与景观稳定性之间是一种相互依存、相互影响的关系。多数生态学家都认为：当一个群落异质性大时，物种之间就形成了比较复杂的相互关系，这样群落对于外部环境的变化或内部种群的波动时，由于有一个强大的反馈系统，从而得到较大的缓冲，保证群落及整个系统的稳定。内在的异质性有利于吸收环境的干扰，提供一种抗干扰的可塑性。相反，均质性一般可促进干扰的蔓延，不利于景观的稳定。尽管表面看来异质使景观显得好像是杂乱无章，但这种状态和交替恰好抹去了景观中的剧烈性变化，而使之趋向一种动态稳定的状态[①]。

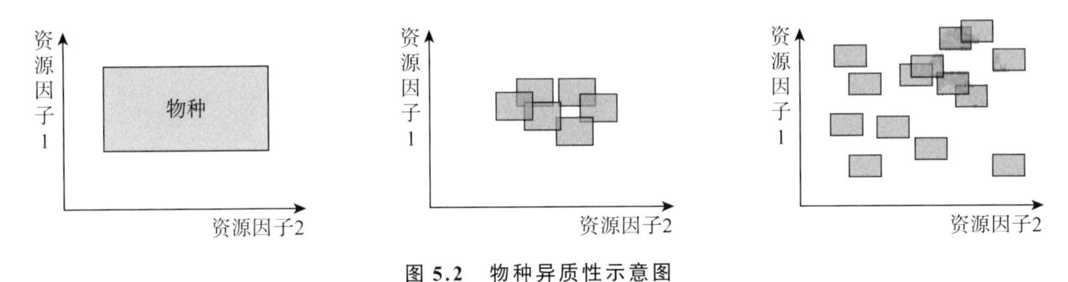

图 5.2　物种异质性示意图

参考：宋志生．多样化与异质化——一种可能倡导的生态规划思维［J］．规划师，2002（4）：27

生态位是生态学中的一个重要概念，它既表示生存空间的特性，也包括在其中的生物的特性（包括能量来源、活动时间、行为等）。生态位与异质性的关系在于：在物种多样性与异质性较小的群落中，大量的相同相似物种的生态位相互叠加，致使环境因子中的资源成分无法充分利用，物种之间竞争关系激烈，构成了群落的不稳定因素。而在物种多样性与异质性较大的群落，各个物种的生态位能够比较均匀地分布，这样一方面资源成分能得到充分的利用，另一方面，种间关系由于物种的增多变得更加复杂，群落的应变能力也会随复杂程度的提高而提高（图 5.2）。

生态系统的平衡是一种动态的平衡，但从一定的范围和一定的时间来看，这样一种平衡很大程度上表现为系统的稳定。影响系统稳定的因素将直接影响到系统的平衡。生态学家麦克阿瑟（R. H. MacArthur）认为：生态系统的平衡随着群落组成成分数量的增多而增多，即“多样性增加稳定性”[②]。换句话说，生态系统的平衡稳定度在一定范围内取决于物种的多样性和异质性程度。

2）文化异质性与文化异质化

将异质性的概念引申至人文生态领域，就产生了“文化的异质性”。文化的异质性是指不同文化间的差异性和独特性，它的基础是各民族独特的人文地理环境、历史传统以及生产实践的差异等，植根于这些基础上的文化异质性永远不能被消除。

如果文化群体的每个人在选择中都是完全理性地选择更加先进的，更“好”的东西，那么当全球通过媒介所能接触到的样本一致的时候，趋同就是种必然趋势了。但事实上基于不

---

① 赵玉涛，余新晓，关文彬．景观异质性研究评述［J］．应用生态学报，2002（4）：496-500

② 沈清基．城市生态与城市环境［M］．上海：同济大学出版社，1999

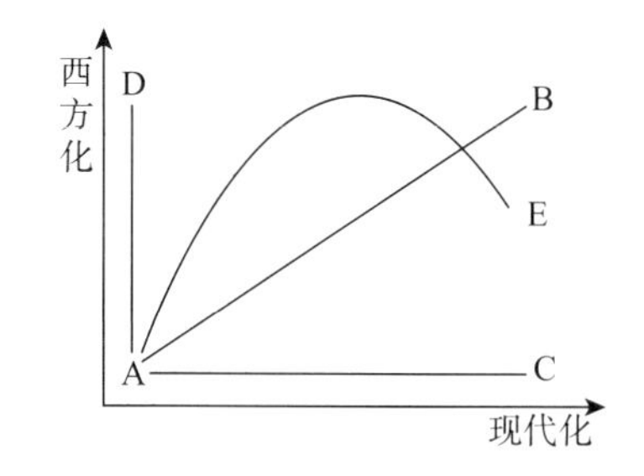

图 5.3 对待西方文化影响的不同回应亨廷顿本人持 E 观点

来源：塞缪尔·亨廷顿．文明的冲突与世界秩序的重建［M］．周琪，刘绯，张立平，等译．北京：新华出版社，2003

同价值观与理性与否会出现不同的选择。文化全球化进程也会反向激发人们对本地域或民族文化特征的重新认同。因而亨利顿（Samuel Huntington）提出：弱势文化将先随着经济技术现代化而西方化，到达一定程度后又本土复兴（图 5.3），这就是“文化的异质化”，是指不同民族和国家文化的独特性在全球化进程中的一种反馈作用。在文化全球化进程中，由于文化交往带来的文化间的对话、比较、自省，陆续出现民族文化精神和特性的重新寻找、定位和建构的思潮及运动。

促使文化异质化的因素有内外两个方面：从内在看，一是根植于文化生存条件的差异，二是出于不同文化体自身在文化全球化中生存与发展的需要；从外在看，一是文化广泛而快速的互动所带来的比较、反衬、竞争等的作用，二是文化全球化中的不平等性和殖民性激起了弱势民族国家文化的反省与自觉。可见，文化异质化也同样是主客观因素综合作用的一种必然现象。文化异质化反对把世界看作是单一的、同质化的系统，而主张文化多样性和民族文化的独立性和平等性。要坚持文化异质性、多样性的观点，倡导文化相对和文化特殊，力图在全球化进程中保持民族文化和地方性文化的独立性，保持世界文化的多样性色彩。

消费社会下文化全球化、同质化现象是不可否认的；然而，有必要指明的是，碎片化、杂交化的机理同样在发挥作用。同质化与异质化并存的趋势已经成为 20 世纪后半期大多数社会的生活特征。文化同质化和文化异质化的张力，构成了文化全球化的内在矛盾。“今天全球文化的主要特征是这样一种征兆：同一性和差异性相互力图把对方吞食”①。生态平等原则要求承认每一存在物的内在价值，承认它们都是生态系统中不可缺少的一环，而在物种间共生的关系中是很容易发现每一存在物的内在价值的。同一性与异质性、同质化与异质化是辩证统一的关系，片面强调一方都不利于系统的平衡。只有寻找到准确的“平衡点”与适宜的“尺度”，才能使整个生态趋于稳定，社会朝向和谐、文明的方向发展。

5.2.2 边缘与核心

边缘在界定、区分各类空间的同时，担负着不同空间相互联系的媒介作用，在此过程中，边缘地带产生具有融合相邻异质空间特点而又不失其个别特性的特殊的边缘空间。功利色彩十足的消费文化对边缘空间往往采取漠视的态度，致使城市景观的片段与割裂，最终丧失源于空间之间功能关联的边缘效应，相反滋生大量边缘负效应作用下的“失落空间”。因此正确认识边缘效应、明确边缘与核心的辩证关系，这对维护城市景观的异质性有着积极与现实意义。

1）边缘空间与边缘效应

“边缘效应”的概念源于生态学：即在边缘地带可能发现不同的物种组成和丰度②。在两

① 汪晖，陈燕谷．文化与公共性［M］．北京：生活·读书·新知三联书店，1998

② 转引自邢忠．“边缘效应”与城市生态规划［J］．城市规划，2001（6）：44

个或多个不同性质的生态系统或交互作用处，由于某些生态因子（可能是物种、能量、信息、时机或地域）或系统属性的差异和耦合作用，引起系统某些组分及行为（如种群密度、生产力、多样性等）的较大变化。

城市中异质空间之间（含地貌、生境等自然属性与空间使用性质、权属、功能、活动方式等社会属性的区别），具有一定领域而直接受到边缘效应作用的边缘过渡空间称为边缘空间[①]。边缘空间对自然景观、交通、经济、人文等具有很强的吸引力。异质空间之间的边缘地带，由于相关功能因子的互补性会聚，产生超越分异空间单独功能相加之和的关联复合功能，赋予边缘空间乃至相邻腹地空间特殊功效与综合效益的现象，称之为城市中的边缘效应[②]。边缘效应有正负与强弱之分，边缘空间是边缘正效应的直接受益区，也可能是边缘负效应的第一受害区。对边缘空间的设计应引起足够重视。

异质性是边缘空间最为突出的空间特征。建筑与城市的外部增殖效益、生活方式的多样性空间需求等，都与边缘空间的异质性相关，异质性使得边缘空间的信息量大为增加。边缘空间具有多重而复杂的功能涵义，具有融合相邻异质空间特点而又不失其个别特性的空间特征，并具有控制地域间不同“物能流”的半透膜作用。边缘空间对个体、相邻空间、城市均具有重要意义。就单个空间单元而言，边缘空间维护着空间单元内活动的正常运作与一定的抗干扰生态阈值；就相邻空间而言，边缘空间体现为其互动的前沿地带与空间整合的纽带；就城市空间整体而言，边缘空间则如同连接城市新陈代谢体各组成部分的关节与脉络，是城市空间系统健康演进的中枢环节。相邻空间通过边缘空间相互渗透、连接、区分，关联性赋予边缘空间整合相关空间的中介纽带职能。边缘空间与邻近空间主体的关联性，在客观上决定了它在城市空间和各功能区整合过程中的地位。

边缘既是结束也是开始，边缘空间既分割空间又连接空间。受益于相关地域空间资源的相互补充与组合，加之多样性环境的复合、延展，边缘空间较之单一的核心空间，能更有效地利用环境资源，有利于承载多元化社会经济活动，经济活动更加有效。

在城市景观设计实际操作中，边缘空间常常被视为不重要的区域：重视对核心区域的保护却疏于对其边缘区的整治；明确功能分区，却忽视具有“可相容性”功能单元之间以边缘区为媒介的互动，丧失优化土地资源利用和激发边缘效应的机会；重视城市中心区建设，却忽略城市边缘区的维护。事实上，边缘空间对核心空间的作用就如同细胞壁对细胞核一样举足轻重。边缘空间在相邻地区间能量流动作用过程中所具有的“媒介和半透膜作用”，决定了它在城市生态系统中的重要性。

2）边缘与核心的辩证关系

边缘空间依托于相关联的核心空间而存在，在特定层次的空间中，“核心空间”占据主导地位，其性质与规模决定着边缘空间的类型及边缘效应的强弱。

在特定层次的多个相邻地域相互作用，在共同的边缘叠合区最易形成新的结构，发生突变，进而发展为新系统的上一级区域中心。各分地域中心相对于新的中心而言则成为“边缘空间”（图 5.4），这与前文分析消费文化的扩张现象有着异曲同工之处。对一个相对独立的空

---

① 邢忠，王琦．论边缘空间［J］．新建筑，2005（5）：80

② 邢忠．“边缘效应”与城市生态规划［J］．城市规划，2001（6）：44

间单元而言，外来的消费文化一定是先在边缘发生渗透作用，逐渐发展至中心，继而再向周围产生辐射与扩张效应。就此意义而言，边缘空间在空间连接中具有“核心作用”。

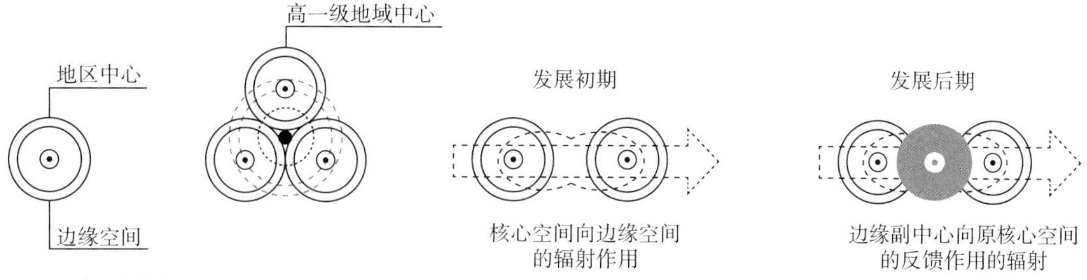

图 5.4 边缘空间与核心空间的辩证关系

参考：邢忠．“边缘效应”与城市生态规划［J］．城市规划，2001（6）：44

强调边缘空间的重要性并不意味着它在整体中占据主导地位。边缘空间依托于相关联的核心空间，在特定层次中，“核心空间”占据主导地位，其性质与规模决定着边缘空间的类型及边缘效应的强弱。边缘空间形态直接反映相邻异质主体核心空间的性质与规模变化，边缘空间与核心空间相对存在：一方面，二者相互依存；另一方面，二者可能随时间的推移和观察尺度发生变化。重视边缘空间是为了核心空间更好地与环境协调共生。

城市景观中的边缘正效应需要去有意识地创造和发掘。首先要保持边缘空间的连续性，创造边缘效应的外在条件。城市景观的隔离与极化导致相邻地域间的互动因子被隔离或屏蔽，地域间的物质、能量、信息流就会被切断，边缘效应因此失效。城市中最常见的公园周边的高大围墙，导致环境与景观效益的隔离。其次要关注相邻空间的相互作用。在消费市场导向下，每个土地使用者只考虑自己土地的最优利用，在法律允许范围内不考虑对别人的影响，这容易引起资源配置的低效率。规划引导市场，必须考虑所有用地间的相互影响，将功能上耦合的单位相邻布置，使之产生交叉催化的整合，这是创造边缘效应的根本途径，应贯穿城市景观规划用地布局之中。

值得一提的是，创造边缘效应同样需要有一个“度”的审视。边缘空间以核心空间为依托，特定核心空间所能支持的边缘长度及其所蕴藏的边缘效应以一定的需求与供给关系为基础。另外，不同层次的边缘空间需要相应的宽度。以城市空间中最常见的方形为例，方块是紧凑、自给自足思想的表现，它是内含最大面积的最小外露周长①，因此方形适用于减小边缘负效应地区。而在相容性与关联性良好地区，可相应增加相互介入的边缘长度。

综上所述，城市景观设计中应将地域空间视为整体，强调其组群及次序关系，而不是将个别空间视为孤立个体。尤其应当重视位于地区之间的残余空间及其边缘的荒废地带。在建筑单体与城市整体的融合过程中，应努力创造开放性的城市空间，为边缘效应提供良好的接续场所，这便是塑造边缘空间和发掘边缘效应的宗旨。

① 埃德蒙·N.培根．城市设计［M］．黄富厢，朱琪，译．北京：中国建筑工业出版社，2003

5.2.3 局部与整体

单个城市都处于一个跨地域的或者是全球文化地图大系统中。理想的生态平衡是立足于全球这个整体目标。前文论述了子系统的可识别性建立在大系统结构的可识别性之上。下文借鉴生态学的“尺度”“边缘”概念来分析城市与全球、局部与整体的平衡关系。

1）尺度依赖性

“尺度”是生态学中的一个重要概念，是研究客体和过程的空间和时间单位，一般用粒度和范围来描述[①]，它标志着对研究对象细节的了解水平，分为空间尺度和时间尺度。在城市景观规划中，空间尺度是指研究区域的面积大小和最小信息单元的空间分辨率，而时间尺度是研究对象动态变化的时间间隔。生态学者基于 SPOT 全色波段遥感影像数据和 GIS 技术，运用空间统计分析方法，研究城市景观格局的空间尺度效应[②]，研究结果表明：城市景观格局具有显著的尺度依赖性。

城市景观形态具有分形特征，呈现出一定的自相似性和复杂性。城市景观的多样性格局，与空间区位及人类活动的空间格局息息相关。在城市中心，主导型景观是经济效益较高的消费文化景观，并且景观斑块聚集度、破碎度大；经济效益较低的农业景观分布在城市边缘区，而且景观类型单一、斑块面积较大、破碎度较小；在由城市中心向边缘过渡的中间地带，景观类型多样、空间格局复杂。

景观多样性具有尺度依赖性。随着幅度的增加，景观多样性指数逐渐增大，多样性的空间格局也显著变化。在 0.5 公里幅度下，多样性指数的最大值出现在市中心，从市中心向外呈现高低起伏的环状模式扩展；随着幅度增加，多样性指数的高值区向景观类型变化最剧烈的城乡过渡地带转移。景观多样性的空间变异也具有明显的尺度依赖性。在较小幅度下，总体空间变异主要来自空间自相关的贡献，随机因素贡献较小；而较大幅度掩盖了更小尺度上的变异，导致块金效应增强，总体空间变异中自相关部分的贡献明显下降。由此可见，在城市景观的规划设计中，立足于不同尺度，会产生不同的结果。

2）局部与整体的辩证关系

在感知局部景观的同时还必须从整体的角度来理解城市景观。这种双重体验加深了城市景观的复杂性。对于一个复杂系统而言，整体并不占有绝对的中心支配地位，系统中既有整体对于局部的统摄，又存在局部对整体的反馈，这种相互作用的强度决定着系统的特质。当某种局部的力量足以摧毁整体的掌控时，系统的结构也将发生根本改变。建筑的生成过程与城市空间形态的形成息息相关，二者之间的互动对于城市空间整体性的形成具有重要影响，而整体性是决定城市空间品质最为重要的环节。这种促使建筑生成的潜规则核心是在渐进式的发展过程中保持更上一级层次城市空间的较大整体性。

由此可得对于局部与整体的关系理论可分为两个层面，其一是基于城市系统的复杂性建构，注重相对于静态城市观的复杂城市系统生成；其二是将视角聚焦于城市系统的微观结构，注重局部对城市整体的作用和反馈。

---

① 邬建国．景观生态学概念与理论［J］．生态学杂志，2000，19（1）：42-52

② 徐建华，等．城市景观格局尺度效应的空间统计规律［J］．地理学报，2004（11）：1065

局部与整体的辩证关系对于城市景观的意义在于：在城市景观渐进式的发展过程中应保持更上一级层次的较大整体性。对于某一异质的景观或景观要素，如在上一级层次或大一级的尺度上去观察，就可能成为同质的，例如消费文化个体城市景观的多样性在全球尺度就显示出同质化倾向；相反，对某一尺度下的同质景观或景观要素，如在更大一级的尺度上去观察，亦有可能为异质的，例如局部景观的地域性更能反映全球景观的异质性。从尺度、生态位、异质性与全球生态平衡的关系可以得出这样的结论，景观规划设计的范围有大有小，导致在研究的尺度上存在着差别。这种差别就决定了在规划和设计时所要考虑问题的侧重点是不同的。

为了保持全球大系统的平衡，在大尺度维护异质性与多样性，作为次一级的系统与小一级的尺度的地区就必须有立足地域的观点。多样性不必然是地区的，多样性可以由大众传播途径以商业手段达成；然而地区性却往往是异质与多样的，真正的地区性有赖于有特质的地域文化内涵及生活方式的形成与持续存在。值得注意的是：从大局出发强调地域景观的整体连续性，并不意味抹杀其内部的异质性与多样性。地区内部同一性与异质性达到动态平衡才是城市景观的最理想状态。只是当今全球同质化的态势如此强烈，甚至威胁到地域文化的生存，因此在消费文化盛行的今天，强调地域性就具有紧迫的现实意义。

5.2.4 城市景观异质性维持

作为城市景观的根本属性，城市景观的异质性使城市生态系统具有长期的稳定性和必要的抵御干扰的柔韧性。在消费文化同质化的强势作用下，维持城市景观的异质性要遵循以下原则。

1）完善现有城市景观结构

景观结构是景观功能存在的基础，只有保证景观结构的完整，才能实现景观功能的高效发挥。城市景观是一个高度人工化的景观，在消费主义、功利主义引导下，经济与技术因素成为社会发展的主导力量，城市发展更多地表现为城市形态的扩大。城市更多地为经济发展与功能分区考虑时，经济因素就渗入城市各个层面，城市也更多地表现为商业功利性。城市空间得以最大限度地发展，高密度、大体量的空间模式改变了城市的原有肌理。城市道路交通网络在成为赢利先锋的同时，也产生了严重的失衡现象。因此改善城市景观结构，一是在自然生态方面，增加绿地廊道及绿地斑块的数量，根据城市现状确定最佳位置和最佳面积，尽量使其均匀分布于城市景观中；二是在人文生态方面，尊重城市发展的文脉和地域观，确保城市景观的有序演进。

2）保持城市景观的多样性

不论在自然生态还是人文生态方面，适度的多样与异质都有助于系统的稳定。在城市景观设计中应采用符合生态学规律的景观设计方法，以多元化、多样性追求整体和系统稳定性。在人文方面要保持文化与人口分布的多样性。多样性与整体性的协调是一个很复杂的过程，只有不断提高对景观价值的认识，通过科学的方法掌握城市景观多样性、整体性的特质，合理调整建设规划，才能确保城市景观的保护、延续和发展。

3）重视城市景观中的边缘区域

对于核心空间而言，边缘空间一方面起着保护和维持作用，另一方面起着媒介和渗透作用。边缘区域对自然景观、交通、经济、人文等具有很强的吸引力，但边缘区处于异质空间交界处，属于生态脆弱带，往往极易受人类活动影响。应通过边缘空间的合理设计，发掘和强化空间整合过程中的边缘正效应，规避和削减负效应。在规划实践中从保持其现有规模和增加内部有效空间两个方面加以完善，在维护边缘效应异质性的同时，消除边缘地区尺度破碎化的负面影响，这对城市景观健康发展具有积极意义。

4）明确对不同城市空间尺度的界定

将尺度概念和相关因子引入城市景观设计将对城市的生态平衡和可持续发展非常有利[①]。在城市景观设计过程中，应该从生态角度把尺度原则和其他相关的变化因子考虑在内，分配生态开放空间，提高生态有效尺度。首先，在规划中对尺度的界定应该建立在可持续发展基础上，综合考虑其生态功能和社会效益；其次，对城市边缘区域，应当鉴别并保护那些相对受干扰较小的生态单元，进而在生态功能分区和生态功能联系的基础上界定其尺度规模；最后，在城市扩展和旧城改造过程中，其尺度的界定应当建立在生态联系功能的基础上，这对于城市景观中各生态单元之间及其与城市边缘地区的联系起到关键作用。

5）增加城市景观的连续性

增加城市景观的连续性，可以有效减小破碎化与片段化，增强景观的异质性与整体稳定性。在城市建设中，增加连续性首先要确保系统的开放性，反对城市景观的极化与隔离，决不能强调某一元素的单一效益或局部地区开发可能获得的暂时利益，这会切断区域内景观要素间的有机联系，降低人文生态系统自身的调节能力。如果说城市景观的异质性原则确保了景观设计的宏观方向，那景观连续性原则更多地是针对景观设计的微观指导。

5.3 城市景观的连续性

在人为影响占主导地位的城市景观中，自然景观被分割得四分五裂，生态过程和环境的可持续性受到严重威胁，最终威胁到人类生存发展及文化的可持续性。因此，景观生态学特别强调维持和恢复景观生态过程及格局的连续性（connectivity）和整体性（integrity）[②]。具体在自然生态方面，则是要维护自然残遗斑块之间的联系。

当城市景观面对愈发强大的消费文化时，也面临着这样的问题：城市景观何以承认它的当下处境？何以记忆或重建与其过去的联系？何以面向未来？如果说保持景观的异质性是城市景观在全球高度的核心原则，那在面对特定城市或特定地段时，连续性就成为城市景观设计的具体原则。从人文生态角度出发，城市景观的连续性与整体性主要体现在三方面：一是时空的连续性，表现为对历史文脉的尊重，对地域场所的回归；二是追求演化过程中的动态平衡，实现城市景观的有序演进；三是整体公平性，表现为对低收入阶层的尊重，减少城市景观的极化、隔离现象。

---

① 王晓东，赵鹏军，王仰麟．城市景观规划中若干尺度问题的生态学透视［J］．城市规划汇刊，2001（5）：61-62

② Noss R H. Landscape connectivity: different functions at different scales［M］//Hundson W E ed.Landscape Linkages and Biodiversity Defenders of Wildlife. Washington: Island Press, 1991

5.3.1 城市景观的时空连续性

在电影中，蒙太奇主要运用浅焦距的分镜头，通过分解、组合、重构空间与时间，一系列单一含义的浅景镜头组成段落，传达带有强制性的信息涵义，控制观众的思维方向。长镜头则利用镜头画面纵深空间的多层次、大容量、多信息和多含义给观众以更多选择和思考的余地，即所谓“把意义含糊的特点重新引入画面结构之中”，因为“意向的含糊性、解释的不明确性首先已经包含在画面本身的构图中”。蒙太奇的现实世界是片片断断的，而长镜头保持了现实世界的完整性，核心就是保持时空的连续性。蒙太奇强调的是镜头画面的并列，而景深镜头却旨在加强每个镜头画面的容量。每一部电影都是蒙太奇手法与长镜头手法交替使用的结果，只是可能偏重于某一方面而已。城市景观的空间形态同样是片段与整体、跳跃与连续交替出现的结果，设计的重点是对两者的组织与平衡。当消费文化一味扩大城市景观的片断与碎片，甚至构成危机的时候，就有必要重申景观设计的时空连续性。

深层次的时空连续性在城市景观的形态要素外，更要考虑到文化的作用。城市不单容纳了建筑群和各种经济体的组合，更多是容纳了各种元素的文化。文化是一个城市赖以成长的灵魂，是城市发展的引擎、心脏。城市在历史的长河中一直处于动态的演变之中，犹如一个生生不息的有机体，城市景观也随着时间的推移不断地演化与更新。在城市不断发展的过程中，一方面，作为人文景观的城市与其赖以生存的自然地理环境紧密地结合在一起，形成了城市景观的地域特征，这种特征所形成的城市总体格局久而久之作为景观特色成为人们的共识；另一方面，在城市演化的不同历史时期，所产生的人工景观作品及其有历史印记地段中的场所、建筑、环境，反映了特定时期的政治、经济、文化特征。这种历史文化与地域文化的共同特征构建起城市独特的景观风貌。

1）时间连续性

时间作为城市景观构成的基本要素，它的连续性成为城市景观完整性与连续性的一项基本表征，它意味着历史，联系着现在，预示着未来。在时间的延续中，城市景观被赋予了意义与内涵，逐步具有了人文的价值，进而成为传统。

城市景观的更新越来越快，但其留存下来的数量却并不对应其更新速度，这符合人类的遗忘特征，也是近来哲学家所探讨的递弱代偿性[①]的实证。根据人类的遗忘曲线，在短时间遗忘大部分的信息，却长时间保存小部分的信息。由此可以看到，虽然经过变化和跃迁，城市景观的发展始终并应该具有连续性。

保持城市历史地段的历史延续性，是保持城市景观延续性的必要条件。在原有历史信息的基础上，将新的信息通过某种手段、手法与历史信息连接起来。这两种信息都应具有相同的文化渊源，但新的信息应当反映时代特点。历史信息的传递，使得城市景观具备了生存的传统与发展的基础，而不是“无源之水，无本之木”。当然，源于不同文化背景，不同历史时期，不同国家、民族，不同个体对城市景观的认识是有差异的。大众对历史性景观的普遍认同是源于历史地段的城市景观由内容到形式不断积淀的结果。历史延续性在当今城市景观设

① 递弱代偿性的基本态势之一：相对时度递短，即处于演动或跃迁格局中的物态存在，其进位层次的提升必然伴以在位存续的时间跨度分布呈反比例缩短。存在度作为一个变项势将无可逆转地逐步下滑。见子非鱼．物演通论：自然存在、精神存在与社会存在的统一哲学原理［M］．太原：书海出版社，2003

计中至少可以提供这样的启示：历史延续是建设城市景观的一项重要基础，当一座城市能够深刻地体验它的历史演绎中沉淀下来的文化传统，就能够正确地认识自身并外延其独有的景观、气质、特色，也才能够建立持久的吸引力。人类历史是人们为了改善生存状态而不断突破物质和精神的现存局限所进行的努力。创新是人类生存的动力源泉，历史地段的延续不仅在整体上作用于城市景观结构的发展，而且可以通过对历史价值深层挖掘、创新、策划并不断更新，实现新的突破，说明创新不是凭空想象，而是对约定成俗的一种突破。

时间的连续性不仅体现在城市景观中传统形态要素的演变，也反映在现代景观形态要素的组构中。如果仅仅把时间理解为历史之延续、传统之形成，那还不能有效理解现代城市景观复杂形态的生成机制。时间概念的变异是消费社会城市复杂性的起因之一，在技术的发展与对效率的追求下，速度改变了一切。一切都在运动之中，运动使城市景观的尺度发生变化，也就是说，运动速度的加快，产生了一种全新的形象尺度。与过去不同，现代城市中充斥着各种交通方式，每种方式都有它的速率和感知系统，要在这种复杂的运动系统中建构关联性和统一感，它构成了现代城市景观设计的基点。在此，时间的连续意味着对运动秩序的建构，正是秩序强有力的内聚力把各部分结合成整体并使之具有力量，整个系统才有一种统一整体感。

2）空间整体性

时间上的连续性和空间上的整体性密切相关。空间不停地转换，构成了时间的推移。因此，时间连续和空间连续两者合二为一，这构成了城市景观形态发展演化的基本特征。空间整体性的获得是时空融合的结果。

由于不同时期的政治经济结构、科技水平、文化背景状况以及民风民俗不同，不同时期的城市景观往往具有不同的形态，要保护城市景观所携带的历史信息的真实性，就需要保留城市景观中空间的整体秩序，包括空间网络结构与分布格局。在对某一个特定地区的城市景观进行整体性或连续性分析时，主要从以下几点出发。

（1）空间网络结构。主要由城市道路网络格局构成的骨架，相互交织的道路网络将城市划分为不同的区块，同时又通过道路网络实现区块之间的空间联系。街区由于功能和场所的不同，保持了各自的特色，又由于景观特征要素的相似性而实现街区之间景观的渗透和延续。

（2）空间的分布格局。不同风格的建筑在空间中分布可以使景观丰富多彩，但是过于集中会造成景观断层，过于分散会造成混乱，只有自然、连续的分布才可以使城市景观保持整体上的和谐性。

（3）尺度的整体和谐。在街区中，对景观的印象随着观察者的视线移动，适宜的尺度给观者以连续协调的视觉印象。

（4）细部特征的协调性。细部特征是形成街区景观特色的重要元素，也是维护景观整体协调的重要手段。相同类型的景观元素有利于整体形态的协调。

如果城市景观空间延续符合了上述整体性的特点，并将不同时期的空间形态展现在人们面前，那么这座城市的文脉与地域环境就会给人以明晰的认同感，并展现出应有的文化品位。每一处历史地段都有着明显的空间特征，这样才有易于识别和记忆。对特定地域人群来说，这有助于加强他们的认同感情。伊利尔·沙里宁说：“让我看看你的城市我就知道你的市民在追求什么。”人文历史与地域传统对城市景观有着潜移默化的影响，这种根深蒂固的作用深刻地影响着不断发展变化的城市景观。生活在城市中的人们拥有的生活方式、价值观念、文化习俗和其所属的实体环境，共同构成了城市景观。要在城市景观设计中实现时空连续性，实际上就是要在设计中实现对城市文脉及地域的尊重。

3）文脉

文脉（context）一词最早源于语言学。它是一个在特定的空间发展起来的历史范畴，其外延内涵十分丰富。狭义地理解，即一种文化的脉络；广义地理解，文脉是指各种元素之间的对话与内在联系。引申至城市景观设计领域，文脉是指大众、城市、文化、景观之间的对话与内在关系，是指“一种景观文化传承的脉络关系”。只有对这些关系的本质进行认真研究，城市景观的丰富性才能被理解，文脉才会更清晰，或者说才能引申出一个新的城市景观的意义。

城市景观的延续是由“历时性”和“共时性”共同构建而成的。就当前景观设计实践来讲，只有做到“共时性”的横向关系与“历时性”的纵向脉络相协调，城市景观的更新才可能实现连续性发展。文脉观念的主要依据是：城市是渐进式演变的，城市景观各要素在这种渐变过程中相互构成，在相互构成中完成渐变。因此，城市文脉观念的基本要点是：“插入”的城市景观要与周围环境相衔接。这种协调性体现在两个层面：一是在景观要素层面，强调物质形态与城市整体环境的一致，通过形体、空间、装饰及细节的处理对原有环境中的相关要素进行复制和转译，使其达到与周边环境的连续；二是在城市层面，强调空间和形态组织与城市空间结构的耦合，反映新建景观对于城市肌理上的契合。

城市文脉中除了有形的物质形态外，还包括非物质文化形态，这也是人文生态的重要内容，包括习俗、仪式、社会结构，以及与人文历史、自然事件相关的空间场所等。世界上每个成熟的民族都有属于自己的特有文化形态和个性，这种独特的文化形态和个性往往体现在非物质文化之中，并成为民族亲和力和凝聚力的重要源泉。非物质文化作为民族传统文化的重要组成部分，是某个民族或区域的民众千百年社会生活的产物，是人文精神和民间智慧的结晶，是民族和地域之间区别与差异的真正意义上的“遗传密码”。

在城市景观中，历史建筑及街区无疑是凝聚了城市记忆的坐标点，对历史建筑及街区的保护及改造性利用多年来始终是学术研究的热点，也产生不少成功的范例。鉴于篇幅原因，本书不再赘述。本书关注重点是在城市扩张及城市更新中从人文生态思想出发，与追求功利和讲究效率的思想相抗衡，如何延续城市的文脉，实现真正的可持续发展。

4）地域

城市景观形成于一个特定的区域内，发展于不同的历史时期中，这就注定要表现其所在地区的某些特性和不同发展阶段的某些特征。这种特性，反映着所在地区特殊的自然地理、社会文化、政治经济的内在精神，渗透着一定地域内人的行为的内在品质。

城市景观的地域性（regionality）是描述城市在产生和发展过程中所受到的自然条件与社会条件的影响，它反映着特定时空中的自然生态、文化传统、经济形态和社会结构之间的特定关联，这种多层次、非线性的关系，使城市景观的发展表现为历史的、动态的和地域化的演化过程。

历史上地区的相对隔绝和文明发展的缓慢形式，造就了最为灿烂的地区文明和地区文化[①]。一来人类的科学技术水平受到自然条件的极大限制，所以其结果表现出自然与地域因素；二来在其发展过程中，较少受到外来的影响和冲击，因此较长时间内保持了单一的文化形态。在今天的技术交流环境下，靠封闭和拒绝来实现本土文化的延续是不可能的。因此当代“批判的地域主义”（Critical regionalism）已经不再是传统的乡土风格的同义词，而是指那些“反映和服务于其所根植的那片土壤上数量有限的拥趸”的学派。与世隔绝是不可能的，“今天的地域或民族文化只能是，而且比以往愈发地，表现为‘世界文化’在当地影响下的表现。……在未来任何真正的文化的延续，都将最终依赖于我们在文化与文明两个层面上恰当地接受外来影响，为地域文化生成富有活力的形象的能力”[②]。

城市景观的地域性特征从根源上决定了城市的异质性，并且往往在城市景观形态上有着直接的体现。地域性从宏观上决定了城市的资源供给、生态特征、对外交通联系、产业导向以及人的生活习惯等。城市作为相对独立的系统不断与周围的自然环境和社会环境进行全面的物质、能量、信息等方面的交流，并在此过程中共同构成整体、有序、动态平衡的开放系统。

由于人口基数、文化传统和国民素质等因素，在西方城市社会中值得肯定的一些设计理念在中国或其他发展中国家城市就可能会产生灾难性的混乱城市景观，这从侧面表明城市设计需要遵循地域主义的维度。例如，露天街道市场在中外城市景观中不同结果的强烈对比，就是一种典型例证。

1993 年，美国迈克尔·索金（Michael Sorkin）教授出版了他的城市研究著作——《地方法典——一个北纬 42 度城市的构成》。“北纬 42 度”给普遍抽象的城市以鲜明的地域特征。索金之所以只字不提“纽约”二字，显然是想使这部城市设计法典的研究价值具有更大的普适性。索金先假设了一个最重要的前提条件“北纬 42 度”地理位置，然后对其他变量因素进行分析。该书对于“权利”“建造材料”“绿化”“公共空间”“卫星新城”等分章节进行了详细规范，提出：市民享有在城市中自由行走的权利，城市的建设材料要最大限度地可回收再利用，城市的上层表面（包括屋顶）以绿化为主，城市 70% 的非水域表面应作为公共开放空间，卫星城镇之间应为水体或绿色旷野[③]。很明显，索金的城市导则研究内容具有一定的普适性，但对于具体城市仍应进行调整、具体对待。

地域性是一种传统的聚落所体现出的共性，因此它与城市特色一样具有整体性特征。简单地说，只有一片地域被当作一片整体认识的时候，人们才会针对它描述其特征。与城市特色一样，它至少要在城市、街区尺度上才能得到体现。正如一个贫穷的地区当中孤零零矗立起的一栋高档建筑，不会改变人们对于整个地区的贫穷印象一样，在一片完全丧失了地域性的街区中，依靠一两栋地域主义设计的单体建筑，或体现过去地域性风格的建筑遗存，是无法形成整个街区的地域性的。地域主义的“星星之火”还需要某些额外的力量帮助，才能够形成地域性的“燎原之势”。

---

① 单军．批判的地区主义批判及其他［J］．建筑学报，2000（11）：22-25

② Kenneth Frampton. Modern Architecture-a Critical History(third edition)［M］. New York：Thames and Hudson Inc，1992. 参考 侯正华．城市特色危机与城市建筑风貌的自组织机制［D］．北京：清华大学，2003

③ Michael Sorkin. Local Code: The Constitution of a City at 42 degrees North Latitude［M］. New York：Princeton Architectural Press，1996. 转引自 孙彦青．绿色城市设计及其地域主义维度［D］．上海：同济大学，2007

5）场所与场所精神

格登·库伦（Gordon Cullen）用“荒漠规划”描述了功能主义规划的结果，暗示城市景观中场所感的丧失[1]；约翰·伍瑞（John Urry）出于对消费社会的体察，而不再相信“场所”的意义，因为“场所变成商业活动中心，场所本身也是视觉的商品，不仅可以买卖，它给人以个性，而个性也成了商品的一部分”[2]（附加价值）。理查德·弗朗西斯·琼斯（Richard Francis Jones）则认为：“非场所、虚假的公共领域占据了我们的城市空间，我们频繁地经历这种区域和空间：在这种空间中我们以某种社会的伪装会面，加速地穿过场所，而不是体验场所；并且在这种场所中几乎不存在相识的可能性。非场所性的消费地方和交通区域鼓励无思想的行为和单调不变的行为，并且没有时间和地点供人们停留，观看比场所的真实存在更重要。”[3]

场所一直是哲学界和建筑界所关注的问题。舒尔茨从建筑现象学的角度理解场所是空间“形式”背后的“内容”。舒尔茨认为，城市形式并不仅是一种简单的构图游戏，形式背后蕴含着某种深刻的涵义，每个场景都有一个故事。这个涵义与城市的历史、传统、文化、民族等一系列主题密切相关，这些主题赋予了城市空间以丰富的意义，使之成为市民喜爱的“场所”。这其中包含了三方面的内容：（1）功能和结构；（2）内部要适应人的存在；（3）独特性和特殊性。在现象学中，场所、建筑与人们的存在及其意义紧密地联系在一起。只有当人造物或者建筑物界定了一个具有明确特性的空间范围，人与环境发生联系，“场地”（site）才能转变为有意义的“场所”（place）。

“场所精神”源于拉丁文，表达了一种始于古罗马时期的观念：任何“独立”存在的事物都有自己的守护神，即任何事物都有独特而内在的精神和特性。场所是与自然环境相结合的有意义的整体，这个整体反映了在特定时间、地段中人们的生活方式和环境特征。因此，场所不仅具有实体上的形式，还具有精神上的意义。场所呈现出变迁进程中与之相关的种种线索，包括物质和精神、显性和隐性、自然和人为多重因素。场所作为物质与精神的双重载体，其“记忆”让世人建立起与周遭世界积极而有意义的联系。

与国际式的普适性和大量生产性相对，现象学思想折射到城市景观中是这样的：城市景观要回归到“场所”，从场所精神中获得最为根本的经验。这种气氛是人的意识和行动在参与的过程中获得的一种场所感。舒尔茨认为人必须与环境蕴涵着的场所精神和谐一致，才能获得心理上的安定感和满足，他强调城市空间要作为一个场所系统与人的社会活动密切结合。

场所精神旨在认识、理解和营造一个具有意义的日常生活场所，场所能够使人感知并产生共鸣，从而产生归属感。格登·库伦将“场所感”描述为：“一种特殊的视觉表现能够让人体会到一种场所感，以激发人们进入空间之中。”不同的生活经验和文化背景对场所精神的理解不同，场所精神依赖于具体的空间结构和抽象的称之为“氛围”的空间性格，对应的是多样性、地域性和文脉。虽然城市景观布局和建筑设计都影响着城市密度以及相应的人群活动乃至城市活力的迸发，但人的因素决不能忽视。“一个狭窄弯曲布满招牌，在尽端有着闭合的

---

① Gordon Cullen. Concise Townscape［M］. London：Architectural Press，1995

② John Urry. The Tourist Gaze (Theory, Culture and Society Series)［M］. London：Sage Publications Ltd，2002

③ 理查德·弗朗西斯·琼斯. 缓慢是不可能的——当代世界中全球化理念、观念和速度的注解［J］. 周剑云，译. 世界建筑，2005（8）：84-86

小尺度户外空间的街道，如果没有人在其中，并不构成城市。城市要比单纯的环境背景内涵丰富得多”[①]。

6）事件

在探寻场所精神发展动力的过程中，“事件”成为研究的一个切入点。事件（event）一词引起学术界的关注也许是因为伯纳德·屈米（Bernard Tschumi）写过的《城市 / 事件》[②]一书。屈米始终把“事件”作为建筑的主角，“建筑中有事件，空间中有行动，……建筑将行动、运动和空间结合为一体”。并声明“我的设计不是形的组合，而是把活动和人流的概念物质化而得到的结果”。他认为事件是对空间的体验，既包含了传统使用的含义又特别强调了人的行为。屈米在对空间与事件关系的讨论中将其分成了三类：无关、互惠与对立。但屈米并没有定义事件的内涵，倒是西班牙著名的建筑师与理论家伊格拉西·德索拉·莫拉莱斯（Ignasi de Solà-Morales Rubió）在《差异：当代建筑的地志》[③]一书中提出了事件的三个特征，并在此基础上针对当代社会现状暗示场所是事件的产物。

（1）事件首先是不同逻辑线的交点，同时也是在一个无尽时间旅程中的一个片段，这个交点具有三维厚度和力度，来源于事件产生的动因及其对原有既定轨迹所产生的影响。

（2）其次事件不仅是一个交点，它本身具有一定延展性。这种延展性表现在事件发生的过程本身具有一个时间纬度，这个时间纬度涵盖了事件发生的准备期、发生期和效应期。而且事件就像声波一样是个振荡器，能激发后续一系列事件并对之产生影响。

（3）最后，人是事件的主体，是执行者和承载者，所以它必将烙上“个性”的痕迹。

在城市景观中，设计师应该关注与利用的“事件”分为两类，一类为外来力或政策决定的、主题明确的重大事件（诸如举办奥 / 亚运动会、各种博览会、大型交易会、影响较大的事件和大型的城市节日庆典等），这些事件被称为显性事件。一般来说，显性事件对城市的影响较大，有明显的时段性、系列性。另一类事件则是伴随着城市生活而存在的，或是城市发展潜在的趋向或机遇（如众多平凡的城市生活与活动），或是影响城市经济发展的潜在动力，我们把这些事件称为隐性事件。这类事件对城市的影响是潜在的，有明显的内在性、长期性和独立性。隐性事件不同于显性事件，它没有一个已知的主题，需要城市设计师对实地细致的观察、更多的经验总结与全方面的考虑。隐性事件一般更加贴近城市生活，或是城市某些优势和特色的体现。

美国巴尔的摩市内港的改造通过定期举行“城市经济贸易交易会”等主题活动，扩大了内港地区的知名度，使人们认识到了内港区的价值，进而引起投资商的投资与开发兴趣，不仅吸引了多方的投资，还加速了内港区改建的速度。

米兰市是一个与事件密不可分的城市，每年都会举办多种多样的事件与活动。从本地的传统节日到全球 IT 展，从意甲联赛到顶级时装发布会，米兰通过数量众多的主题事件频繁吸引世人的目光，并借此树立了城市形象。各种事件与活动会在不同的季节举办，以保证城市全年的活力，活动地点更是遍布城市各个角落，大部分广场、街道定期为活动服务，也因此

---

① Gordon Cullen. Concise Townscape［M］. London：Architectural Press，1995

② Bernard Tschumi. Event Cities［M］. Cambridge：The MIT Press，1994

③ Ignasi de Solà-Morales Rubió. Differences: Topographies of Contemporary Architecture［M］. Cambridge：The MIT Press，1999. 转引自胡滨．场所与事件［J］. 建筑学报，2007（3）：20

各具特色（表 5.1）。由此看来，在城市景观设计中如果对事件加以合理灵活运用，一方面有利于营造城市的场所感，另一方面能为城市的发展寻求机遇。

表 5.1　意大利米兰全年主题事件

时间	事件
一月	传统游行 Darsena 工艺品集市 古玩书籍集市
二月	世界时间最长的狂欢节
三月	世界秋冬时装发布会 自行车公路赛 所有博物馆纪念馆免费开放
四月	花卉博览 世界马拉松大赛 艺术家室外作品展览
五月	室外艺术展 水上竞技、音乐会 战争胜利纪念日游行
六月	Festa del Naviglio 阳光日活动 城市夏日娱乐活动开始 Christopher 庆祝日 电影歌舞文化节 趣味摄影、摄像展 花卉园艺展览、圣人纪念日
七月	拉丁美音乐 纪念活动
八月	露天电影放映节
九月	意甲联赛 威尼斯电影节放映 F1 方程赛
十月	钟楼节庆 世界 IT 展览 世界春夏时装发布会
十一月	米兰文学奖颁奖典礼
十二月	Sant’Ambrogio 节（地方节日） Oh bej Oh bej 集市 剧场开幕节

来源：金广君，刘堃 . 主题事件与城市设计［J］. 城市建筑，2006（4）：6-10

要实现城市景观的连续性，就必须从城市的文脉与地域、场所与事件等要素重新审视城市的发展。城市永远处在一个动态的发展过程中，城市发展是一个连续的过程。在强调“形态延续”的同时，还要追求“有序演进”[1]。

5.3.2 城市景观的有序演进

一个成功设计的基本准则就是不断地考虑城市当前的需求和未来的需求[2]。城市在持续变化的社会政治、文化、经济、自然的背景以及人们生活需求的控制与影响下，不断地进行自身的调整，力求剔除城市中坏死的部分，改造不适应的部分，优化状态良好的部分，创造新需求部分，增加自身对环境的适应性，追求演化过程中的动态平衡。

1）拼贴城市

“拼贴”一词出自柯林·罗（Colin Rowe）的《拼贴城市》(*Collage City*)。柯林·罗认为城市是复杂与多元的，应是社会和人们根据自身对绝对参考和传统价值的解释结合在一起的产物，这样的设计是对纷繁的城市状态的积极响应。他将“拼贴”理解为“一种根据肌理引入实体或者根据肌理产生实体的方法”[3]。换句话说，在城市景观设计中应以多样化的方式应对具体的情况，达到与周围环境的协调，而不是冲突。

重塑城市肌理是建立在对现代主义的反思之上。通过图底分析，柯林·罗认为现代主义的城市是一种实体的城市，以建筑实体作为空间的核心，使城市空间成为空间切割后的“边角料”；而传统城市属于肌理的城市，在城市空间的处理上是现代主义空间概念的倒置。面对当今日益复杂化的城市现状，柯布西耶倡导的“复杂的建筑和简单的城市”观念需要通过“简单的建筑和复杂的城市”方式来应对。因此柯林·罗将拼贴理解为将肌理引入实体或者根据肌理产生实体的方法。

城市肌理是城市景观形态结构的一个重要方面，是城市景观构成要素在空间上的结合形式，反映了空间要素之间的联系及变化，是表达城市景观空间特征的一种方式。城市肌理是在长期的历史岁月中积淀形成的，与城市的产生和发展相依相存，城市是否具有魅力和特色，很大程度取决于城市肌理的细腻与丰富度。城市肌理直接关系到城市的细部，触及人的视觉和各种感知，其由城市要素的叠加构成，具有整体性、连续性、拼贴的特征。不同的地域和文化在城市肌理上有各自独特的体现。城市肌理是对城市景观形态和特征的描述，随时代、地域、城市性质的不同而有所变化。城市正是通过对城市肌理内容的充实进入城市格局的构架，从而形成完整的城市景观特色。对于城市肌理的研究能够帮助人们更准确地判断城市景观的历史变化，把握城市景观特色，指导人们在城市更新中如何才能延续城市历史文脉，保持一个城市所特有的风貌，满足城市居民对传统文化心理上的需求有着十分重要的意义。

城市是复杂的与动态的，在城市的更新中，面对种种的矛盾冲突与不确定性，应如“狐狸”而不是“刺猬”般的通晓许多知识，善于以多元论的思维，紧扣问题的核心，采取多元

---

① 王建国．城市风貌特色的维护、弘扬、完善和塑造［J］．规划师，2007（8）：5-9

② Jeffrey L Soule．变革时代中的城市文化保护［J］．国际城市规划，2005（1）：20

③ 王群．柯林·罗与“拼贴城市”理论［J］．时代建筑，2005（1）：120

的方式，积极地应对不同的情况①。应该尽量避免大规模推倒重建的方式，提倡进行重视多元城市生活、循序渐进的小规模“拼贴”模式，即指在较小的空间范围内，采取小而灵活的方式，创造多样化的、适应人的尺度的场所的城市更新途径。这样的方式将城市的更新与每个城市居民、团体的利益联系起来，有利于使城市更新适应多样复杂的城市生活的要求，有利于吸引城市改造的资金以及发动城市居民的积极性。

城市是由新、旧要素“拼贴”而成的。随着城市的发展，城市中的一些原有个体或系统因为不能适应环境而被改造或淘汰，会有其他新的个体或系统出现，并日趋成熟。这些新个体或系统的发展，在一定程度上决定了城市的发展方向，有可能是良性的，也有可能是恶性的。因此，在城市发展中必须有力控制城市新生事物的发展，主动地实施不间断的创新，才能有效地提升城市的适应性，保证城市的良性发展。

城市发展是个动态过程，提倡动态的“拼贴”，包括两方面的含义：一方面，要保持城市中不同历史阶段形成的区域的生命力，正确地理解更新对象与城市关系，采取相应的措施，保留与创新相结合，创造能够符合当代中国城市发展，真正服务于城市生活的区域或建筑；另一方面，建立可持续发展的城市更新观念，不仅只局限于当代对城市资源的利用，更要关注后续城市的发展，强调城市更新过程的连续性，适度地保护、开发与利用城市资源。

2）城市针灸

“城市针灸”的概念源于西班牙建筑师与城市理论家莫拉莱斯。1982 年，莫拉莱斯结合巴塞罗那的城市再生战略提出了“城市针灸”的概念②。他援引中国传统的中医经络理论和针灸学说，认为城市局部对于城市整体同样存在一种类似于针灸的治疗与激化作用。城市针灸意味着一种城市局部空间的小尺度介入，而这种介入的地点和方式对于城市更大地区产生一系列的联动反应，从而增加对城市整体功能和形态的作用力。肯尼斯·弗兰姆普顿（Kenneth Frampton）曾充分肯定了这一概念的提出，并在《千年七题：一个不适时的宣言》中做出了如下的解释：“城市针灸”是指一种催化式的“小尺度介入的城市发展战略。这种小尺度介入有一系列的前提：要仔细加以限制，要具有在短时间实现的可能性，要具有扩大影响面的能力。一方面是直接的作用，另一方面是通过接触反应并影响和带动周边”③。由此可看出“城市针灸”对城市景观的指导意义包含两层涵义：其一是小尺度的介入，其二是恰当并适时的触媒效应。

城市景观的空间尺度本身就包含着人文涵义，即城市景观的“人文尺度”，指城市景观的规划设计根据人的视、听、行等各方面的生理感觉，对城市空间环境的大小、构成加以控制而形成的空间尺度，这种尺度在中外传统城市中都十分明显。从现代可持续发展的观点看，这些尺度是人性化的，极富人文色彩。在北京古城中，人文尺度的控制反映在城市用地划分、结构构成、景观等多方面。有学者对北京古城空间环境的人文尺度设计原则进行了初步总

---

① 柯林·罗在《拼贴城市》一书中提到的“知道很多东西的狐狸”与“只知道一件大事的刺猬”，是指对于城市的两种不同的态度。“狐狸”式的是狡猾与灵活的，他们对于复杂的城市会采取多样的对策。而刺猬式的只关心一种想法，用一种方式对待所有的情况。

② 唐斌.局部与整体：近现代西方城市建筑理论中关于建筑与城市关系的类型分析［J］.现代城市研究，2008（2）：45

③ 肯尼斯·弗兰姆普顿.千年七题：一个不适时的宣言［J］.建筑学报，1999（8）：11-15

结[①]，认为在宏观层面上，古城中轴线上重要节点之间的距离一般在600米左右（约折合清丈200）；而在中观层面上，中国古代人居环境的布局讲究"百尺为形，千尺为势"，其中"千尺"即现代的230~350米，这一尺度对城市中观层次的空间环境有着普遍的控制作用。中国当前正面临城市化的高速发展，大规模建设正在迅速改变着城市面貌，在城市更新中应该尊重这些小规模、人性化的人文尺度。

在德国巴登州的城市更新中，该地区改造地块范围一般不超过7.5公顷，平均只有3.3公顷[②]。从实际效果看，这种小规模的改造时间短、见效快、资金周转灵活，也较符合政府的利益。相对大规模改造而言，小尺度介入的改造无论在资金筹措、建筑施工，还是在拆迁安置方面，都明显具有较大的灵活性；其次，小规模改造一般以居民为主体，能够充分调动居民自身的积极性，而且还使改造具有极强的针对性，能够比较细致妥善地满足居民的实际需求；此外，小尺度介入易受现状环境和现有技术条件的制约，易与原有环境相协调；最后也是最重要的一点，恰当而适时的介入可以引发触媒效应。

城市触媒是"能够促使城市发生变化，并能加快或改变城市发展建设速度的新元素"[③]，即通过某一特定触媒元素的介入，引发某种"链式反应"，促成城市建设客观条件的成熟，从而推动城市按照人们的意志持续地、渐进地发展。城市触媒理论认为，城市环境中的各个元素都是相互关联的，这种关联不仅仅存在于外在的视觉形态方面，也存在于内在的经济联系。如果其中一个元素发生变化，它会像化学反应中的"触媒"一样，影响或带动其他元素发生变化。

从城市景观设计层面上理解，城市触媒可能是城市形体环境中的某一个物质元素，如一片城市街区的开发、一个建筑实体的立项、一个开放空间或开放空间系统的建设等；城市触媒也可能是一个非物质元素，如一项开发政策或一种城市建设思潮、一个标志性事件或特色活动等。显然，城市触媒有时是有形触媒，有时也是无形触媒。由于这些触媒的介入，使城市物质环境内某些元素产生连锁反应，从而带动周边地区的联动发展：触媒最初仅作用于与其邻近的城市构成元素，改变现有元素的外在条件或内在属性并带动其后续发展。随着"媒介"（指城市开发建设中元素间的相互作用力）的能量传递，当原有的元素被改变或新的元素被吸引过来后，原始的"触媒点"与新元素一起共振、整合，进而形成更大规模的城市触媒点，影响到更大的城市区域，最终产生一种城市开发的联动反应。

3）动态平衡

城市处在一个动态的发展过程中，从大系统到小的分形单元都不是一成不变的。系统依靠自身的调节机制与外部环境相互作用，或调整，或重构，在动态之中改善着自身的适应能力，提高稳定性和有序性，建构新的平衡，在新的平衡中不断重构自身，也重建了与其所在场地的关系。在这种重构与重建的过程中，城市的地域与历史文化特性不断地被赋予到城市的构成之中，成为联系自然与社会的桥梁。

城市的演变在多数情况下是从一种基本的构成单元开始的，随时间的推移而进行着不断的自我复制和渐进式的调整。单元之间的相似性使城市形态具有了分形自相似的特征。"分

---

① 张杰，霍晓卫.北京古城城市设计中的人文尺度［J］.世界建筑，2002（02）：66-71

② 贾新锋，黄晶."拼贴"与中国城市的更新［J］.建筑学报，2006（7）：12-14

③ 金广君，陈旸.论"触媒效应"下城市设计项目对周边环境的影响［J］.规划师，2006（11）：22

形元”的形成是一定的社会习俗、经济文化等因素综合作用的结果。“分形元”成为城市的细胞，进行着不断地自我拷贝和繁殖，从而使城市具有了生命的形态。这里，就像基因规定了生物的生长与变异的方向一样，基本的单元也确立了城市的内部秩序和发展演化的基本方向。分形元是与环境有能量流和物质流交换的开放体系，能够逐渐从小变大、从弱变强，从无序走向有序、从低级走向高级。在消费社会中，科学技术的发展、生活方式的改变、价值观念的变化，都有可能使基本的“分形元”本身产生变异。尽管如此，“分形元”作为形态构成的基本内核在新与旧之间建构着联系。事实上，分形理论认为，自然生成的物体很少是严格而均匀地自相似的，分形的应用往往要将自身加以扩充、变形才能与自然事物达到某种契合。

在生物的进化过程中，个体经历的变化受制于基因中可能变异的限制，而基因中那些不可变异或较少变异的部分，就决定着个体保持其所属种群所共有的特征，这种不可变因素就是城市的特质，它保证了物种间的差异和生态系统的多样性，是城市异质性的根本所在。“不论老城可能有多么的拥挤、脏乱和空气不洁，它们多数都具备这个城镇之所以成为城镇的重要特质”。

城市景观的演进也同样依赖于这种异质性的保留和发展，这些“不可变性”或“较少变异的因素”主要决定于两方面的因素：一是城市所处的地域，即城市的地域性；二是城市特有的文化特征和精神。二者是相互影响的，城市在产生之初受地域影响而形成了基本的格局和文化意识形态，而城市文化和城市精神又能使城市中的人不断地发掘和利用地域优势和资源，使城市的地域文化特征更加鲜明并不断发展进化，增强城市的生命力。

相对于消费文化下城市景观的幻象，反映城市特质的景观更具有生命力与持久的活力。人文生态学家将这些特质视为城市的灵魂，也是地域文化的 DNA。在城市更新中，只有把这些特征有机地组合进去，才能确立其历史文脉应有的位置，给以必要的社会原动力，实现动态发展的、有创造性的保护与创新作用，才能保持地区的特色与个性。城市景观如要有持久的生命力，必定是在总体上达到不同要素的互相平衡。它们需要吸收历史的精髓，同时体现时代精神，反映新的美学观念和不同群体的人文价值取向。

5.3.3 城市景观的整体公平性

一方面，城市景观是权力关系的表征和记录，被社会、政治和经济的力量与价值所塑造；另一方面，城市中的某一区域可能是不同的行政单元，但在地理、经济、生态等方面都是一个相互联系的整体，任何局部的变化，都会对其他地区产生影响。城市景观必须注重整体效益，不能强调某一元素的单一效益或局部地区的利益。条块分割、切断城市整体景观的有机联系，只能使得城市景观破碎化，降低整体环境和竞争力。要消除在城市景观资源占有上的社会分层，对居住社区的贫富隔离的警觉是一个方面，更重要的是在城市景观的使用上是否真的能够做到各个社会阶层的融合，实现整体公平性。

1）城市景观的关怀原则

强调城市景观的整体公平性就是强调无论民族、种族、国籍和性别都有平等分享城市发展成果的权利。主张包括保障社会弱势群体免于遭受环境迫害，主张社会资源的平均分配和资源的可持续利用等，以保障每个人、每个社会群体对干净的土地、空气、水和其他自然环境有平等享用的权利。发展的目的是给人们创造更好的生存和发展条件，让全人类都分享物质财富增长和社会进步带来的好处，为最终实现人的全面发展创造条件。

公平性体现在两个层面：一是无差别的平等，即人的尊严、人格等精神价值层面；二是有差别的平等，即有差别地对待人的能力系统。对待公平有两种态度：一是传统效率意义上的公平，二是人道主义的公平。前者体现了最大差别原则——即让每一个体力、智力、情感力占优势的人处在平等的地位上，达到人力资本和物力资本的最佳组合，实现最优资源配置，从而求得收益的最大化。最大差别原则体现了人的创造性本质，正是通过这种差别，社会才得以进步；而后者人道主义上的公平体现的是最小差别原则——它通过消解人们之间的差别而达到平等的一种努力。

要确保城市景观的整体公平性，就必须对消费社会所谓的"公正伦理"进行反思。公正伦理是一种分配和争夺各种话语权力的游戏规则，体现的是争夺、获取和占有；其过程是全部资源及其话语权力在不同利益主体间的分配或转移，其结果是不同利益主体在获得利益和话语权力的量与质上的差别，从而造成事实上的弱势群体和强势群体，尽管在理论上存在着公平的原初状态，但实际的历史过程总是在差别中运作的。如果将这种差别推至极端，就会造成资源与话语权力的垄断，出现"损不足而奉有余"。严格说来，公正伦理是用来保证效率的，体现的是最大差别原则，实现的是多劳多得、优劳优酬的分配原则，这是人类社会之能够发展与进步的主要原则，但却不是唯一原则。

为保证弱势民族与弱势群体的生存权利和生活基础，必须辅之以人道或伦理意义的分配原则——"关怀原则"，这是人类社会意义的效率，体现的是最小差别原则。关怀伦理是真正的人性要求，是超越于功利之上的伦理品质。主张一种以关爱为基础的社会伦理范型是对近代以来西方发达国家对自然和弱势群体挑战式的获取、占有的公正伦理方式之片面性的批判与反思。

2）城市景观的公共性

在消费社会中，一个显著的矛盾便是城市中公共与私有领域的冲突。城市重要的民主象征——城市公共空间受到了私有集团和个人空间的挤压与蚕食。这里所说的"公共"主要强调人与人之间的交往，而"公共空间"便是指人和人交往的场所，就公共话题交换意见的地方，是思想和灵魂碰撞的空间。对应着公共空间的另一极是"私有空间"，是以产权或使用权等形式受法律、契约保护的私人领地，有着很强的私密性、排他性。

消费文化的特征使得公共领域直接受到私人领域的威胁。在过去的半个世纪中，西方城市公共空间表现出两种状态。一方面，基于社会民主的进步和人们对交往的公共生活的向往、支持，越来越多的城市公共空间被以各种方式创造出来；另一方面，城市发展过程中背后那只"无形的手"总是随时在窥探资本利润的最大空间，私有的集团和个体以各种形式入侵公共空间领域，并将它们占为已有。因此，公共与私有的角逐是当代城市空间斗争的前沿。要创造公共生活，提供多样性的民主空间，纽约自 20 世纪 60 年代开始了大规模的城市实践，改善城市景观环境，维护公共领域空间。公共与私有的博弈逐渐向有利于城市公共利益的方向进展[①]。在实践中提出了强制性和选择性的城市更新开发条例，遵守了公共优先原则的开发

① 孙彦青．绿色城市设计及其地域主义维度［D］．上海：同济大学，2007

商则在建筑底层面积和容积率方面得到奖励性的回报。正是在城市更新中公共政策的介入，在曼哈顿下城华尔街地段寸土寸金的环境中，小型城市广场和建筑底部敞廊形成了那里的公共空间特色，为营造活跃的城市生活提供了潜力。

当代的中国城市，处在一个城市公共空间及景观资源面临着不断被挤压的困境，城市开发模式以项目为主体，项目规模越建越大，类型越来越多，但城市公共资源被这种开发模式蚕食。城市的山景、河畔、湖滨和公共绿地周围高品质的景观资源被分裂阻隔。城市景观公共性的核心功能是通过沟通、交流、集体体验等共同活动培育人们的共同价值与情感，友善、宽容、民主、协作等有助于人类社会良性互动的人文精神在这里可以得到培育和壮大。然而，步入消费社会转型期的中国，在个体不断膨胀的过程中，公共的价值和精神被挤压得所剩无几。当人们在公共空间中的交流已经贫穷得只剩下娱乐时，反映出的是公共精神的丧失和公共空间社会作用的缺失，而这最终会导致公共空间自身的消亡，以及市民社会最重要的民主、自由权利的破灭。毋庸置疑，公共服务型的政府对城市景观公共空间的营造与监管有着不可推卸的责任和义务。在这个过程中，应当使用公共政策和技术手段对城市景观公共资源进行系统的营造和保护，将公共与私有领域恰当地调和、共存，只有这样，在公共与私有的博弈中才能取得最大的社会效益，而城市的重要品质之一——城市活力，才能被激发出来。

当代中国社会发展已经走到了一个历史性阶段，进入社会、经济转型期的中国“城市社会正在由过去那种高度统一集中、社会连带性极强的社会，转变为更多带有局部性、碎片化特征的社会。中国高度集权的‘总体性社会’(单位制和人民公社)在很短的时间内发生解体，整个社会被切割为无数的片断，称之为社会碎片化”[①]。在城市景观建设的实际操作中，政治、经济的强势权力运作以及作为公共政策的规划设计的技术层面的缺失，使得当代的中国城市景观在表面繁荣的背后面临社会空间破碎化的危机。

无疑，这个综合问题的根本解决要依赖于逐步构建更加民主进步的社会。但同时，城市景观规划设计是完成理想城市社会空间营造的一个具体实施步骤，是将抽象的社会结构转化为具体物质形态的技术手段。凯文·林奇就曾强调，“社会的影响和物质环境的形态很难分开对待。如果有人想改变一个环境的品质，最有效的办法莫过于同时对物质环境和社会组织形制做出改变”[②]。因此，在中国公众的政治生活中要将城市景观设计的过程民主化，提倡“自下而上”与“自上而下”相结合的设计运作方式，使城市景观设计作为一种公共政策更高效地服务于大众，力求达到整体公平性。

5.4 小结

消费文化影响下的城市景观呈现出平面化、同质化、碎片化的趋势，不利于全球人文生态系统的平衡。在对现有城市景观发展模式进行反思后，本章有针对性地提出以下三条原则。

第一，针对城市景观在消费文化影响下所表现出的平面化趋势，有必要对城市景观的价值进行再认知。一方面，在城市景观的设计及评价中，不仅应该在物质形态上符合美学价值，

---

① 魏立华，闫小培．大城市郊区化中社会空间的“非均衡破碎化”：以广州市为例［J］．城市规划，2006（5）：56

② 凯文·林奇．城市形态［M］．林庆怡，等译．北京：华夏出版社，2002

更要注重其人文、社会、生态价值；另一方面，作为城市景观的欣赏及消费主体，大众应当树立正确的人文生态价值观，倡导正确的消费伦理观，反对异化了的消费主义思潮，逐步形成健康、文明、理性、科学的消费观念和消费方式，这对于促进社会经济的持续健康发展有着十分重要的意义。

第二，针对城市景观在消费文化影响下所表现出的同质化趋势，在城市景观设计中应遵循异质性原则。作为城市景观的根本属性，城市景观的异质性使城市生态系统具有长期的稳定性和必要的抵御干扰的柔韧性。具体体现在完善现有城市景观结构，保持城市景观多样性，重视城市景观中的边缘区域，明确对不同城市空间尺度的界定，增加城市景观的连续性。

第三，针对城市景观在消费文化影响下所表现出的破碎化趋势，在城市景观设计中应遵循连续性原则。体现在三方面，一是时空的连续性，通过对文脉、地域、场所、事件的重视，强调城市景观的“形态延续”；二是追求城市演化过程中的动态平衡，实现城市景观的“有序演进”；三是整体公平性，对消费文化所谓的“公正伦理”进行反思，提倡“关怀原则”，表现为对低收入阶层的尊重，维护城市景观的公共性，减少城市景观的极化、隔离现象。

参考文献

1. 学术著作

1. 让·鲍德里亚.消费社会［M］.刘成富，全志纲，译.南京：南京大学出版社，2001

2. 马歇尔.经济学原理［M］.朱志泰，陈良璧，译.北京：商务印书馆，1981

3. 马克思恩格斯选集：第1卷［M］.北京：人民出版社，1972

4. 弗雷德里克·詹姆逊.文化转向［M］.胡亚敏，等译.北京：中国社会科学出版社，2000

5. 罗钢.消费文化读本［M］.北京：中国社会科学出版社，2003

6. 艾伦·杜宁.多少算够：消费社会与地球的未来［M］.毕聿，译.长春：吉林人民出版社，1997

7. 迈克·费瑟斯通.消费文化与后现代主义［M］.刘精明，译.南京：译林出版社，2000

8. 王宁.消费社会学：一个分析的视角［M］.北京：社会科学文献出版社，2001

9. 丹尼尔·贝尔.资本主义的文化矛盾［M］.赵一凡，译.北京：生活·读书·新知三联书店，1992

10. 弗雷德里克·詹姆逊.后现代主义与文化理论［M］.唐小兵，译.西安：陕西师范大学出版社，1987

11. 伊志宏.消费经济学［M］.北京：中国人民大学出版社，2004

12. 陈冲宏.消费文化理论［M］.台北：扬智文化事业股份有限公司，1996

13. 陆学艺.当代中国社会阶层研究报告［M］.北京：社会科学文献出版社，2002

14. 周晓虹.中国中产阶层调查［M］.北京：社会科学文献出版社，2005

15. 辞海编辑委员会.辞海［M］.上海：上海辞书出版社，1999

16. 罗兰·巴特.神话：大众文化诠释［M］.许蔷薇，许绮玲，译.上海：上海人民出版社，1999

17. 乌蒙勃托·艾柯.符号学理论［M］.北京：中国人民大学出版社，1990

18. 让·鲍德里亚.符号政治经济学批判［M］.南京：南京大学出版社，2008

19. 乔治·瑞泽尔.后现代社会理论［M］.谢立中，译.北京：华夏出版社，2003

20. 让·鲍德里亚.拟像的进程［M］//吴琼，杜予.视觉文化的奇观.北京：中国人民大学出版社，2005

21. 让·鲍德里亚．象征交换与死亡［M］．车槿山，译．南京：译林出版社，2006

22. 伊丽莎白·K. 梅尔，玛莎·施瓦兹．超越平凡［M］．王晓俊，译．南京：东南大学出版社，2003

23. G·勃罗德彭特，等．符号·象征与建筑［M］．乐民成，等译．北京：中国建筑工业出版社，1991

24. 迈克·克朗．文化地理学［M］．杨淑华，宋惠敏，译．南京：南京大学出版社，2003

25. 瓦尔特·本雅明．巴黎，19 世纪的首都［M］．刘北成，译．上海：上海人民出版社，2006

26. 罗伯特·文丘里，等．向拉斯维加斯学习［M］．徐怡芳，王健，译．北京：知识产权出版社，2006

27. Jeffrey Inaba, Rem Koolhaas, Sze Tsung Leong. The Harvard Design School Guide to Shopping［M］. Cologne：Taschen，2002

28. 郑石明．商业模式变革［M］．广州：广东经济出版社，2006

29. 丹尼尔·布尔斯廷．美国人：民主历程［M］．北京：生活·读书·新知三联书店，1993

30. 伯恩德·H. 施密特．体验式营销［M］．张愉，等译．北京：中国三峡出版社，2001

31. 陈坤宏．消费文化与空间结构：理论与应用［M］．台北：詹氏书局，1995

32. 原广司．空间：从机能迈向样相［M］．东京：岩波书店，1987

33. 菲利普·科特勒．营销管理［M］．梅清豪，译．上海：上海人民出版社，2003

34. 克里斯·约西．世界主题公园的发展及其对中国的启示［M］．北京：中国旅游出版社，2003

35. 蓝观志．旅游主题公园管理原理与实务［M］．广州：广东旅游出版社，2000

36. 矶崎新．未建成/反建筑史［M］．胡倩，王昀，译．北京：中国建筑工业出版社，2004

37. 王志弘．空间与社会理论译文选［M］．台北：译者自刊，1995

38. 陆地．建筑的生与死：历史性建筑再利用研究［M］．南京：东南大学出版社，2004

39. 弗雷德里克·詹姆逊．晚期资本主义的文化逻辑［M］．陈清侨，译．北京：生活·读书·新知三联书店，1997

40. 包亚明，王宏图，朱生坚，等．上海酒吧：空间消费与想象［M］．南京：江苏人民出版社，2001

41. 王安忆．寻找上海［M］．上海：学林出版社，2001

42. 约翰·斯道雷．文化理论与通俗文化导论［M］．杨竹山，等译．南京：南京大学出版社，2006

43. 凯文·林奇．城市形态［M］．林庆怡，等译．北京：华夏出版社，2001

44. 王文英，叶中强．城市语境与大众文化：上海都市文化空间分析［M］．上海：上海人民出版社，2004

45. 罗兰·巴特．流行体系：符号学与服饰符码［M］．敖军，译．上海：上海人民出版社，2000

46. 苟志效，陈创生 . 从符号的观点看：一种关于社会文化现象的符号学阐释［M］. 广州：广东人民出版社，2003

47. 乔治・里茨尔 . 社会的麦当劳化［M］. 顾建光，译 . 上海：上海译文出版社，1999

48. 马歇尔・麦克卢汉 . 理解媒介：论人的延伸［M］. 何道宽，译 . 北京：商务印书馆，2000

49. 波斯特 . 第二媒介时代［M］. 范静哗，译 . 南京：南京大学出版社，2000

50. Pierre Bourdieu . Distinction: A Social Critique of the Judgement of Taste［M］. Cambridge：Harvard University Press，1984

51. 古德纳 . 知识分子的未来和新阶级的兴起［M］. 顾晓辉，蔡嵘，译 . 南京：江苏人民出版社，2002

52. 费菁 . 超媒介：当代艺术与建筑［M］. 北京：中国建筑工业出版社，2005

53. 约书亚・梅罗维茨 . 消失的地域：电子媒介对社会行为的影响［M］. 肖志军，译 . 北京：清华大学出版社，2002

54. 威廉・吉布森 . 神经浪游者［M］. 雷丽敏，译 . 上海：上海科技教育出版社，1999

55. David Rokeby. Transforming Mirrors:Subjectivity and Control in Interactive Media［M］// Simon Penny. Critical Issues in Interactive Media. Albany：SUNY Press，1995

56. 尼尔・波兹曼 . 娱乐至死［M］. 章艳，译 . 桂林：广西师范大学出版社，2004

57. 伊塔洛・卡尔维诺 . 看不见的城市［M］. 张宓，译 . 南京：译林出版社，2006

58. 海德格尔 . 海德格尔选集［M］. 上海：上海三联书店，1994

59. 尼古拉・米尔佐夫 . 什么是视觉文化［M］. 王有亮，译 // 文化研究：第三辑 . 天津：天津社会科学院出版社，2002

60. 瓦尔特・本雅明 . 摄影小史 + 机械复制时代的艺术作品［M］. 王才勇，译 . 南京：江苏人民出版社，2006

61. 伊安・杰夫里 . 摄影简史［M］. 晓征，筱果，译 . 北京：生活・读书・新知三联书店，2002

62. 巴赞 . 电影是什么?［M］. 崔君衍，译 . 北京：中国电影出版社，1987

63. 康威・劳埃德・摩根 . 让・努维尔：建筑的元素［M］. 白颖，译 . 北京：中国建筑工业出版社，2004

64. 王逢振 . 视觉潜意识［M］. 天津：天津社会科学院出版社，2002

65. Philip Jodidio. Architecture Now 2［M］. Cologne：Taschen，2004

66. Paul Virilio. The Vision Machine［M］. Indiana：Indiana University Press，1994

67. 舒尔茨 . 整合营销传播［M］. 何西军，等译 . 北京：中国财政经济出版社，2005

68. 蔡晴 . 基于地域的文化景观保护研究［M］. 南京：东南大学出版社，2016

69. 王岳川 . 后现代主义文化研究［M］. 北京：北京大学出版社，1992

70. 陶东风，金元浦 . 文化研究：第三辑［M］. 天津：天津社会科学院出版社，2002

71. 瓦尔特・本雅明 . 机械复制时代的艺术作品［M］. 王才勇，译 . 北京：中国城市出版社，2002

72. 罗伯特・休斯 . 新艺术的震撼［M］. 刘萍君，译 . 上海：上海人民美术出版社，1996

73. 薛晓源，曹荣湘．全球化与文化资本［M］．北京：社会科学文献出版社，2005

74. 爱德华·W.萨义德．东方学［M］．王宇根，译．北京：生活·读书·新知三联书店，1999

75. 薛求理．全球化冲击：海外建筑设计在中国［M］．上海：同济大学出版社，2006

76. 查尔斯·詹克斯．当代建筑的理论和宣言［M］．周玉鹏，译．北京：中国建筑工业出版社，2004

77. 克利斯·亚伯．建筑与个性：对文化和技术变化的回应［M］．侯正华，等译．北京：中国建筑工业出版社，2003

78. 戴维·波普诺．社会学［M］．李强，等译．北京：中国人民大学出版社，2002

79. 约翰·R.霍尔，玛丽·乔·尼兹．文化：社会学的视野［M］．周晓虹，等译．北京：商务印书馆，2002

80. 周而复．上海的早晨：第三部［M］．北京：人民文学出版社，1979

81. 萨斯基娅·沙森．全球城市：纽约、伦敦、东京［M］．周振华，等译．上海：上海社会科学院出版社，2005

82. 曾坚．当代世界先锋建筑的设计观念［M］．天津：天津大学出版社，1995

83. 尤卡·格罗瑙．趣味社会学［M］．向建华，译．南京：南京大学出版社，2002

84. 罗洛·梅．人寻找自己［M］．贵阳：贵州人民出版社，1991

85. 伊利尔·沙里宁．城市：它的发展衰败与未来［M］．顾启源，译．北京：中国建筑工业出版社，1986

86. I. L. 麦克哈格．设计结合自然［M］．芮经纬，译．北京：中国建筑工业出版社，1992

87. Ian Thompson. Ecology Community and Delight: Sources of Values in Landscape Architecture［M］. London：E & FN Spon，1999

88. 沈清基．城市生态与城市环境［M］．上海：同济大学出版社，1999

89. 塞缪尔·亨廷顿．文明的冲突与世界秩序的重建［M］．周琪，刘绯，张立平，等译．北京：新华出版社，2003

90. 汪晖，陈燕谷．文化与公共性［M］．北京：生活·读书·新知三联书店，1998

91. 埃德蒙·N·培根．城市设计［M］．黄富厢，朱琪，译．北京：中国建筑工业出版社，2003

92. 子非鱼．物演通论：自然存在、精神存在与社会存在的统一哲学原理［M］．太原：书海出版社，2003

93. Gordon Cullen. Concise Townscape［M］. London：Architectural Press，1995

94. John Urry. The Tourist Gaze (Theory, Culture and Society Series)［M］. London：Sage Publications Ltd，2002

95. Bernard Tschumi. Event Cities［M］. Cambridge：The MIT Press，1994

2. 学术期刊

1. 管宁．突破传统学术疆域的理论探险：近年消费文化研究述评［J］．福建论坛，2004

(12): 35

2. Hastings. Exterior furnishings or sharawaggi: the art of making urban landscape [J] . Architectural Review，1944 (1): 8

3. 张继刚 . 城市景观风貌的研究对象、体系结构与方法浅谈 [J]. 规划师，2007 (8): 16

4. 周宪 . 图像技术与美学观念 [J] . 文史哲，2004，284(5): 5

5. 支宇 . 类像 [J] . 外国文学，2005 (5): 56

6. 邓位 . 景观的感知：走向景观符号学 [J] . 世界建筑，2006 (7): 47–50

7. 查尔斯 · 桑德斯 · 皮尔斯，詹姆斯 · 雅各布 · 李斯卡 . 皮尔斯：论符号 [M]. 赵星植，译 . 成都：四川大学出版社，2014

8. 汪原 . 亨利 · 列斐伏尔研究 [J] . 建筑师，2005 (10): 42–50

9. 张水清 . 商业业态及其对城市商业空间结构的影响 [J] . 人文地理，2002 (10): 36

10. 荆哲璐 . 城市消费空间的生与死：哈佛设计学院购物指南评述 [J] . 时代建筑，2005 (2): 62

11. 谢天 . 零度的建筑制造和消费体验：一种批判性分析 [J] . 建筑学报，2005 (1): 27

12. Walt Disney Imagineering. 香港迪士尼乐园 [J] . 世界建筑，2007 (10): 92

13. 王信，陈迅 . 中国式住宅项目一览 (2002—2005)[J] . 时代建筑，2006 (3): 18

14. 周榕 . 焦虑语境中的从容叙事："运河岸上的院子" 的中国性解读 [J] . 时代建筑，2006 (3): 46–51

15. 朱涛 . 是 "中国式居住"，还是 "中国式投机 + 犬儒"? [J] . 时代建筑，2006 (3): 42–45

16. 罗小未 . 上海新天地广场：旧城改造的一种模式[J] . 时代建筑，2001 (4): 24

17. 吕国昭 . 从保护法规的角度探讨上海太平桥地区及新天地地块的开发与保护 [J] . 时代建筑，2007 (5): 130

18. 冯路 . 新天地：一个作为差异地点的极端体现 [J] . 时代建筑，2002 (05): 34

19. 齐康，杨志疆 . 民国文化的坐标 [J] . 建筑学报，2006 (1): 14

20. 莫天伟，岑伟 . 新天地地段：淮海中路东段城市旧式里弄再开发与生活形态重建 [J] . 城市规划汇刊，2001 (4): 2

21. 孙施文 . 公共空间的嵌入与空间模式的翻转：上海 "新天地" 的规划评论 [J] . 城市规划，2007 (8): 31

22. 隈研吾 . One 表参道 [J] . 建筑与文化，2007 (7): 46–47

23. 沈康，李华 . "现代" 的幻像：中国摩天楼的另一种解读 [J] . 时代建筑，2005 (4): 14–17

24. 包亚明 . 消费文化与城市空间的生产 [J] . 学术月刊，2006 (5): 11

25. 谢天 . 流行现象与当代中国城市建筑 [J] . 中外建筑，2006 (2): 25

26. 姜峰 . 基于数字技术的城市景观空间规划设计初探 [J] . 武汉大学学报，2004 (12): 133–136

27. 陈璐 . 从产品至上到以人为本的转变——近十年国内房地产广告的发展变迁历程综述 [J] . 中国广告，2004 (07): 33–36

28. 朱涛 . 信息消费时代的都市奇观：世纪之交的当代西方建筑思潮［J］. 建筑学报，2000（10）：17

29. 梅琼林 . 论后现代主义视觉文化之内涵性的消失［J］. 哲学研究，2007（10）：85

30. 雷鑫 . 让・努维尔：影像与建筑的对话［J］. 电影评价，2007（7）：74–76

31. 费菁 . 极少主义绘画与雕塑［J］. 世界建筑，1998（1）：79–83

32. 郑翔敦 . 极少主义倾向建筑的形式与技术研究［J］. 建筑师，2005（2）：31

33. 李翔宁 . 当代欧洲极少主义建筑评述［J］. 时代建筑，2000（3）：57

34. 刘晓明，王朝中 . 美国风景园林大师彼得・沃克及其极简主义园林［J］. 中国园林，2000（4）：59–61

35. 冯路 . 表皮的历史视野［J］. 建筑师，2004（4）：6–15

36. 唐克扬 . 私人身体的公共边界［J］. 建筑师，2004（4）：55–61

37. 伍端 . 固化［J］. 建筑师，2004（4）：66–73

38. 姜芃 . 美国城市史学中的人文生态学理论［J］. 史学理论研究，2001（02）：112

39. 道格拉斯・凯尔纳 . 消费社会批判：法兰克福学派与让・鲍德里亚［J］. 樊柯，译 . 首都师范大学学报（社会科学版），2008，180（1）：44–47

40. 顾朝林 . 战后西方城市研究的学派［J］. 地理学报，1994，49(4)：371–383

41. Joan Iverson Nassaueer. Culture and changing landscape structure［J］. Landscape Ecology，1995，10(4)：229–237

42. 王如松，欧阳志云 . 天城合一：山水城市建设的人类生态学原理［J］. 城市发展研究，2001（6）：54

43. 肯・泰勒 . 人文景观与亚洲价值：寻求从国际经验到亚洲框架的转变［J］. 中国园林，2007（11）：4

44. 张波，王兴中 . 国外对城市（营业性）娱乐场所的空间关系研究的流派、阶段与趋势［J］. 人文地理，2005（5）：1–7

45. 周宪 . 视觉文化与消费社会［J］. 福建论坛（人文社会科学版），2001（2）：29–35

46. 钟律 . 庭园速递：模块化庭园设计［J］. 家庭花园，2007（6）：34–35

47. 薛求理，李颖春 ."全球 / 地方"语境下的美国建筑输入［J］. 建筑师，2007（08）：25

48. 马国馨 . 创造中国现代建筑文化是中国建筑师的责任［J］. 建筑学报，2002（01）：10–13

49. 雷姆・库哈斯 . 广普城市［J］. 王群，译 . 世界建筑，2003（02）：64

50. 王维仁 . 全球化中的"他者"：大众媒体中的香港和亚洲城市景观［J］. 新建筑，2008（01）：30

51. 周鸣浩，薛求理 ."他者"策略：上海"一城九镇"计划之源［J］. 国际城市规划，2008（02）：113

52. 魏立华，闫小培 . 大城市郊区化中社会空间的"非均衡破碎化"：以广州市为例［J］. 城市规划，2006（05）：56

53. 周榕 . 焦虑语境中的从容叙事［J］. 时代建筑，2006（3）：47

54. 刘精明，李路路 . 阶层化：居住空间、生活方式、社会交往与阶层认同——我国城镇

社会阶层化问题的实证研究［J］. 社会学研究，2005（03）：52-81，243
55. 浩春杏 . 阶层视野中的城市居民住房梯度消费——以南京为个案的社会学研究［J］. 南京社会科学，2007（03）：71-81
56. 李芸 . 工人新村与社会主义城市想象：从《上海的早晨》中的城市景观谈起［J］. 北京大学研究生学志，2006（1）：105
57. 朱喜钢，周强，金俭 . 城市绅士化与城市更新——以南京为例［J］. 城市发展研究，2004（04）：33-37
58. 吴启焰，罗艳 . 中西方城市中产阶级化的对比研究［J］. 城市规划，2007（07）：30-35
59. 黄王丽，陈亚玲 . 消费景观与高档住区：上海新城市空间格局分析［J］. 城市问题，2006（03）：27
60. 顾朝林，克斯特洛德 . 北京社会极化与空间分异研究［J］. 地理学报，1997，52（05）：385-393
61. 潘泽泉 . 社会空间的极化与隔离：一项有关城市空间消费的社会学分析［J］. 社会科学，2005（01）：69
62. 徐晓军 . 住宅小区的阶层化：机遇与挑战［J］. 城市问题，2001（5）：55
63. 周宪 . 文化的分化与“去分化”——现代主义与后现代主义的一种文化分析［J］. 文艺研究，1997（05）：22-35
64. 李晓东 . 媚俗与文化——对当代中国文化景观的反思［J］. 世界建筑，2008（04）：116-121
65. 朱朝辉 . 看上去很美——对日常生活审美化问题的思考［J］. 学术论坛，2004（02）：130-133
66. 王成兵，张志斌 . 认同危机：一个现代性问题［J］. 新视野，2005（04）：54
67. 王紫雯，蔡春 . 城市景观的场所特征分析及保护研究［J］. 建筑学报，2006（3）：15
68. 李春玲，李景奇 . 城市景观异质性研究［J］. 华中科技大学学报，2004，21（1）：84~86
69. 宋志生 . 多样化与异质化——一种可能倡导的生态规划思维［J］. 规划师，2002（4）：27
70. 赵玉涛，余新晓，关文彬 . 景观异质性研究评述［J］. 应用生态学报，2002（4）：496-500
71. 邢忠 .“边缘效应”与城市生态规划［J］. 城市规划，2001（6）：44
72. 邢忠，王琦 . 论边缘空间［J］. 新建筑，2005（5）：80
73. 邬建国 . 景观生态学概念与理论［J］. 生态学杂志，2000，19（1）：42-52
74. 徐建华，等 . 城市景观格局尺度效应的空间统计规律［J］. 地理学报，2004（11）：1065
75. 王晓东，赵鹏军，王仰麟 . 城市景观规划中若干尺度问题的生态学透视［J］. 城市规划汇刊，2001（5）：61-64
76. 俞孔坚，等 . 论城市景观生态过程与格局的连续性——以中山市为例［J］. 城市规划，1998（04）：10

77. 单军 . 批判的地区主义批判及其他［J］. 建筑学报，2000（11）：22-25
78. 理查德・弗朗西斯・琼斯 . 缓慢是不可能的——当代世界中全球化理念、观念和速度的注解［J］. 周剑云，译 . 世界建筑，2005（8）：84-86
79. 胡滨 . 场所与事件［J］. 建筑学报，2007（3）：20
80. 金广君，刘堃 . 主题事件与城市设计［J］. 城市建筑，2006（4）：6-10
81. 王建国 . 城市风貌特色的维护、弘扬、完善和塑造［J］. 规划师，2007（8）：5-9
82. Jeffrey L Soule. 变革时代中的城市文化保护［J］. 国际城市规划，2005（1）：20
83. 王群 . 柯林・罗与"拼贴城市"理论［J］. 时代建筑，2005（1）：120
84. 唐斌 . 局部与整体：近现代西方城市建筑理论中关于建筑与城市关系的类型分析［J］. 现代城市研究，2008（2）：45
85. 肯尼斯・弗兰姆普顿 . 千年七题：一个不适时的宣言［J］. 建筑学报，1999（8）：11-15
86. 张杰，霍晓卫 . 北京古城城市设计中的人文尺度［J］. 世界建筑，2002（02）：66-71
87. 贾新锋，黄晶 ."拼贴"与中国城市的更新［J］. 建筑学报，2006（7）：12-14
88. 金广君，陈旸 . 论"触媒效应"下城市设计项目对周边环境的影响［J］. 规划师，2006（11）：22

3. 学位论文

1. 陈烨 . 城市景观的生成与转换［D］. 南京：东南大学，2005
2. 华霞虹 . 消融与转变：消费文化中的建筑［D］. 上海：同济大学，2007
3. 丁广明 . 泛"新天地"建筑怀旧思潮评析［D］. 南京：东南大学，2006
4. 邹晓霞 . 商业街道表层研究［D］. 北京：清华大学，2006
5. 肖靖 . 场景空间表演艺术对建筑的影响［D］. 上海：同济大学，2006
6. 高蓓 . 媒体与建筑学［D］. 上海：同济大学，2006
7. 王又佳 . 建筑形式的符号消费：论消费社会中当代中国的建筑形式［D］. 北京：清华大学，2006
8. 李凤英 . 文化全球化：一体与多样的博弈［D］. 北京：首都师范大学，2007
9. 王成兵 . 当代认同危机的人学探索［D］. 北京：北京师范大学，2003
10. 侯正华 . 城市特色危机与城市建筑风貌的自组织机制［D］. 北京：清华大学，2003
11. 陈亚玲 . 城市高档住区与环境景观资源占有的不平等性研究［D］. 上海：华东师范大学，2007
12. 孙彦青 . 绿色城市设计及其地域主义维度［D］. 上海：同济大学，2007